甘薯虫害识别与防治原色图鉴

黄立飞　房伯平　陈景益　等　编著

中国农业出版社
北　京

图书在版编目（CIP）数据

甘薯虫害识别与防治原色图鉴 / 黄立飞等编著. 北京 ：中国农业出版社，2025. 2. -- ISBN 978-7-109-32698-9

Ⅰ. S435.31-64

中国国家版本馆CIP数据核字第20247PY432号

甘薯虫害识别与防治原色图鉴

GANSHU CHONGHAI SHIBIE YU FANGZHI YUANSE TUJIAN

中国农业出版社出版

地址：北京市朝阳区麦子店街18号楼

邮编：100125

责任编辑：郭银巧　张　利

版式设计：王　晨　　责任校对：张雯婷　　责任印制：王　宏

印刷：中农印务有限公司

版次：2025年2月第1版

印次：2025年2月北京第1次印刷

发行：新华书店北京发行所

开本：700mm × 1000mm　1/16

印张：15

字数：286千字

定价：180.00元

编著者名单

黄立飞　房伯平　陈景益
王章英　邹宏达　王容燕
张雄坚　刘也楠　姚汉芳

序

甘薯作为外来作物，历史上曾为保障我国粮食安全作出了重要贡献，尤其是20世纪50～70年代，甘薯在解决人们饿肚子的问题上发挥了重要作用。甘薯具有高产、耐逆性强、适应性广、营养丰富等特点，是当下保障我国粮食安全的托底作物、环境友好的低碳作物、乡村振兴的优势作物，以及人民美好生活的重要作物。毫不夸张地说，甘薯为中华民族的生存、发展和社会稳定作出了重要贡献。

据联合国粮食及农业组织（FAO）统计，我国是世界上最大的甘薯生产国和消费国，2023年我国甘薯种植面积为214.8万hm^2，总产量4 660万t，平均单产21.7t/hm^2。我国甘薯主要分为北方、西南、长江中下游和南方等四大优势种植区域，产业发展稳中有升，鲜食甘薯有所扩大，淀粉加工业稳定，特色甘薯稳步上升，甘薯产业发展呈现绿色化、标准化、机械化、规模化等新趋势。基于此，国家甘薯产业技术体系着眼于甘薯全产业链均衡发展，从甘薯遗传改良、栽培与土肥、病虫草害防控、机械化、加工、产业经济等方面着手全方位提供技术支撑，引领带动全国甘薯产业高质量发展。

保障国家粮食安全和重要农产品的有效供给，一是通过提高单产达到增产的目的，这其中品种发挥了重要作用，目前品种对农作物增产的贡献率为45%左右；二是通过减损来提高供给的保障度，其中非常重要的一环就是病虫草害的防治。

广东省甘薯研究历史悠久，早在1928年我国著名农学家丁颖教授整理作物起源时就发表了《甜薯》，并在中山大学农学院稻作实验场搜集、整理和保存了500多份甘薯农家品种，传承至今。广东省农业科学院作物研究所甘薯团队作为我国南方重要的甘薯研发机构，在甘薯遗传改良、栽培和病虫害研究等方面均取得了重要的科研成果。该团队由黄立飞研究员牵头，通过总结前期研究和长期甘薯田间调查资料，编写了《甘薯虫害识别与防治原色图鉴》，将甘薯虫害分为食叶害虫、刺吸害虫及螨类、钻蛀害虫和地下害虫4个类型，并详细介绍了80种虫害的分布与危害、危害症状、形态特征、生活习性和防治方法，配以清晰的原色生态照片，通俗易懂、图文并茂。该书对于从事甘薯科研、教学、种植、推广、植保等人员，以及相关农业院校学生具有很高的参考和应用价值。本人欣然作序。

国家甘薯产业技术体系 首席科学家
江苏徐淮地区徐州农业科学研究所 研究员 李强

近年来，我国甘薯产业呈规模化、标准化、轻简化和绿色化发展趋势，病虫害已成为甘薯全产业链发展的瓶颈问题。因栽培过程中防控不及时，甘薯害虫发生造成的严重损失比比皆是，有些害虫除了直接危害外，还传播病菌，常常与病害危害此呼彼应，严重影响了甘薯产业的健康发展以及甘薯种植效益。

受甘薯种植结构调整、栽培方式、气候变化、外来生物入侵等因素的影响，我国甘薯害虫发生呈现了以下新态势：(1) 重要害虫的发生区域继续扩大，虫口密度增大，危害逐渐加重，例如甘薯小象甲作为南方薯区最重要的害虫，现已扩散至长江中下游薯区，并且时不时在北方薯区出现，造成危害；(2) 甘薯烦夜蛾、甜菜夜蛾、甘薯叶甲、黄环斑叶螟等害虫不定期暴发，局部地区危害严重；(3) 外来入侵害虫频繁出现，例如甘薯凹胫跳甲、扶桑绵粉蚧、草地贪夜蛾等害虫在较短的时间内快速建立起种群，已成为我国甘薯的重要害虫；(4) 烟粉虱和蚜虫等害虫抗药性不断增强，害虫的防控难度越来越大。

为了科学、有效、绿色防控甘薯病虫草害，做到既减少化学农药使用量，又减少病虫草危害损失率，同时实现保产增收、减损增效，我们编著了系列图书“甘薯病虫草害识别与防治原色图鉴”，旨在帮助农业技术员和种植户精准识别和防治甘薯病虫草害。《甘薯虫害的识别与防治原色图鉴》为此系列图书的第二册，共分为4章，以甘薯食叶害虫、刺吸害虫及螨类、钻蛀害虫、地下害虫的顺序，分别介绍了36种食叶害虫、19种刺吸害虫及螨类、10种钻蛀害虫和15种地下害虫，每种害虫详细介绍了分布与危害、危害症状、形态特征、生活习性和防治方法，并配以多幅清晰的原色生态照片，力求科学性、先进性和实用性。

感谢国家甘薯产业技术体系和广东省现代农业产业技术体系甘薯马铃薯创新团队等岗站专家在本书编写过程中给予的极大帮助和支持。特别感谢国家甘薯产业技术体系虫害防控岗位科学家陈书龙研究员百忙之中抽出时间对书稿进行审阅，以及台州科技职业学院刘伟明教授在本书编写过程中给予的大力支持。感谢妻子刘俊芳女士默默地支持，以及两个儿子夜晚陪我去甘薯田观察害虫并收集、制作标本。此外，广东省农业科学院作物研究所甘薯研究室同事都参与了本书资料的收集与整理，在此一并致谢。

由于编者时间有限，掌握的资料不够全面，书中难免存在疏漏和不足之处，恳请各位专家和读者批评指正。

黄立飞

2023年11月22日于广州五山

CONTENTS
目录

第1章
甘薯食叶害虫

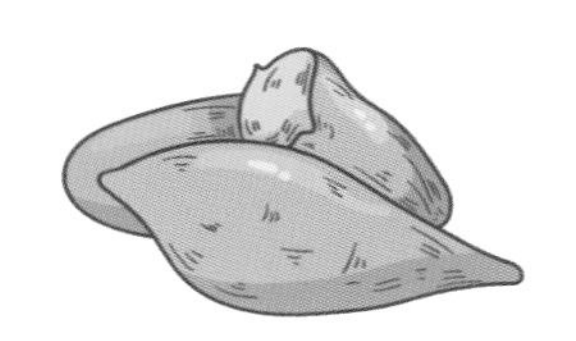

甘薯食叶害虫是指以成虫或者幼虫取食危害甘薯叶片或者嫩枝，影响甘薯生长发育的一类害虫。被害叶片形成褪绿斑点、凹槽、半透明的窗斑、孔洞、缺刻、折叠或卷曲，严重时可将叶片吃光，仅留叶脉和茎秆；被害嫩枝畸形枯死，甚至整株枯死。有些种类，如甘薯叶甲、甘薯跳甲和中华摩罗叶甲等害虫，其成虫危害地上植株，幼虫危害地下薯块，生产中危害地下薯块更为严重，本书暂将其归为食叶害虫进行介绍。

食叶害虫在甘薯上种类最多，主要包括夜蛾类、尺蛾类、毒蛾类、天蛾类、麦蛾类、螟蛾类、羽蛾类、蝴蝶类、叶甲类、龟甲类、蝗虫类、螽蟖类、瓢虫类等种类，相比地下害虫或者钻蛀害虫较易防治，但需要对重大虫害进行监测调查，准确掌握虫害发生流行动态，适时防控。如未及时防控，随着虫龄增加，虫口密度增大，将叶片和嫩枝取食殆尽，危害极其严重。本章介绍了35种中国常见的甘薯食叶害虫和1种国际上重要的甘薯入侵害虫——甘薯蝴蝶，以下分别叙述其分布与危害、危害症状、形态特征、生活习性和防治方法等。

1.1　斜纹夜蛾

分布与危害

斜纹夜蛾［*Spodoptera litura*（Fabricius），异名 *Prodenia liture*（Fabricius）］，又名莲纹夜蛾、莲纹夜盗蛾，属鳞翅目、夜蛾科、灰翅夜蛾属，是亚洲热带地区最重要的农作物害虫之一。它广泛分布于热带和温带的亚洲、大洋洲和太平洋岛屿，国内各地都有发生。斜纹夜蛾幼虫是一种杂食性暴食性害虫，寄主相当广泛，已知危害的植物达99科290多种，其中喜食的有120种以上，大田作物中主要危害棉花、甘薯、花生、大豆、芝麻、烟草，其次是甜菜、玉米、高粱等。该虫是甘薯最主要的食叶害虫之一，在甘薯生产过程中监测和防控该虫尤为重要。

危害症状

通常以幼虫危害甘薯叶片，初孵幼虫在叶背危害，啃食叶肉，残留表皮和叶脉，受害叶片呈窗纱状（图1-1、图1-2），随着幼虫龄期的增长，食量加大，造成叶片缺刻、残缺不全（图1-3），当幼虫密度大时能把甘薯叶片吃光，仅留茎秆，容易暴发成灾，造成甘薯严重减产（图1-4）。此外，掉落到地面的幼虫，常常取食薯块造成孔洞（图1-5）。

图1-1　初龄幼虫危害叶片症状

图1-2　初龄幼虫危害植株症状

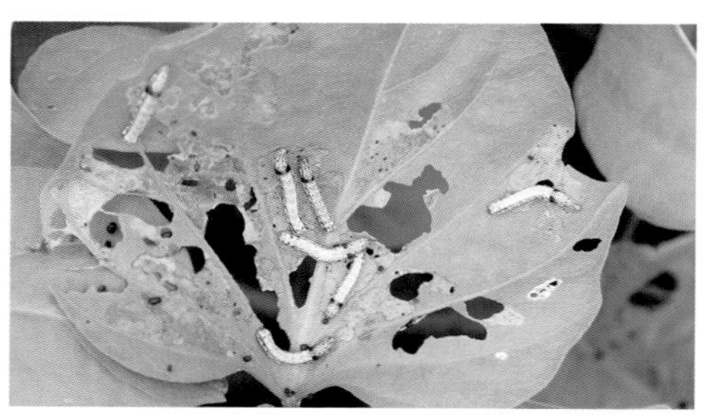

图1-3　高龄幼虫取食叶片症状

图1-4　高龄幼虫危害植株症状

图1-5　幼虫危害薯块（林武贞提供）

形态特征

成虫　体长16 ~ 21mm，翅展32 ~ 46mm。体灰褐色。前翅黄褐色至黑褐色，多斑纹，从前缘基部斜向后方臀角，有一灰白色宽带斜纹，故名斜纹夜蛾（雄蛾不明显）（图1-6）。后翅灰白色，仅翅脉和外缘呈暗褐色，有紫红色闪光。腹部暗灰色，末端丛生长毛。

卵　卵粒扁平，半球形，直径约0.5mm，表面有纵横脊纹。初产乳白色，近孵化时呈暗灰色，常数十粒至几百粒堆积重叠为椭圆形卵块，其上覆以黄褐色鳞毛，如同发霉的半个黄豆粒（图1-7）。

幼虫　一般为6龄，少数7～8龄。末龄幼虫体长38～51mm，体色变化较大，初孵幼虫为绿色，随着龄期的增长而颜色加深，3龄前体线隐约可见；腹部第1节两侧三角形上黑斑最大，中后胸黑斑外侧有黄色小点，气门黑色（图1-8、图1-9）。

图1-6　斜纹夜蛾成虫

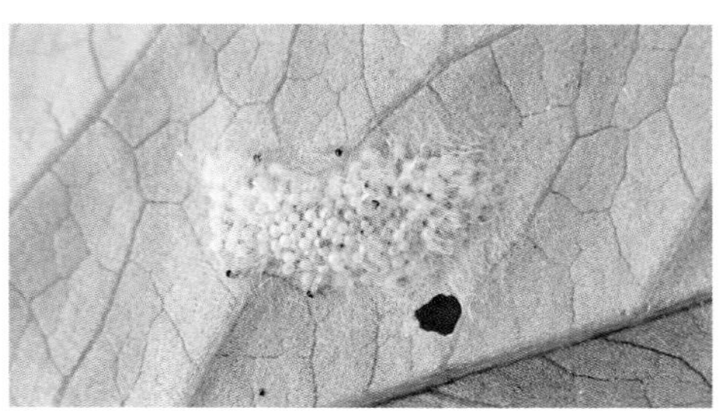

图1-7　覆盖黄褐色鳞毛的卵块

图1-8　淡色型幼虫

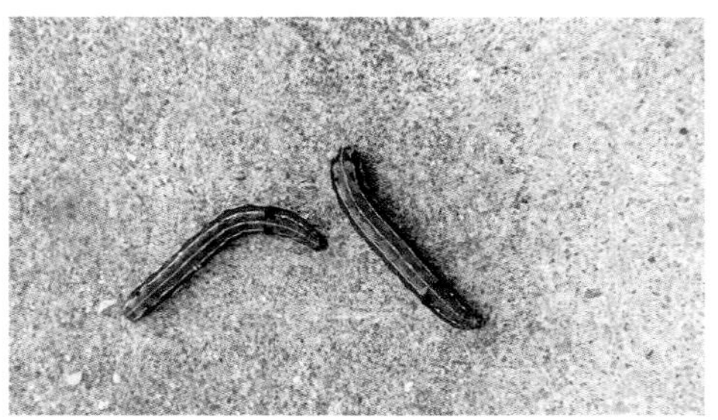

图1-9　深色型幼虫

蛹　体长18～20mm，赤褐至暗褐色；腹部第4节和腹面5～7节的近前缘处密布圆形刻点，末端有一对短而弯曲的臀刺（图1-10）。

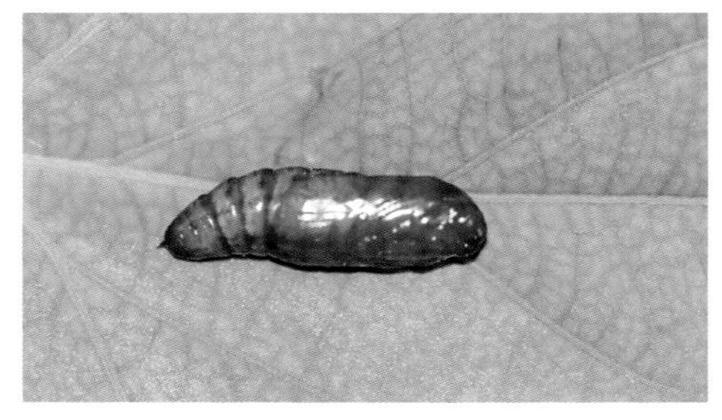

图1-10　斜纹夜蛾蛹

生活习性

斜纹夜蛾一年发生多代，从北到南代数相应增多，在山东和浙江一年发生4～5代，在广东每年多达8～9代，且世代重叠，无滞育现象。蛹在土下3 ～ 5cm处越冬，在冬季比较温暖的南方，没有越冬现象。成虫白天隐藏在荫蔽处，黄昏后出来活动，以晴天无风的夜晚20—24时活动最盛。每只雌蛾能产卵3 ～ 5块，每约有卵粒100 ～ 200个，卵多产在叶背的叶脉分叉处，经5 ～ 6d孵出幼虫，初孵时聚集叶背，4龄以后和成虫相同，白天躲在叶下土表处或土缝里，傍晚后爬到植株上取食叶片。

成虫有强烈的趋光性和趋化性，黑光灯比普通灯的诱蛾效果明显，另外对糖、醋、酒味很敏感。卵的孵化适温是24℃左右，虫孵化后，先群集在卵块附近啃食叶片的下表皮，仅剩上表皮和叶脉形成膜状斑。一受惊动多吐丝下坠，随风飘移他处。2龄以后开始分散。3龄以后具有明显的假死性，在大发生时，当一处叶片被吃光时，就成群向他处迁徙继续危害。幼虫共6龄，老熟时钻入土下10 ～ 30cm处，做土室居中化蛹。幼虫在气温25℃时，历经14 ～ 20d化蛹，土壤含水量在20%以下对幼虫化蛹和成虫羽化不利，而蛹期遇大雨，或灌溉造成农田积水，也对成虫羽化不利。

防治方法

根据斜纹夜蛾初孵幼虫喜群栖，抗药力弱的特点，将幼虫消灭在3龄以前。采用农业防治与药剂防治相结合的原则，甘薯田每平方米有幼虫5头，即可用药防治。

（1）**农业防治**　结合田间管理、及时铲除杂草；人工摘除卵块和初孵幼虫集中的叶片，收集毁灭，以及捕杀幼虫等，均有压低虫口密度，减轻危害的作用。

（2）**物理防治**　在各代成虫发生初盛期，尚未大量产卵前，可采用黑光灯、糖醋液或杨树枝诱杀成虫，并可兼作预测预报，糖醋液中可加少许敌百虫。

（3）**生物防治**　常见的天敌有寄生于卵的广赤眼蜂，寄生于幼虫的小茧蜂和寄生蝇（图1-11），还有步行甲、蜘蛛及多角体病毒等，对斜纹夜蛾都有一定的抑制作用。

（4）**化学防治**　根据虫情调查，在成虫产卵期或幼虫孵化后4 ～ 5d的幼龄期于午后或傍晚施药效果好，每亩*可采用50%马拉硫磷乳油500 ～ 800倍液，或80%敌敌畏乳油500 ～ 800倍液，或50%辛硫磷乳油1 000 ～ 2 000倍液，或50%杀螟硫磷乳剂1 000倍液，或10%虫螨腈悬

图1-11　斜纹夜蛾幼虫被寄生

* 亩为非法定计量单位，15亩 = 1hm^2。下同——编者注

浮剂1 000倍液，或1.5%甲维盐乳油1 000倍液，或60g/L乙基多杀菌素悬浮剂1 000倍液，兑水喷雾。

1.2 甘薯烦夜蛾

分布与危害

甘薯烦夜蛾［*Anophia leucomelas*(Linnaeus)，异名：*Aedia leucomelas*(Linnaeus)］，又称白斑烦夜蛾、甘薯黑白夜蛾，属鳞翅目、夜蛾科，是甘薯重要的害虫之一。国内分布于华东、华南、西南地区，在湖南、福建、江西、台湾、广东、广西、云南、四川和贵州等省份都有发生，在国外分布于印度、日本、朝鲜、伊朗及欧洲和非洲北部等地。近年来，在广东、江西和福建等省危害颇为严重，幼虫可取食甘薯，以及空心菜、牵牛花等旋花科植物，为广东省甘薯生产上最主要的食叶害虫之一。

危害症状

以幼虫取食叶片危害。初龄幼虫将叶片取食残留上表皮或下表皮，呈膜状斑或小孔洞（图1-12，图1-13）；3龄幼虫以后食量大增，将叶片啃食成缺刻或孔洞，危害严重时，仅剩下叶脉或茎秆，对甘薯中、后期薯块膨大影响甚大，使甘薯的产量和质量都严重下降（图1-14，图1-15）。

图1-12 幼虫危害植株症状

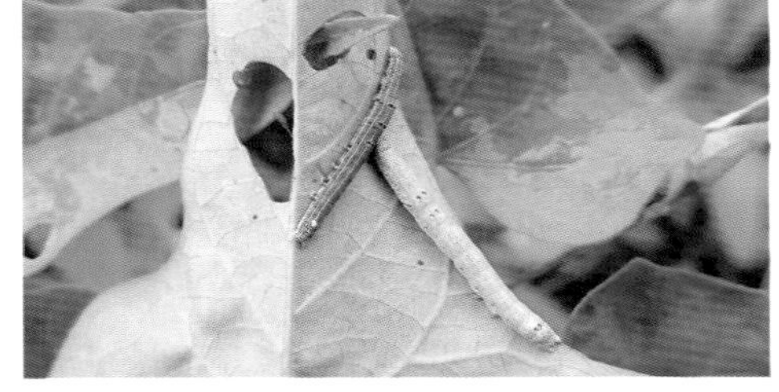

图1-13 幼虫取食叶片

图1-14 受害的甘薯大田症状

图1-15 严重受害的甘薯大田症状

形态特征

甘薯烦夜蛾世代历经卵、幼虫、蛹和成虫4个发育阶段。

成虫 黑褐色，体长25 ~ 27mm，翅展33 ~ 35mm。前翅黑色，有许多黑色斑纹，内横线双条波状，环纹有黑边，肾纹外侧有3个白点，外横线呈双条锯齿形，后翅白色，基部和后缘黑色，外缘具有一宽形黑带，顶角及臀角处缘毛白色。头及胸部暗棕色，腹部黑褐色，密生蓝黑色小点。胸部被鳞片，后胸有明显的毛簇。雄蛾腹部伸长，向后端渐窄，臀毛簇长，后翅后缘基部与腹部之间有一散开的毛束（图1-16，图1-17）。

图1-16 甘薯烦夜蛾成虫静止状态

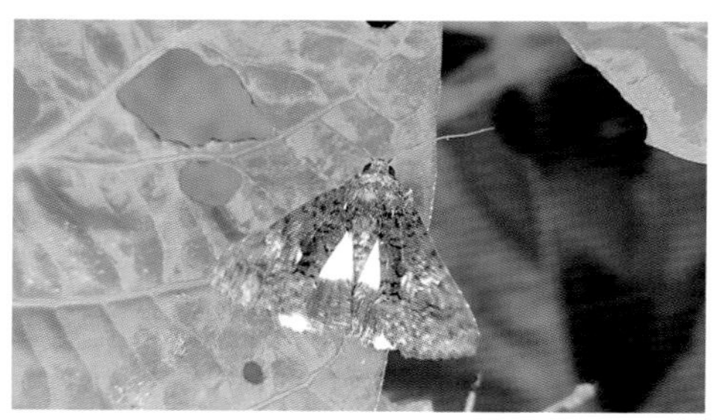

图1-17 甘薯烦夜蛾成虫起飞状态

卵 半球形，直径0.74 ~ 0.81mm。表面有放射状纵隆线31条，与横隆线相交成许多方格。初产时呈乳白色，将孵化时变灰褐色。

幼虫 一般为6龄，老熟幼虫体长36 ~ 50mm。体灰色或橘黄色，背线为黄色，至第8腹节背面中断，呈一灰白色的斑块，周缘分布6 ~ 8个蓝黑色小点；亚背线、气门上线及亚腹线为黄色；身体腹面带有黑斑；胸足腹足为灰色。第1、2腹节背面各有两个较大的蓝点，第3腹节背面有两个不甚明显的小蓝点（图1-18，图1-19）。

蛹 长14 ~ 19mm，初蛹时呈黄绿色，后转为红褐色，腹部第5节及第

图1-18 甘薯烦夜蛾灰色幼虫

图1-19 甘薯烦夜蛾橘黄色幼虫

6 ~ 7腹节的腹面中线及腹侧分别具有反括弧状及倒八字形斑纹，腹末端有臀棘3对（图1-20，图1-21）。

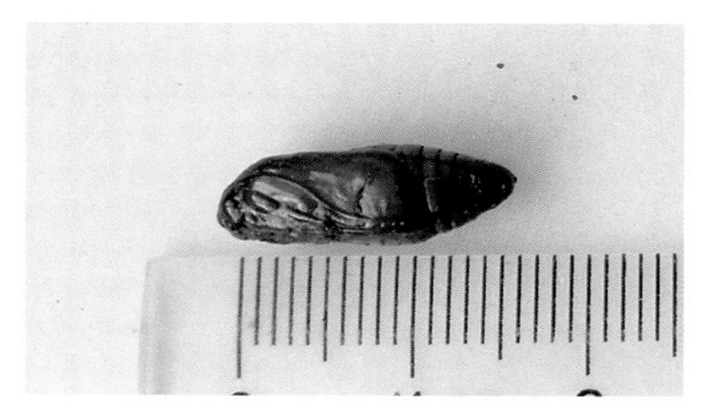

图1-20 甘薯烦夜蛾蛹

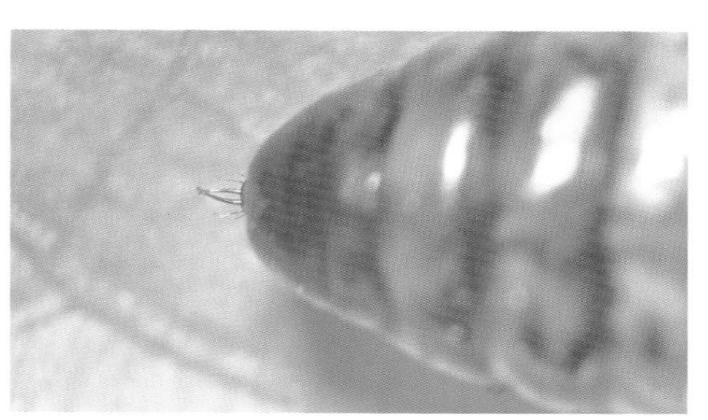

图1-21 甘薯烦夜蛾蛹臀棘

生活习性

在福建省闽南、莆田沿海地区1年发生5 ~ 6代，各代有重叠现象，冬季无休眠现象。卵多散产于薯园或附近的杂草、枯秆上。幼虫行动如尺蠖，有假死性，夜间取食叶片，幼龄时食成膜状斑或小孔洞，静息时在叶背面或吐丝倒挂在空中，遇到刺激时，身体弓起爬行或吐丝落地逃跑；3龄后食成大孔，甚至只剩叶柄。幼虫在田间分布有明显的群集习性。一般在长势好、嫩绿的薯地及较阴湿的薯田中虫口密度大，对甘薯品种无明显的选择性。

5月幼虫出现于苗床，7—9月幼虫大发生，常与斜纹夜蛾和甘薯天蛾并发，咬食叶片。冬季以老熟幼虫在土壤中越冬，春季化蛹，4月下旬至5月化蛾。成虫具夜行性，白天一般停息在藤蔓基部等隐蔽处，夜间活动交尾产卵，以19—23时为活动盛期，24时以后活动减弱，具中等趋光性，多于黄昏后羽化。在日均温26.8℃，相对湿度61%环境中，卵期2.8 ~ 3.1d，幼虫期15.2 ~ 22.4d，蛹期9.7 ~ 14.2d，成虫产卵前期1.8 ~ 3.8d，全代历期30 ~ 41d。

防治方法

（1）**农业防治** 铲除甘薯地和近旁的落叶、枯枝和杂草，消灭一部分卵和蛹；针对烦夜蛾幼虫在茂密、幼嫩和较阴湿的田块虫口密度大的特点，施肥时应注意氮、磷、钾三种肥料合理配合，不要偏施氮肥。针对烦夜蛾有落地化蛹的习性，有条件的地方，田间灌水，水漫至土面并保持36 ~ 48h，使土缝中的蛹窒息而死。

（2）**物理防治** 利用烦夜蛾的趋光性，使用频振式太阳能杀虫灯对其成虫进行诱杀。

（3）**生物防治** 核型多角体病毒，常引起幼虫发病死亡，是一种很有价值的生物防治资源。可采用10亿PIB/mL夜蛾核型多角体病毒、苏云杆菌等防治。大黄缘青甲、逗斑青步甲、屁布甲、蜘蛛、鸟类、青蛙、寄生蝇等天敌对烦夜蛾种群数量有一定抑制作用（图1-22）。

图1-22 甘薯烦夜蛾幼虫被寄生

（4）**化学防治** 化学防治仍是防治甘薯烦夜蛾害虫最广泛、最高效的措施，但常常带来害虫抗药性增强、杀伤天敌和环境污染等问题，因此，应选择广谱、微毒或低毒的药剂。在低龄幼虫期，每亩用20%氯虫苯甲酰胺悬浮剂10mL，或10%溴虫腈悬浮剂40mL，或2.3%甲维盐20mL等药剂，兑水喷雾喷洒。亦可使用阿维·多杀霉素、氟虫双酰胺、茚虫威和苦皮藤素等药剂，防治需要轮换使用。

1.3 甜菜夜蛾

分布与危害

甜菜夜蛾［*Laphygma exigua*（Hübner）或*Spodoptera exigua*（Hübner）］，又名玉米夜蛾、贪夜蛾和白菜褐夜蛾，属鳞翅目、夜蛾科、灰翅夜蛾属，是一种世界性的农业害虫。该虫起源于南亚，广泛分布于世界各地，目前遍及我国各省份，为间歇性、局部性害虫。甜菜夜蛾幼虫食性杂、寄主广，是十字花科、旋花科、百合科、豆科、藜科、葫芦科、茄科、苋科、伞形花科等作物上的重要害虫。作为甘薯的食叶害虫，多为局部地区大发生，随着甘薯规模化种植，防控不力亦会造成严重的产量损失。

危害症状

初孵幼虫群集叶背啃食叶肉，稍大分散。1～2龄吐丝结网，取食叶肉，残留表皮形成网状半透明的窗斑（图1-23）。3龄后进入暴食期，分散危害，使叶片和嫩茎形成孔洞或缺刻，严重时全部叶片被食尽，整个植株死亡。

图1-23 窗斑和小孔症状

形态特征

甜菜夜蛾整个生育期包括卵、幼虫、蛹和成虫4个发育阶段。

成虫　体长8 ～ 14mm，翅展19 ～ 30mm。体和前翅灰褐色，少数深灰褐色。前翅中央近前缘外方有肾形斑1个，内方有环形斑1个，2个斑都为黄褐色，外缘有1列黑色三角形小斑组成一列黑色三角形斑，外横线和内横线均为黑白2色双线。后翅白色，略带粉红色闪光，翅缘略呈灰褐色。雌蛾腹部圆锥形，有黄色短毛簇；雄蛾腹部末端狭长，较尖，有一圈黄色长毛簇（图1-24）。

卵　馒头形，直径0.3 ～ 0.5mm，淡黄色到淡青色，卵粒多层重叠排列成卵块，卵块外覆白色绒毛。

幼虫　成熟幼虫体长22 ～ 30mm，体色变化大，有绿色、暗绿色、黄褐色至黑褐色；虫龄5龄，少数6龄，幼龄时，体色偏绿。头褐色，有灰白斑。不同体色有不同的背线，或无背线。腹部气门下线为绿色或黄白色纵带，纵带末端直达腹末到臀足上。各节气门后上方具一明显白点，以绿色型幼虫尤为明显（图1-25，图1-26）。

蛹　长10 ～ 12mm，呈黄褐色；臀棘2根呈交叉状，腹面基部有短刚毛2根（图1-27，图1-28）。

图1-24　甜菜夜蛾成虫

图1-25　幼虫腹部黄白色纵带

图1-26　甜菜夜蛾幼虫

图1-27　甜菜夜蛾预蛹

图1-28　甜菜夜蛾蛹

生活习性

南方地区无越冬现象，终年繁殖危害，北方主要以蛹在土壤中越冬，越冬蛹春季发育起点温度为10℃。卵期2 ~ 4d，幼虫期10 ~ 12d，蛹期6d，成虫期8 ~ 10d，全代历期21 ~ 40d。

成虫有强趋光性，对黑光灯趋性尤为显著，但趋化性弱，昼伏夜出，白天隐藏于叶片背面、草丛和土缝等阴暗场所，傍晚开始活动，其活动有2个高峰，19—23时为产卵盛期，早晨5—7时为交配盛期。将卵成块产于甘薯叶片背面或者杂草上。每头雌虫可产卵100 ~ 600粒。卵期2 ~ 6d。幼虫怕强光，昼伏夜出，多在早、晚危害，阴天可全天危害。幼虫有假死性，稍受惊吓就跌落到地面。老熟幼虫在土表下0.5 ~ 3cm处吐丝筑室化蛹。

自南向北，甜菜夜蛾的年发生代数会逐渐减少，广东地区一年可发生10 ~ 11代，长江流域一年发生5 ~ 6代，少数年份发生7代，山东、河北、江苏及陕西关中地区一年发生4 ~ 5代。各地区第1 ~ 2代世代比较明显，以后世代则多重叠。在北方地区如河北和山东，7—8月发生严重，在南方地区如广东，发生时间比较长，5—12月都可能严重发生。

防治方法

甜菜夜蛾世代重叠，抗药性强，防治难度大。在甘薯田常与斜纹夜蛾、甘薯烦夜蛾、银纹夜蛾等鳞翅目幼虫并存。因此，在监测田间鳞翅目成虫发生动态的基础上，及时进行统筹防治。

（1）**农业防治**　深耕细耙消灭部分蛹；人工摘除卵块及低龄幼虫聚集较多的叶片；及时清除残枝落叶及杂草；中耕与合理浇灌，破坏其化蛹场所。

（2）**生物防治**　卵盛期至低龄幼虫期可施用Bt乳剂500 ~ 700倍液喷雾；卵期及卵孵化初期的早晨和傍晚释放寄生蜂，如每亩释放马尼拉陡胸茧蜂1 000头，共释放3 ~ 4次；低龄幼虫期，选用10亿PIB/mL甜菜夜蛾核型多角体病毒悬浮剂500倍液喷施，连喷2次，间隔7d；利用甜菜夜蛾性引诱剂进行诱集，每亩放置1个性诱捕器，30d更换1次诱芯。

（3）**化学防治**　防治最佳时机是卵孵化高峰期或初孵幼虫期，施药应在傍晚或清晨为宜。药剂可选用50%辛硫磷乳油1 000倍液，或20%虫酰肼悬浮剂2 000 ~ 3 000倍液，或10%氯氰菊酯乳油2 000 ~ 3 000倍液，或2.5%氯氟氰菊酯乳油4 000 ~ 5 000倍液，或2%甲氨基阿维菌素苯甲酸盐可溶粉剂

2 000 ~ 3 000倍液喷雾，每10 ~ 15d喷1次，连喷2 ~ 3次即可。甜菜夜蛾具有较强的抗药性，喷药时可加入黏着剂，应注意交替用药。此外，也可用氯虫苯甲酰胺等药剂。

1.4 甘薯绮夜蛾

分布与危害

甘薯绮夜蛾［*Acontia trabealis*（Scopoli，1763），异名*Emmelia trabealis*（Scopoli）和*Erastria trabealis*（Scopoli）］，又称谐夜蛾、白薯绮夜蛾，属鳞翅目、夜蛾科、绮夜蛾属。在国外分布于北非、欧洲、中亚、日本和韩国等国家和地区，在国内分布于黑龙江、内蒙古、辽宁、北京、天津、河北、山西、甘肃、河南、青海、新疆、江苏、广东和四川等省份（Chen et al.，2012）。甘薯绮夜蛾主要危害甘薯和田旋花（*Convolvulus arvensis* Lnn.），相比斜纹夜蛾和甘薯烦夜蛾等，在广东省对甘薯的危害并不严重。

危害症状

低龄幼虫取食叶肉成小孔洞，3龄后沿叶缘食成缺刻。

形态特征

成虫　体长8 ~ 10mm，翅展19 ~ 22mm，头、胸暗赭色，下唇须黄色，足淡褐色；腹部黄白色；额、颈板基部黄白色，翅基片及胸背有淡黄纹；前翅黄色，有深黑色斑纹，中室后方有两条长黑条，与蓝黑色外线相接，外线前部间断，亚端线呈一或连续或间断的灰色斑纹，前缘脉有4个小黑斑，顶角有一黑斜条为亚端线前段，在中脉处有1小黑点，臀角处有1条曲纹，缘毛白色，有一列黑斑；后翅烟褐色，横脉纹明显，缘毛黄白色（图1-29）。

图1-29　甘薯绮夜蛾成虫（左：雌虫；右：雄虫）
（Chen et al.，2012）

卵　馒头形，污黄色。

幼虫　末龄幼虫体长20 ～ 25mm，体细长似尺蠖，淡红褐色，第8腹节略隆起，体色变化较大，分为头部褐色型、黑色型和红色型等。头部褐色型具灰褐色不规则网纹，额区浅绿色，体青绿色，背面及亚腹线至气门线之间具不明显黑色花纹，背线、亚背线系不大明显的褐绿色，气门线黄绿色较宽，中部有深色细线。有些幼虫腹部气门处有白色纵带，纵带末端直达腹末。

生活习性

在欧洲甘薯绮夜蛾一年生2代，以蛹在土室中越冬，产卵于寄主嫩梢的叶背面，卵单产；初孵幼虫黑色，3龄后花纹逐渐明显，幼虫十分活跃。甘薯绮夜蛾喜欢生活在田边温暖干燥杂草上。

防治方法

（1）**农业防治**　彻底清理田间残留的植物残枝、落叶和杂草，以消灭可能越冬的蛹虫。

（2）**生物防治**　黄地老虎的性信息素顺-5-十碳烯-1-醇乙酸酯能诱捕大量的甘薯绮夜蛾（余河水等，1984）。

（3）**化学防治**　3龄幼虫期前，用50%杀螟硫磷乳油500倍液，或50%辛硫磷乳油1 500倍，或10%高效氯氰菊酯乳油1 000倍液喷施，采收前5d停止用药。

1.5　银纹夜蛾

分布与危害

银纹夜蛾［*Argyrogramma agnata*（Staudinger），异名*Plusia agnata*（Staudinger）、*Phytometra agnata*（Staudinger）］，又称黑点银纹夜蛾、豆银纹夜蛾、菜步曲等，属鳞翅目、夜蛾科。银纹夜蛾作为杂食性害虫，除了危害甘薯外，还危害白菜、花椰菜、萝卜、甘蓝等十字花科和豆科植物，以及莴苣、茄子、胡萝卜等蔬菜。在全国各地均有分布，在俄罗斯、日本和朝鲜亦有分布。

危害症状

幼虫咬食叶片，将甘薯叶片咬成孔洞或缺刻。1 ～ 2龄幼虫群集叶背取食叶肉残留下表皮，能吐丝下垂，3龄后分散危害，可将叶片和茎尖全部吃尽。

形态特征

成虫 体长12 ~ 17mm，翅展32 ~ 36mm，体灰褐色，头、胸灰褐色，前翅深褐色，具2条银色横纹，翅中有1个U形银边褐斑和1个近三角形银色斑点。后翅暗褐色，有金属光泽。体色深浅差异较大（图1-30）。

卵 半球形，长约0.5mm，白色至淡绿色，表面具网纹。

幼虫 头部绿色两侧有黑斑，胸足及腹足皆绿色，第1、2对腹足退化，行走时体背拱曲。体背及体侧具6条白色纵纹，气门黄色，边缘黑褐色。老熟幼虫体长约30mm，虫体前端较细，后端较粗（图1-31，图1-32）。

蛹 长15 ~ 20mm，初期背面褐色，腹面绿色，末期整体黑褐色。臀棘突出，端有分叉沟，其周围有4个小沟。外被粉白色薄茧（图1-33）。

图1-30 银纹夜蛾成虫

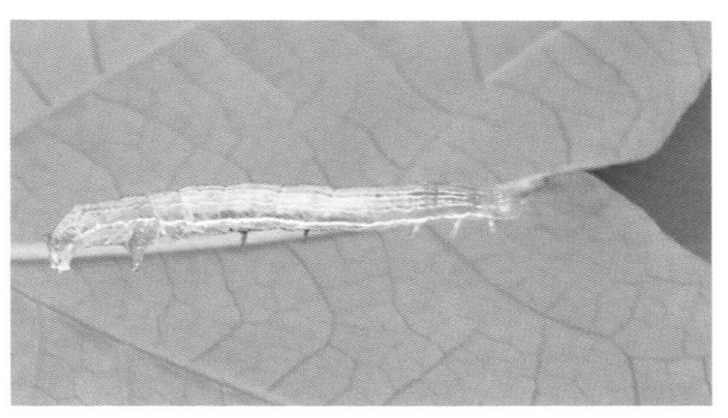

图1-31 银纹夜蛾幼虫

图1-32 叶片上的银纹夜蛾幼虫

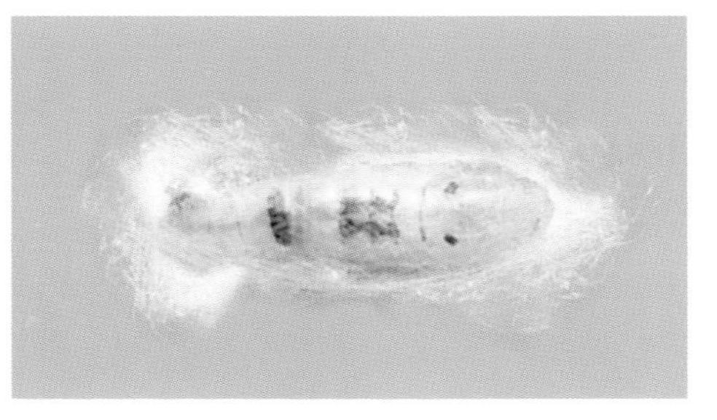

图1-33 银纹夜蛾蛹

生活习性

东北、河北、山东地区一年发生2 ~ 5代，上海、浙江、安徽一年发生4代左右。在华南地区一年发生6 ~ 7代。以老熟幼虫或蛹越冬。成虫白天可以活动，尤以午后活动最盛，趋光性不强，卵产于叶背面，3 ~ 6粒1堆。幼虫有假死性，抗药力弱。老熟幼虫在叶上作白色薄茧化蛹。

田间施用钾素和磷素多则虫害发生轻，施用氮素多则虫害发生重，覆膜栽培虫害发生也重。

防治方法

（1）**农业防治** 注意田间管理，铲除杂草，及时把田间的残株、落叶集中烧毁，可减少虫源。利用幼虫的假死性，可摇动植株，使虫掉在地下集中消灭。

（2）**生物防治** 在幼虫1～2龄期，喷施苏云金杆菌，每克含活孢子量100亿以上，800～1 000倍液防治，气温20℃以上防治效果良好。

（3）**物理防治** 用黑光灯或者频振式杀虫灯可大量诱杀银纹夜蛾成虫。

（4）**化学防治** 幼虫3龄期以前喷药防治，用20%氰戊菊酯乳油1 000～4 000倍液，或25%灭幼脲500～1 000倍液，或10%吡虫啉1 500倍液，或2.5%高效氯氟氰菊酯3 000～4 000倍液，或10%联苯菊酯6 000～8 000倍液，或20%高氯·马乳油3 000～4 000倍液喷杀。每隔10～15d喷1次，连续1～2次。

1.6 甘蓝夜蛾

分布与危害

甘蓝夜蛾（*Mamestra brassicae* Linnaeus），又名甘蓝夜盗蛾、菜夜蛾、地蚕，属鳞翅目、夜蛾科，具有夜出性、暴食性、群集性等特征。广泛分布于欧洲、亚洲、美洲、非洲大陆，主要分布区为30° N～70° N的欧亚大陆，属世界性分布害虫。国内各地分布极普遍，以东北、华北、西北等地区发生较为严重。甘蓝夜蛾食性杂，寄主植物约100科300余种，除对甘蓝和甜菜危害特别严重外，常取食禾本科、十字花科、葫芦科、茄果类、藜科、豆科等作物，如萝卜、白菜、菠菜、青椒、马铃薯、番茄等（乔志文等，2020）。编者发现近年来甘蓝夜蛾在海南省危害甘薯较为严重。

危害症状

以幼虫危害甘薯叶片为主，初孵幼虫啃食叶片残留表皮。3龄后啃食叶片成空洞或者缺刻；4龄后分散危害，昼夜取食。6龄白天会潜伏在根周围的土壤中，夜间出来暴食，危害严重时，被啃食的作物叶片仅剩叶脉、叶柄。老龄幼虫有钻蛀习性。

形态特征

成虫　体长10 ～ 25mm，翅展30 ～ 50mm。体灰褐色。前翅中央位于前缘附近内侧有肾形斑（斑内白色）和环状纹各1个，沿外缘有黑点7个，前缘近端部有等距离的白点3个。后翅灰白色（图1-34）。

卵　分散分布，为半球状，底径0.6 ～ 0.7mm，上部有放射状的三序纵棱，卵成块但卵粒不重叠。初产时黄白色，中央和四周上部会出现褐色斑纹，卵顶逐渐呈现放射状紫褐色纹，孵化前变为紫黑色。

幼虫　共6龄，不同的龄期有不同的体色，初孵化时，体色稍黑，虫体有粗毛，长约2mm；2龄期体色为绿色，体长8 ～ 9mm。1 ～ 2龄幼虫仅有2对腹足（不包括臀足）；3龄期体长12 ～ 13mm，体色呈绿黑色，具明显的黑色气门线，有腹足四对；4龄期体长约20mm，体色灰黑色，各体节线纹明显。老熟幼虫体长约40mm，头部和前胸背板黄褐色，胸、腹部背面黑褐色，腹面淡灰褐色，形似梯形，背线和亚背线为白色点状细线，各节背面中央两侧沿亚背线内侧有黑色条纹，似倒“八”字形。气门线黑色，气门下线为一条白色宽带。椭圆形黄褐色臀板，具单行单序中带腹足趾钩（图1-35）。

蛹　长约20mm，头部圆润。蛹体两侧有气门，赤褐色。腹部第5 ～ 7节近前缘处刻点较密而粗，腹部的5 ～ 7节前缘和4 ～ 6节后缘有深褐色横带。尾部长有较长的2根深褐色臀刺，刺体从基部到中部逐渐变细，末端膨大呈球状。

图1-34　甘蓝夜蛾成虫
（司升云等，2017）

图1-35　甘蓝夜蛾幼虫

生活习性

不同地区和同一地区的甘蓝夜蛾在每年发生代数均不同。部分地区年发生代数：黑龙江哈尔滨2代，辽宁兴城3代（少部分2代），新疆石河子地区2 ～ 3代，陕西泾惠4代，山西中部地区3代，四川和重庆地区2 ～ 3代。以蛹在土壤中越冬。

初孵幼虫取食具有群集性，随着个体的增大，逐渐分散取食。3龄后幼虫具有暴食性，也是危害最为严重的时期。甘蓝夜蛾成虫均能多次交配，且交配后当晚即能产卵，在作物生长高而密的区域一般选择叶色浓绿的叶背产卵，卵为块状，每块100 ～ 200粒，1头雌蛾一生可产1 000 ～ 2 000粒卵。整个幼虫期30 ～ 35d，蛹期一般10d左右，越夏蛹期50 ～ 60d，越冬蛹期6个月左右，蛹的发育温度在15 ～ 30℃之间。

平均温度在18 ～ 25℃、相对湿度70 ～ 80%时最有利于发育，羽化期早而较整齐，易于出现暴发性灾年，高温干旱或高温高湿不利于发育。甘蓝夜蛾成虫活动最频繁的时间在每晚21—23时，成虫对糖液及黑光灯趋性较强。与其他害虫不同，成虫需要补充营养，这是为了维持自身的营养生长和生殖作用。若成虫期羽化处附近有充足的蜜源或糖分等，都可能会引起虫害的发生。

防治方法

（1）**农业防治** 田地收获后进行秋耕或冬耕深翻。合理施肥，以有机肥为主，与氮、磷、钾复合肥配合施用；清除杂草，铲除害虫产卵的场所和早期食物来源，消灭杂草上的初龄幼虫；人工采卵，摘除初孵幼虫群集的叶片。

（2）**物理防治** 利用甘蓝夜蛾的生活习性以及趋光性、对糖类的趋性，在种植区用黑光灯诱杀成虫，适时可以配制糖醋液（糖、醋、酒、水的比例为10：1：1：8或6：3：1：10）诱杀。

（3）**生物防治** 卵期可人工释放赤眼蜂，设放蜂点6 ～ 8个/hm^2，各点每次释放2 000 ～ 3 000头，持续2 ～ 3次，效果显著。

（4）**化学防治** 幼虫低龄期和幼虫孵化盛期进行药剂防治。交替使用0.3%印楝素乳油500倍液、80%敌百虫可溶粉剂1 000倍液、2.5%高效氯氟氰菊酯乳油2 000倍液、10%氯氰菊酯3 000 ～ 4 000倍液、2.5%溴氰菊酯乳油2 000倍液、5%氯虫苯甲酰胺悬浮剂1 000倍液等喷雾防治。

1.7 大造桥虫

分布与危害

大造桥虫［*Ascotis selenaria*（Denis & Schiffermüller，1775）］，又称棉叶尺蛾，属鳞翅目、尺蛾科，俗称量地虫、步曲等，是一种世界性害虫，广泛分布在亚洲、欧洲和非洲等地区。在我国主要分布于东北、华北、华中和华东等地，主要寄主植物为辣椒、芦笋、胡萝卜、豆类、茄子等蔬菜，甘薯、花生、棉花等作物，以及梨、柑橘、樱桃 、枣、水杉等林木果树。该虫属间歇性、局部暴发害虫，在其暴发性年份需严加防治，若防治不力，会导致作物品质下降、产量降低，严重时甚至造成绝收。近年来，编者在海南省观察到大造桥虫危害甘薯较为严重，需引起注意。

危害症状

大造桥虫幼虫主要危害部位为植株芽、叶和嫩茎。低龄幼虫先从植株中、下部开始，取食嫩叶叶肉，残留下表皮，形成透明斑；3龄幼虫沿叶脉或叶缘咬成小孔洞或缺刻；4 龄以后幼虫食量最大，转移到植株上部叶片，啃食危害全叶，枝叶破烂不堪，甚至吃成光秆，危害最严重（图1-36，图1-37）。

图1-36　大造桥虫幼虫取食嫩枝

图1-37　大造桥虫老熟幼虫

形态特征

成虫　成虫体长15 ~ 20mm，翅展38 ~ 45mm，体色一般为淡灰褐色。雌虫触角丝状，暗灰色；雄虫触角羽状，淡黄色。翅上的横线和斑纹均为暗褐色，中室端具1斑纹。前翅外缘线由半月形点列组成，亚基线和外横线锯齿状，其间为灰黄色，亚缘线、内横线为黑褐色波纹状，内、外横线间有1个半月形白斑，斑四周黑褐色；后翅外横线锯齿状，其内侧灰黄色，后翅有条纹与前翅相对应连接。外缘上方有1个近三角形的黑褐斑（图1-38）。

卵　长椭圆形，长约0.73mm，初为青绿色，孵化前灰白色，上有深黑色或灰黄色纹，表面有小凸粒。

幼虫　共5龄，低龄为灰褐色，后逐渐变为青白色，老熟多为灰黄色或黄绿色（图1-39，图1-40），后转为预蛹状（图1-41）。体长可达38 ~ 49mm，头黄褐至褐绿色，头顶两侧有黑点。背线宽，淡青至青绿色，亚背线灰绿至黑色，体节间浅黄色。腹部第2节背中央近前缘处有黑褐毛瘤。胸足3对，褐色，腹足2对，生于第6、10腹节，行走时虫体中部拱起，似拱桥状伸曲前行。

蛹　长14mm左右，深褐色有光泽，有刻点，尾端尖，臀棘2根（图1-42，图1-43）。

图1-38　大造桥虫成虫

图1-39　大造桥虫低龄幼虫

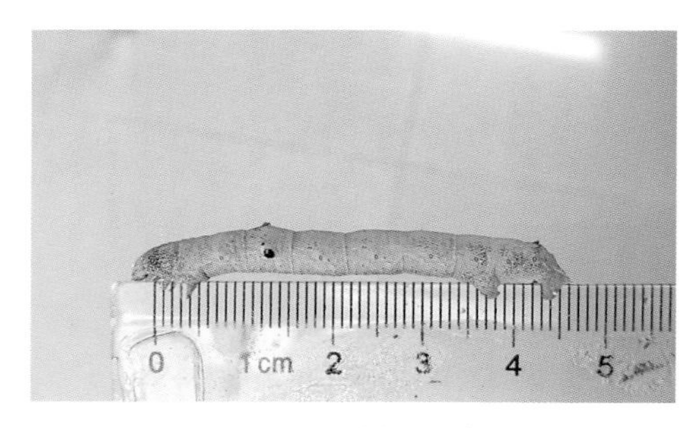

图1-40　大造桥虫老熟幼虫

图1-41　预蛹状

图1-42　大造桥虫蛹

图1-43　蛹表面刻点和臀棘

生活习性

在长江流域年发生3 ～ 4代，每世代历期约40d。4月中旬成虫开始活动并产卵，第一代在4月下旬至5月上、中旬，第二代在5月下旬至6月上、中旬，第三代在6月下旬至7月上、中旬，第四代在7月下旬至8月上、中旬。成虫寿命6 ～ 8d，多于傍晚羽化。羽化后 1 ～ 3d交配，交配后第2d于夜间产卵，多产在地面、土缝、草秆以及叶片上，数十粒至百余粒成堆。以蛹在1 ～ 2cm深的土中或树皮缝隙间越冬。

初孵幼虫白天静伏于寄主植物叶柄或小枝上，常作拟态，呈嫩枝状，受到威胁可吐丝随风转移，老熟幼虫多在白天吐丝下垂或直接掉在地面，进入松土内化蛹。成虫趋光性强，昼伏夜出，受惊时作短距离飞行。

防治方法

较少单独防治，一般与其他鳞翅目害虫兼治。

（1）**农业防治**　及时清理收集田间枯枝、落叶和杂草，集中深埋或烧毁，消灭藏匿在其中的幼虫、卵块和蛹；作物收获后，及时拔除茎秆，翻耕土壤，能有效捣毁越冬场所，杀死越冬蛹。

（2）**物理防治**　利用成虫的趋光性，在羽化期用黑光灯或频振式杀虫灯诱杀成虫。

（3）**生物防治**　据研究报道，可通过人工释放桑尺蠖脊腹茧蜂达到防治的效果，寄生率70%～ 80%。

（4）**化学防治**　在3龄前施药效果最好，喷药时重点为植株中下部叶片背面。可供选择农药种类有2.5%溴氰菊酯乳油、10%氯氰菊酯乳油、20%甲氰菊酯乳油等2 000 ～ 3 000倍液，或90%敌百虫可溶粉剂1 000倍液，或1.8%阿维菌素2 000倍液，或25%除虫脲可湿性粉剂1 000倍液。

1.8　小造桥虫

分布与危害

小造桥虫［*Anomis flava*（Fabricius，1775）］，又称棉小造桥虫、棉夜蛾、小造桥夜蛾等，属鳞翅目、夜蛾科，幼虫俗称步曲、弓弓虫、弓腰虫、量地虫等。寄生植物主要为棉花，以及豆类、蜀葵、锦葵、向日葵、野生蔺麻、黄麻、冬苋菜等。广泛分布于除西藏、新疆外的全国各地区，以黄河、长江流域棉区受害较重。小造桥虫幼虫取食棉花叶片、嫩枝、花蕾和果实，极大地降低棉花产量，影响棉花的品质。甘薯田也常常遭受小造桥虫的危害，但未见大规模暴发危害甘薯的报道。

危害症状

1 ～ 2 龄幼虫仅取食叶肉，危害部位伤痕呈筛孔状，3龄以后幼虫食量最大，把叶片吃成小孔洞或缺刻，危害最严重。

形态特征

成虫 体长10 ～ 13mm，头、胸部橘黄色，腹部背面黄褐色，前翅内半部淡黄褐色，后半部暗褐色，有4条波纹状横纹。雄虫触角栉齿状，雌虫触角丝状。前翅外缘中部向外突出呈角状，而大多数飞蛾外缘呈弧形（图1-44）。

图1-44 小造桥虫成虫
（司升云等，2017）

卵 扁圆形，直径约0.60mm，高0.2mm，颜色为青绿色，顶部环状隆起线，花冠明显，外壳有纵横脊围成的不规则形方块。

幼虫 老熟幼虫体长33 ～ 37mm，头部为淡黄色，身体为黄绿色，背线、亚背线、气门上线灰褐色，中间有不连续的白斑，呈长圆筒形。胸足3对，腹足3对，着生在4 ～ 6腹节上，由于第1对和第2对腹足退化，爬行时不起作用，虫体中部拱起，似拱桥状伸曲前行（图1-45）。

图1-45 小造桥虫幼虫
（司升云等，2017）

蛹 红褐色，头顶中部有1乳头状突起，臀刺3对，中央1对粗长，两侧的臀刺末端呈钩状。

生活习性

华北地区一年发生3 ～ 4代，华中地区一年5 ～ 6代。以老熟幼虫和蛹在棉田落叶或草丛中越冬。成虫寿命10 ～ 12d，卵历期2 ～ 3d，幼虫历期14 ～ 18d，蛹历期6 ～ 7d。各世代的历期随温度升高而缩短，温度降低则延长。1个世代一般需要经历30d左右。

成虫有趋光性，羽化主要在夜间。每头雌蛾可产卵200 ～ 800粒，大多数散产在棉株中下部叶片背面，少数产在上部棉叶背面。成虫白天隐藏在棉叶背面、苞叶间和杂草丛中，幼虫孵化后食去卵壳，低龄幼虫极活泼，受惊后即跳动下坠。老熟幼虫在叶片苞叶间吐丝连接，做薄茧化蛹。适宜小造桥虫卵孵化和幼虫成活的温度为25 ～ 29℃，相对湿度为75% ～ 95%，7—9月雨水多、湿度大，有利于幼虫取食，促进化蛹羽化。

防治方法

（1）**农业防治** 及时清理田间残株、杂草和落叶等，捣毁越冬场所，杀死越冬蛹。甘薯生产田远离棉田。

（2）**物理防治** 在田间插柳树、杨树或者槐树枝诱杀成虫，或者在田间分散放置2 ～ 3盆糖醋液捕杀成虫，或者用黑光灯或频振式杀虫灯诱杀成虫。

（3）**生物防治** 保护利用绒茧蜂、悬姬蜂、赤眼蜂、草蛉、胡蜂、小花蝽、瓢虫和蜘蛛等天敌。选用每克100亿活芽孢苏云金杆菌可湿性粉剂500 ～ 1 000倍液喷洒。

（4）**化学防治** 可选用20%氰戊菊酯乳油1 500 ～ 2 000倍液，或20%甲氰菊酯乳油1 500倍液，或25%除虫脲可湿性粉剂1 000倍液，或48%毒死蜱乳油1 500倍液，或2.5%溴氰菊酯乳油1 500 ～ 2 000倍液，或90%敌百虫可溶粉剂1 500倍液等喷雾防治。

1.9 甘薯黏虫

分布与危害

甘薯黏虫 [*Mythimna separata*（Walker），异名*Pseudaletia separata*（Walker）]，又称东方黏虫、黏虫，俗称行军虫、剃枝虫、夜盗虫、五色虫、五彩虫和麦蚕等，属鳞翅目、夜蛾科，具有群聚、迁飞、杂食和暴食等特性，是我国农业最重要的害虫，也是一种世界性害虫。目前，除新疆和西藏地区发生情况不明外，其危害遍布全国各地。国外主要分布在朝鲜、韩国、越南、印度、澳大利亚、巴布亚新几内亚等亚洲和大洋洲国家和地区。危害玉米、水稻、小麦、谷子、甘薯、棉花、甘蔗、豆类、蔬菜、麻等16科100种以上植物，大发生时可将作物叶片全部食光，造成严重损失。据《全国植保专业统计资料》的数据，1950—2013年64年间有20年该害虫发生面积在666.7万hm^2以上，至今仍然是粮食安全生产的重要威胁。

危害症状

对水稻、小麦和玉米三大粮食作物的安全生产威胁最大，常成群列纵队迁徙危害，又名“行军虫”。该虫在甘薯整个生育期都可危害。以幼虫危害为主，低龄幼虫聚集于甘薯幼嫩叶片取食叶肉，1 ～ 2龄取食叶肉留下表皮和小孔洞，3龄以后取食叶片成缺刻，5、6龄进入暴食期，可将植株食成光秆，造成减产。

形态特征

黏虫发育需要经历卵、幼虫、蛹、成虫等发育阶段（图1-46）。

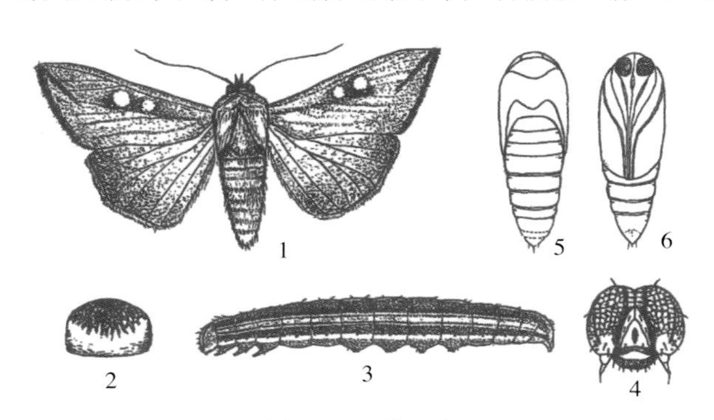

图1-46 黏 虫

1.成虫 2.卵 3.幼虫 4.幼虫头部（正面观） 5.蛹（背面观） 6.蛹（腹面观）

（中国农业科学院植物保护研究所，中国植物保护学会.2014）

成虫 体长为16～20mm，翅膀伸展长40～45mm，外表呈淡褐色或者淡灰褐色。前翅白翅尖至后缘1/3处有黑色斜纹一条，近乎等分翅尖；前翅近中央有淡黄色圆形斑纹两个，靠外面的圆斑下面有一明显的小白点，白点两侧各有一更小的黑点（图1-47）。雌蛾后翅基部前缘有3根硬毛（翅缰），雄蛾只1根。

卵 0.5mm左右，外形呈馒头状，随着时间的推移，卵由乳白色逐渐变为灰黑色。

幼虫 共有6龄，老熟幼虫体长约33mm，体色变化较多，由淡绿至浓黑。头壳沿脱裂线有近似八字形黑褐纹。背为暗绿色，背中线为白色，边缘有细黑线，两侧各有两条红褐色纵带，两纵线间均有灰白色纵行细纹，因身上拥有五条背线，又被称为五色虫（图1-48）。腹面为淡黄色，腹足的外侧有黑褐色斑纹。

蛹 19～23mm，红褐色，有光泽。在蛹腹部的5～7节背面与前缘各分部一列齿状的点刻。尾端具有一对粗大的刺，刺两旁有两对细刺。

生活习性

环境条件合适，黏虫一年四季都可繁殖，无滞育现象。发生世代数因纬度和地势不同而异。自北向南发生代数逐渐增加，高海拔地区发生代数少，低海拔地区发生代数多。我国东北地区一年发生2～3代，广东和广西地区一年发生6～8代。海拔2 000m左右的高原地区一年发生2代，海拔1 000m左右的高原地区一年发生3代。越冬分界线在北纬33°一带，在33°以北地区任何虫

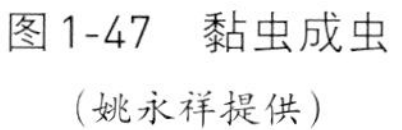

图1-47 黏虫成虫
（姚永祥提供）

图1-48 黏虫幼虫
（姚永祥提供）

态均不能越冬。在江西、浙江一带，以幼虫和蛹在稻桩、田埂杂草、绿肥田、麦田表土下等处越冬。在广东、福建南部终年繁殖，无越冬现象。

黏虫发育最适宜的温度为19 ～ 22℃，相对湿度70%以上。降雨有利于黏虫生长与繁殖，若土壤和空气湿度较大，有利于卵生成幼虫。黏虫属迁飞性害虫，春季大量成虫由南方迁飞至北方地区。春季和夏季自低纬度向高纬度地区，或自低海拔向高海拔地区迁飞；秋季回迁时，自高纬度向低纬度地区，或自高海拔向低海拔地区迁飞。

防治方法

（1）**农业防治** 采用《黏虫测报调查规范》（GB/T 15798—2009）监测虫害情况，及时防控。合理轮作，不宜连作，浅耕灭茬，减少成虫基数。及时除去田间杂草枯叶，中耕培土，改善通风透光条件，降低田间湿度。

（2）**物理防治** 利用成虫的趋化性使用黑光灯诱杀；利用性诱剂捕杀，用配有黏虫性诱芯的诱器，每公顷15个，诱杀产卵成虫；糖醋液诱杀成虫，诱液中酒、水、糖、醋按1：2：3：4的比例，再加入少量敌百虫，诱杀成虫。

（3）**生物防治** 保护利用鸟类、两栖类、蜘蛛等捕食性天敌，人工释放黑卵蜂和赤眼蜂等寄生性天敌。

（4）**化学防治** 化学防治是控制黏虫危害的主要方法。防治黏虫必须在1 ～ 3龄施药，才能取得较好的防治效果。可选用50%辛硫磷乳油3 000倍液，或90%敌百虫可溶粉剂1 000倍液，或50%敌敌畏乳油1 000倍液，或2.5%高效氯氟氰菊酯乳油1 000倍液，或10%吡虫啉2 000 ～ 2 500倍液喷雾防治。此外，25%灭幼脲悬浮剂、20%除虫脲悬浮剂、40%毒死蜱乳油和50%甲萘威可湿性粉剂等化学药剂也具有较好的防治效果。4.5%高效氯氰菊酯乳油与20亿PIB/ml核型多角体病毒悬浮剂或8 000IU/mL苏云金杆菌悬浮剂配合使用，效果较好。

1.10 桑毛虫

分布与危害

桑毛虫［*Porthesia xanthocampa*（Dyer）］，又称黄尾白毒蛾、桑毒蛾、桑褐斑毒蛾，俗称金毛虫、黄毛虫、狗毛虫、花毛虫、洋辣子、毒毛虫等，属鳞翅目、毒蛾科，是一种重要世界性害虫。该虫广泛分布于世界各地，在我国各省份均有分布。桑毛虫是桑树的主要虫害之一，以桑芽、桑叶为主要取食对象，严重阻碍桑树的正常生长，除了危害桑树外，还啃食桃、李、苹果、梨、梅、柿、榆、柳、白杨和甘薯等植物。桑毛虫的毒毛，触及人体皮肤引起皮炎，甚至造成死亡，触及蚕体使家蚕中毒患黑斑病。在国内甘薯各产区常常观察到桑毛虫啃食叶片的现象（图1-49），是甘薯生产上潜在的威胁性害虫。

危害症状

初孵幼虫群集甘薯叶背啃食叶肉，残留上表皮，叶片上出现灰白色网状斑，3龄后分散危害，将甘薯叶咬食成大缺刻或食尽（图1-49），仅留叶脉，危害幼芽时，造成芽枯。

形态特征

成虫 雌蛾体长约18mm，雄蛾略小。全体白色，雌蛾尾部有黄毛，前翅后缘近臀角处有1对黑褐色纹。雄蛾腹部第3节起有黄毛，前翅有2对黑褐色纹。

卵 卵扁球形，直径0.6 ~ 0.7mm，灰色，卵块上有黄毛覆盖。

幼虫 一般6龄，成熟幼虫体长26 ~ 31mm，黄色，背线红色，各体节上环生有红、黑相间的毛瘤，上生黑色及黄褐色长毛和松枝状白毛。腹部第6、7节背面中央各有一圆形突出黄色孔（图1-50）。

图1-49　桑毛虫幼虫危害甘薯叶片

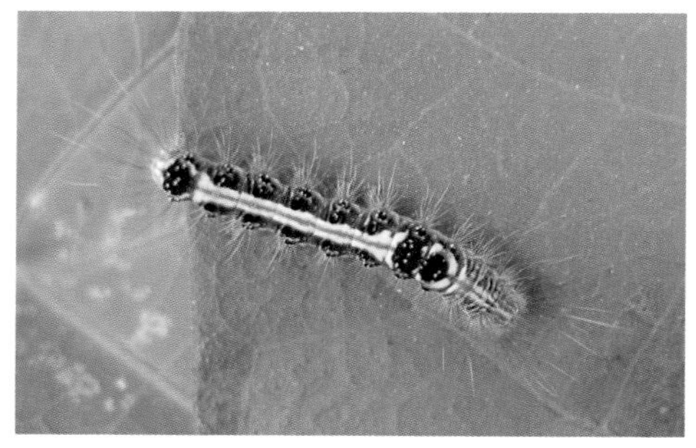

图1-50　桑毛虫幼虫

蛹　长9 ～ 11.5mm，棕褐色，圆筒形，上有黄色刚毛，臀棘较长，末端生细刺1撮。

生活习性

桑毛虫在大兴安岭地区一年发生1代，辽宁地区2代，山东地区3代，江苏、浙江地区一年发生3代，四川、江西地区4代，广东地区5 ～ 6代。各地均以2 ～ 3龄幼虫在树干裂缝、土隙、枯枝、落叶、杂草堆中结茧越冬，翌年咬破茧壳危害植物。卵期4 ～ 7d，幼虫蜕皮3 ～ 7次，历期20 ～ 37d，越冬代长达250d，蛹期7 ～ 12d，成虫寿命7 ～ 17d。

初孵幼虫有群集性，取食叶背表皮和绿色组织。自2龄开始长出毒毛，随龄期增大，毒毛增多。幼虫具有假死性，受惊吐丝下垂。老熟幼虫多在卷叶、叶背、树干裂缝、土面结茧化蛹。成虫有较强的趋光性，大多数成虫在白天羽化，晚上交配产卵，产卵在叶背，每雌产卵可达600粒。

防治方法

利用幼虫具有群集性和成虫的趋光性特点进行综合防治。

（1）**农业防治**　甘薯繁苗田和生产田远离桑园和果园。铲除杂草，枯枝败叶，清洁田园。稻草堆诱集入冬幼虫集中销毁。人工摘除卵叶和幼虫群集的叶片。

（2）**生物防治**　保护利用绒茧蜂、大角啮小蜂、寄蝇和黑卵蜂等天敌。2龄幼虫高峰期喷洒核型多角体病毒。

（3）**化学防治**　可用敌百虫、敌敌畏、乙基多杀菌素、溴氰菊酯等化学药剂进行防治。用90%敌百虫可溶粉剂1 000 ～ 1 500倍液，或80%敌敌畏乳油800 ～ 1 000倍液，或50%辛硫磷乳剂5 000倍喷雾具有较好的防治效果。

1.11　甘薯天蛾

分布与危害

甘薯天蛾［*Herse convolvuli*（Linnaeus）］，又名旋花天蛾、甘薯叶天蛾、偷糖蛾和虾壳天蛾等，幼虫俗称甘薯虫、猪婆虫、花豆虫、猪儿虫，属鳞翅目、天蛾科。遍布世界各地，我国甘薯种植地区均有发生，环境条件适宜时，可在局部地区暴发成灾。主要取食危害甘薯，以及五爪金龙、牵牛花、蕹菜和月光花等旋花科植物。20世纪90年代，山东省甘薯天蛾危害十分严重，据不完全统计，1994年被甘薯天蛾吃光叶片的甘薯地块超2万hm^2，累计发生面积超133万hm^2。此外，天蛾幼虫虫体较大，营养价值高，是一种颇具开发利用价值的食用昆虫资源。

危害症状

幼虫取食甘薯的叶片、嫩茎，食量大。轻者叶片食成缺刻，严重时把叶片食尽，成为光蔓（图1-51），被害处附近散落粗大的虫粪（图1-52）。受害严重的地块，小薯多、大薯少，结薯量少。

图1-51 甘薯天蛾危害症状

图1-52 被害处地面散落的粗大虫粪

形态特征

成虫 体长35 ~ 48mm，翅展92.5 ~ 115mm，雌蛾较雄蛾体形大。头部暗灰色，触角灰白色，雌蛾棍棒状，末端膨大，雄蛾栉齿状。前胸背面灰褐色，有两丛褐色鳞片，排成“八”字形。前翅灰褐色，上有许多锯齿状和云状斑纹；后翅淡灰色，上有4条黑褐色斜带。腹部背面中央有一条暗灰色宽纵纹，各腹节两侧顺次有白、红、黑色横带3条（图1-53，图1-54）。

卵 圆球形，直径1.6 ~ 1.9mm。初产蓝绿色，孵化前黄白色（图1-55）。

幼虫 共5龄，初孵化时淡黄白色，1 ~ 3龄为黄绿色或青绿色（图1-56），4 ~ 5龄体色多变。同一雌虫产的卵所孵幼虫，后期可出现青、黄、绿、红、褐、黑、油黑等多种颜色体色（图1-57，图1-58，图1-59）。5龄幼虫体长75 ~ 100mm，头顶圆。中、后胸及第1 ~ 8节背面具许多皱纹，形成若干小

图1-53 甘薯天蛾雌成虫

图1-54 成虫腹节两侧白、红、黑色横带

环。第8腹节末端具弧形的尾角。

蛹　体长50 ～ 60mm，初为翠绿色，后为褐色或红褐色。喙长而伸出弯曲呈象鼻状。后胸背面有1对粗糙刻纹；腹部1 ～ 8节背面近前缘处也有刻纹；臀棘三角形，表面有颗粒突起（图1-60）。

图1-55　甘薯天蛾卵

图1-56　低龄幼虫

图1-57　绿色型幼虫

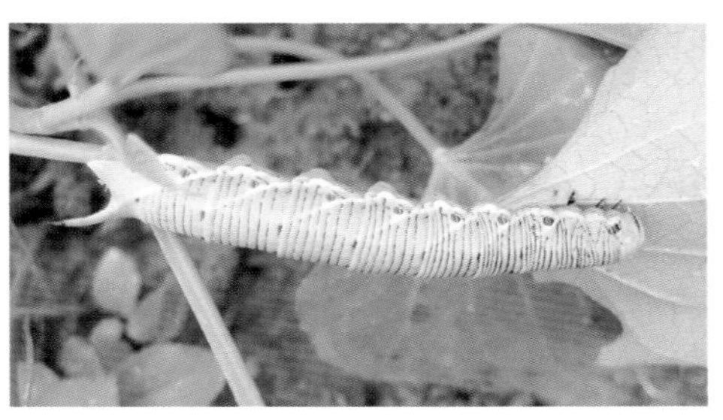

图1-58　黄绿型幼虫

图1-59　不同体色幼虫

图1-60　甘薯天蛾蛹

生活习性

甘薯天蛾在安徽地区一年3 ～ 4代，湖南、湖北、四川地区一年4代，福建地区一年4 ～ 5代，田间世代重叠明显。山东地区一年发生4代，越冬代成虫盛期5月中旬至6月中旬，第一代成虫发生期6月下旬至7月中旬，第二代成虫发生期7月至8月中旬，第三代成虫发生期8月下旬至9月下旬，老熟幼虫于10月中旬入土化蛹，以蛹在地下5 ~ 15cm土室内越冬，翌年4月后羽化。卵期3.4 ~ 6.2d，幼虫期11.6 ~ 22d，预蛹3 ~ 8.2d，蛹期12.2 ~ 12.8d，成虫期4.5 ~ 6.7d，全世代33.8 ~ 43d（冯玲等，1997）。

成虫白天潜伏在甘薯田及附近草堆、建筑物、作物叶下或矮树丛等处，黄昏后取食各种植物花蜜，并交配产卵，20—22时为活动盛期。成虫喜糖蜜、有趋光性、飞翔力很强，在环境条件不适时，能迁飞远地繁殖危害。雌蛾交配后当晚或第二天晚上开始产卵，产卵时喜欢通风透光、向阳、作物长势较好的田块。卵产在甘薯叶背面的边缘或叶片正面和叶柄上。甘薯天蛾卵多散产，产卵量多在800 ~ 1 000粒。幼虫孵化或蜕皮后，会立即取食其卵壳或自己脱下的皮，仅留下头壳和尾角。初孵幼虫在叶背开始取食，1龄幼虫取食量很小，取食后在叶片上仅留下微小的孔洞，随着龄期的增加，取食量会明显地增加。第2、3龄幼虫食叶形成缺刻。1 ~ 4龄食量小，5龄食量大，占总食量的88 ~ 92%。食料不足时，幼虫可成群迁往临近甘薯田危害。老熟幼虫主要在甘薯田入土做土室化蛹，也可在周围作物田、路边、沟沿等处土下化蛹。一般喜在松软的土壤内化蛹，入土困难时可在甘薯叶下化蛹。

甘薯天蛾在田间的发生轻重与气候因素，尤其是雨量多寡的关系密切。雨量少、气温高，有利其生长发育。在20 ~ 30℃范围内，甘薯天蛾卵孵化率随温度升高而增大，温度高于30℃，孵化率减小。在平均气温26 ~ 29℃时，卵期为4 ~ 5d，23 ~ 25℃时为6 ~ 7d；幼虫期在23 ~ 25℃时为20 ~ 23d，而在26 ~ 29℃时则较短（16 ~ 20d）；蛹期在气温26 ~ 29℃时为10d，而在21℃时长达23 ~ 24d。如果高温持续时间长，可加速各虫态的发育，使世代数增多。空气湿度对卵的影响较大，当高温低湿时卵很难孵化，大部分因失水而死亡。长势好，叶色浓绿，叶片厚而大的地块发生重，反之则发生轻。

防治方法

（1）**农业防治**　大水漫灌或者冬季耕翻，破坏越冬环境，促使越冬蛹死亡，可减少越冬虫源。利用成虫趋性，采用灯光或糖液毒饵诱杀成虫。结合田间管理进行人工捕杀。

（2）**生物防治**　保护利用甘薯天蛾天敌和白僵菌等（图1-61）。寄生性天敌有螟黄赤眼蜂、松毛虫赤眼

图1-61　受白僵菌侵染的甘薯天蛾幼虫

蜂、黄茧蜂、螟蛉悬茧姬蜂等。捕食性天敌有中华螳螂、华姬猎蝽、青翅隐翅虫、草间小黑珠、T纹狼蛛等（冯玲等，1996）。李有志等（2004）发现，甘薯天蛾幼虫的寄生性天敌主要是姬蜂科的螟蛉悬茧姬蜂和茧蜂科绒茧蜂属的茧蜂，在田间被这两种寄生蜂寄生的幼虫比例平均可达85%以上，且茧蜂的寄生率明显高于姬蜂。

（3）**化学防治** 在第3龄幼虫盛期，当幼虫2 ～ 3头/m^2时喷药防治。可喷洒5% S-氰戊菊酯乳油2 000 ～ 3 000倍液，80%晶体敌百虫2 000倍液，80%敌敌畏乳油1 000 ～ 1 500倍液，2.5%溴氰菊酯乳油2 000倍液，Bt乳油150倍液，1%甲氨基阿维菌素苯甲酸盐乳油1 000倍液，10%虫螨腈悬浮剂2 000倍液，20%氯虫苯甲酰胺悬浮剂5 000 ～ 7 000倍液，1.8%阿维菌素乳油1 500 ～ 2 000倍液，2.5%高效氯氟氰菊酯乳油1 000 ～ 2 000倍液，5%氟铃脲乳油1 000 ～ 1 500倍液，或使用上述药剂的复配制剂进行喷雾。

1.12 甘薯麦蛾

分布与危害

甘薯麦蛾［*Brachmia macroscopa*（Meyrick）］，又称番薯卷叶虫、甘薯小蛾、红芋卷叶虫、番薯包叶虫、番薯结叶虫、番薯花虫等，属鳞翅目、麦蛾科，是甘薯和蕹菜极为重要的食叶害虫之一。甘薯麦蛾在国内分布范围很广，自北向南如辽宁、吉林、黑龙江、北京、河北、浙江、湖北、福建、湖南、广东、广西、海南等省份均有该虫分布，东到沿海各省份及台湾，西到四川西部，均有发生，相对而言，该虫在南方发生较重。国外如日本、朝鲜、菲律宾、印度、缅甸、越南及欧洲等地亦有发生。甘薯田间被害株率一般为20%～ 50%，重者可以达到100%。熊松根（2007）发现，江西安义县甘薯受害面积超266hm^2，甘薯受害株率一般为38%，最高可达75%。此外，该虫还可危害山药，以及牵牛花、月光花和五爪金龙等植物。

危害症状

甘薯麦蛾以幼虫吐丝卷叶取食叶片和嫩茎嫩梢危害。通常幼虫吐丝将叶片的一角向中部牵引卷折起来，形成饺子形，在卷叶内取食叶肉（图1-62，图1-63）。幼虫分为4龄，其中1龄幼虫只在叶面剥食叶肉，不进行卷叶，但吐丝下坠；2龄幼虫即开始吐丝作小部分卷叶，并在卷叶内取食叶肉危害甘薯和蕹菜；3龄以后，幼虫的食量大增，卷叶程度也增大。受害的叶片叶肉被食尽，残留白色的皮层，似薄膜状（图1-64，图1-65）。发生严重时，大部分叶片的叶肉被卷食，呈现“火烧”状，影响甘薯的正常生长（图1-62）。

形态特征

成虫 体长4 ~ 8mm，翅展16 ~ 18mm，体灰褐色，头暗褐色，复眼黑色，触角细长、丝状，前翅狭长褐色，近中央有前小后大两个外部灰白色、内部黑褐色的眼状纹，外缘具成排的小黑点5 ~ 7个，后翅宽，淡灰色，缘毛很长（图1-66）。

卵 椭圆形，长0.5 ~ 0.6mm，表面具细纵横脊纹；初产白色，后呈黄褐色。

幼虫 共4龄，细长，老熟幼虫长18 ~ 20mm，体表有稀疏长毛。头部黑褐色，稍扁；前胸背板褐色，两侧黑褐色，呈倒“八”字形纹，中胸至腹部第2腹节背面黑色，第3腹节以后各节底色为乳白色。体背有2条黑色亚背线，第3 ~ 6腹节从亚背线起各有向后斜走至体侧黑线1对，胸足黑色，腹足乳白色（图1-67）。

蛹 长7 ~ 9mm，纺锤形，头钝，尾尖。初淡白色后变为黄褐色。臀棘末端具钩刺8个，呈圆形排列。

图1-62 甘薯麦蛾危害大田症状

图1-63 幼虫危害叶片症状

图1-64 被害叶片症状

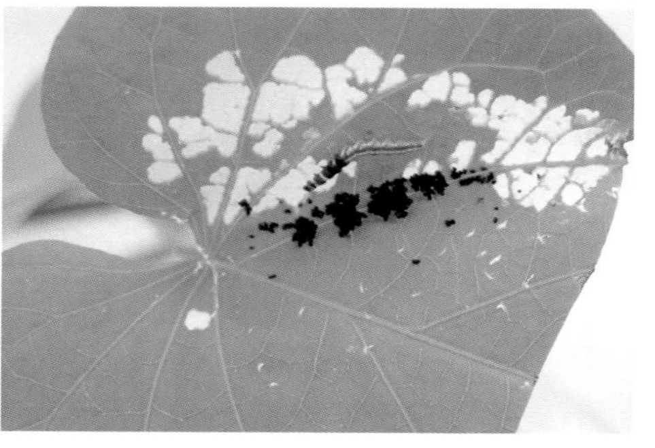

图1-65 被害叶片展开症状

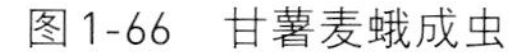
图1-66 甘薯麦蛾成虫

图1-67 甘薯麦蛾老熟幼虫

生活习性

甘薯麦蛾的年发生代数和发生时期因地区而表现出一定的差异，浙江地区一年发生4～5代，江西地区一年5～7代，福建地区一年8～9代，世代重叠明显。在北方以蛹在残株、落叶或土缝中越冬，南方以成虫在田野杂草丛中及屋舍内阴暗环境越冬。常温下卵期5～7d，幼虫期18～22d，蛹期7～10d，雌虫寿命14～19d，雄虫寿命12～16d。

成虫昼伏夜出，有趋光性，喜食花蜜。夜间进行交尾、产卵，卵通常散产在叶背面的叶脉间，也有少数产在新芽和嫩茎上。单雌产卵量达56～128粒，幼虫自3龄后开始大量卷叶危害，并将粪便排于卷叶内，幼虫特别活跃，善跳跃，稍受惊扰，即采用屈体跳跃逃遁、吐丝下坠或迅速倒退躲避等方式逃逸。幼虫可转叶危害，多危害叶片，少数危害嫩茎和嫩梢。老熟幼虫在卷叶内或土缝中化蛹。

甘薯麦蛾生长发育的温度范围为15～35℃，最适环境温度为20～30℃，最适相对湿度为70%～80%。偏高温和低湿度是甘薯麦蛾严重发生的重要条件，春、秋干旱有利于发生。北方越冬蛹翌年6月羽化为成虫并在苗床和大田繁殖危害；南方越冬成虫翌年春天在苗床和大田繁殖危害，8—9月危害严重，尤其在生长旺盛植株上。

防治方法

（1）**农业防治** 收获后清除残株落叶、杂草以及田边旋花科植物，冬耕晒垡，灌水淹田，消灭越冬蛹；田园内初见幼虫卷叶危害时，要及时灭杀新卷叶内的幼虫或摘除新卷叶，集中杀死。

（2）**物理防治** 利用成虫趋光性，在成虫盛发期可用频振式杀虫灯进行诱杀。

（3）**生物防治** 利用性信息素引诱成虫。保护利用自然天敌，如卵的天敌有拟澳洲赤眼蜂和甘薯麦蛾赤眼蜂；幼虫的天敌有甘薯麦蛾绒茧蜂、长距茧蜂、甲腹茧蜂、狭面姬小蜂、腹柄姬小蜂、啮小蜂、白足扁股小蜂、蚤蝇、白僵菌等；蛹的天敌有厚唇姬蜂、广黑点瘤姬蜂、无斑黑点瘤姬蜂、红腹姬蜂、凹眼姬蜂、广大腿小蜂、无脊大腿小蜂、羽角姬小蜂、稻苞虫赛寄蝇、银颜筒寄蝇、日本追寄蝇（郑霞林等，2009）。

（4）**化学防治** 防控中需采取各种措施进行综合防治，但化学防治仍是主要手段之一。在幼虫3龄前尚未卷叶时晴天傍晚施药，可采用50%亚胺硫磷乳剂1 000倍液，或5%啶虫脒微乳剂1 000倍液，或2.5%氯氟氰菊酯乳油1 000 ～ 2 000倍液，或1.8%阿维菌素乳油1 000倍液，或20%氯虫苯甲酰胺悬浮剂3 000倍液，或20%杀灭菊酯乳油1 000 ～ 2 000倍液，或90%晶体敌百虫1 000倍液，或50%辛硫磷乳油1 000倍液，进行喷雾防治。虫口密度大，危害重的田块，隔3 ～ 5d第2次用药。

1.13 甘薯卷叶螟

分布与危害

甘薯卷叶螟［*Dichocrocis diminutiva*（warren）］，又称甘薯蛀野螟、甘薯合叶螟、甘薯包叶螟，属鳞翅目、螟蛾总科、螟蛾科、蛀野螟属。国外主要分布于印度，国内主要分布在浙江、福建和广东等省。1979年，温州市被害较重的甘薯苗床，株被害率达85%以上，叶被害率达30%。该虫常与甘薯麦蛾并发，造成薯叶折叠，全田枯焦（图1-68）。

危害症状

初孵幼虫群集危害，3龄幼虫开始吐丝将甘薯已张开的嫩叶沿中脉向正面合起，卷成虫苞（图1-69），并藏其苞内取食叶片的上表皮及叶肉，4龄以后

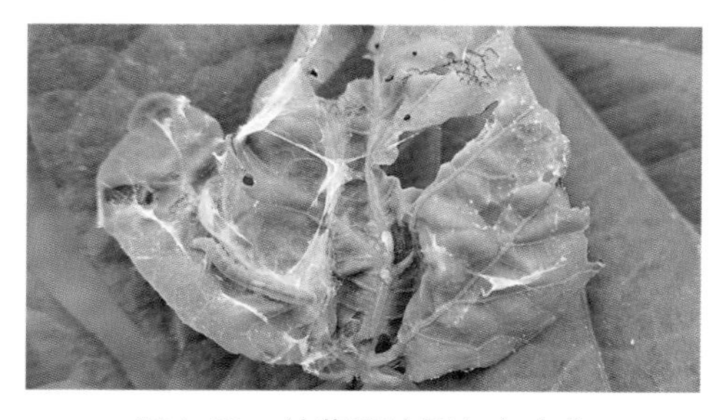

图1-68 甘薯卷叶螟危害症状

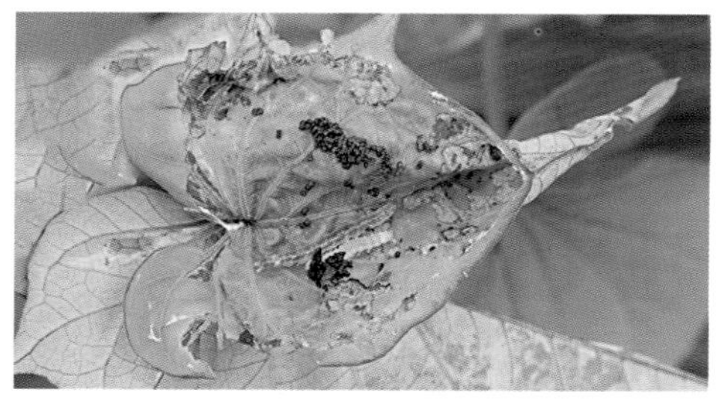

图1-69 甘薯卷叶螟形成的虫苞

食量大增，被害叶片仅残留一层下表皮和叶脉，苞中留下大量虫粪，影响叶片光合作用，导致甘薯减产。卷叶螟危害症状与甘薯麦蛾不同，甘薯卷叶螟一般结成对折叶苞，并且藏身在叶苞中取食危害，而甘薯麦蛾一般不形成对折叶苞。

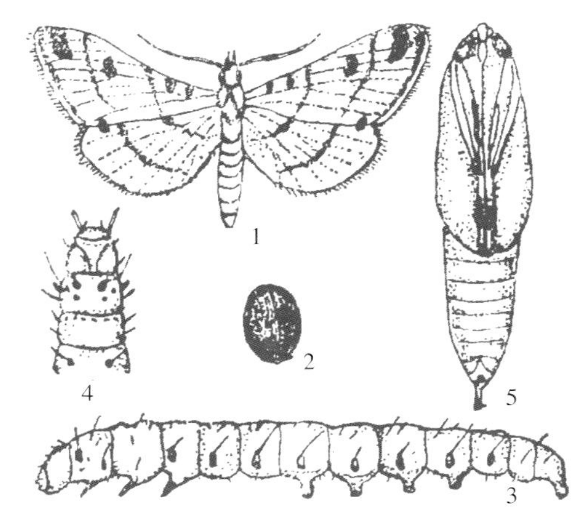

图1-70 甘薯卷叶螟
1.成虫 2.卵 3.幼虫 4.幼虫胸部背面观 5.蛹
（金行模等，1980）

形态特征

成虫 体长9 ~ 12mm，翅展18 ~ 23mm，淡橘黄色。复眼棕红色。胸部腹面黑色，腹部第1节有1对黑点，第4节背面及两侧有4个成对黑斑，尾毛黑色。前翅有褐色横纹3条，外缘线黑褐色，内横线和外横线褐色，两线之间有1个黑色斑纹，呈肾脏形，翅基附近有2个小黑斑，顶角和后角内侧各有1个褐色斑。肾状斑与前翅前缘角及外缘角上的褐斑呈三角形排列。后翅外横线和内横线2条褐色横纹在翅展时与前翅各线相连（图1-70，图1-71）。

卵 扁圆形，乳白色，直径为0.8 ~ 1mm，卵壳有网纹。

幼虫 共5龄，5龄幼虫体长22 ~ 25mm，头宽1.5 ~ 1.7mm，头部黄褐色，胸腹部淡绿色，前胸盾淡褐色，两侧各有3个小黑痣（1大2小），排列成三角形。中胸背面沿前缘有小黑痣6个；后胸背面两侧各有黑痣1个。腹部各节背线两侧均有2根短刚毛，沿气门上方各有1根长刚毛（图1-72）。

图1-71 甘薯卷叶螟成虫

图1-72 甘薯卷叶螟幼虫与危害症状

蛹 长11 ~ 12mm，初为淡黄褐色后变赤褐色。臀棘末端有钩刺。

生活习性

浙江温州地区一年发生4 ～ 5代，在福建晋江地区一年发生6代，以预蛹在被害叶片内越冬。春暖后成虫孵化而活动，成虫羽化后，当晚即能交配，白天多栖息于甘薯茎叶间或杂草荫蔽处不动，晚上产卵。每一雌蛾的产卵量为80 ～ 90粒，多者可达208粒。卵多产于嫩叶背面的叶脉附近，少数产于叶片正面，卵散生。幼虫孵化后先食卵壳，然后爬到嫩叶边缘或尖端，吐丝沿叶片中间叶脉向正面将叶片卷成饺子状虫苞，随后潜入苞内部食叶肉和上表皮。老熟幼虫在被害叶苞内结薄茧化蛹。成虫，卵期4 ～ 5d，幼虫期一般为15 ～ 16d，长者可达24d，蛹期一般为6 ～ 7d，全代历期27 ～ 40d。

防治方法

（1）**农业防治**　收获后清洁薯地，烧毁残株落叶，清除其他寄主。发生初期灭杀新卷叶中的幼虫。

（2）**生物防治**　苏云金杆菌、赛氏黏质菌、曲霉菌以及白茧绒茧蜂、卷叶螟大斑黄小蜂、双斑青步甲、青翅蚁形隐翅虫和多种蜘蛛等对此虫的发生有较大的抑制作用。

（3）**化学防治**　幼虫发生初期时，可用90%晶体敌百虫700倍液，或50%亚胺硫磷乳剂500 ～ 800倍液，或1.8%阿维菌素乳油1 500倍液，或5%氯虫苯甲酰胺悬浮剂1 000倍液，于傍晚喷药。

1.14　甜菜白带野螟

分布与危害

甜菜白带野螟［*Spoladea recurvalis*（Fabricius，1775），异名*Hymenia recurvalis*（Fabricius）］，又称甜菜叶螟、甜菜青野螟、白带螟蛾、青布袋、甜菜螟等，属鳞翅目、螟蛾科，在我国分布于广东、山东、云南、贵州、台湾、浙江、江苏、江西、安徽、湖北、河南、山西、陕西、西藏等地，国外分布于日本、朝鲜、缅甸、泰国、印度、斯里兰卡、菲律宾、澳大利亚、北美、北非等国家和地区。主要危害甜菜、苋菜、菠菜、黄瓜、白菜、甘薯、玉米、水稻、甜瓜、大豆等。幼虫有迁移习性，往往吃完一片叶片后转移至其他叶片继续危害，严重时可吃光一大片绿地植物，危害十分严重。20世纪80年代，山东省甜菜白带野螟危害甜菜导致甜菜含糖量降低1° ～ 3°，产量减少10%～ 20%。目前该虫作为广东省甘薯生产田常见害虫，危害不甚严重。

危害症状

主要以幼虫危害为主，幼虫初孵时，聚集在叶背，主要取食叶肉和下表皮，只残留透明的上表皮，呈圆镜状。随着龄期的增加，食量递增，造成孔洞、缺刻，可食光全部叶片，只残留叶脉。大龄幼虫还可以吐丝拉网将叶片折叠，潜藏于内取食危害。

形态特征

成虫　体长8.9 ～ 10.6mm，翅展24 ～ 26mm。体棕褐色，头部为白色，额有黑斑，触角和下唇须为黑褐色，下唇须向上弯曲。腹部有7节，每节有1条白纹。翅黄褐色，前翅中央有1条斜走波纹状的黑缘宽白带，前翅前缘近外缘端有较短的白带，其下方斜排2个小白点。后翅色泽较前翅稍暗，缘毛黑褐色与白色相间，中央也有1条斜向黑缘白带。两翅展开时，前翅白带和后翅白带相接，呈倒“八”字形（图1-73，图1-74）。

图1-73　甜菜白带野螟成虫

图1-74　成虫形态特征

卵　扁椭圆形，长0.6 ～ 0.8mm，透明，淡黄色，有珍珠光泽，表面有若干不规则网纹，黑褐色眼点明显。

幼虫　低龄时黄白色，高龄时淡绿色，光亮透明。老龄幼虫体长约17mm，宽约2mm，前后端尖细，近似纺锤形，头部黄褐色，散生数个褐色斑点，口器色深。额部上方有“人”字形凹纹。前胸和中胸背面两侧各有2个圆形黑色斑块，随着虫龄增加，斑块增大，老熟时前胸两侧1对圆形黑斑、中胸1对月牙形黑斑较为明显。

蛹　体长9 ～ 11mm，宽2.5 ～ 3.0mm，黄褐色，纺锤形。复眼突出，黑褐色。外披薄茧，臀棘上有钩刺6 ～ 8根。

生活习性

我国中部地区年发生1～3代，以老熟幼虫吐丝作土茧化蛹，或者在枯枝落叶下或叶柄基部间隙中化蛹，一般在田间杂草、残叶或地表土层越冬。山东省越冬代成虫的出现从7月下旬至9月上旬，长达40d。第1代从7月下旬至9月上旬，第2代从8月下旬至9月上旬，第3代从9月下旬至10月上旬，世代重叠。

该虫危害与气温关系密切，如果平均气温达到23℃以上，相对湿度为70%～90%，便可能大发生。成虫有趋光性，昼伏夜出，气温低于10℃或阴雨天不活动，停留在叶片背部或静伏草丛中，受惊会短距离飞行。羽化多在夜间。成虫交配与产卵多在夜间，卵散产于叶脉接近处，也有2～5粒聚在一起，每雌虫平均产卵88粒。幼虫孵化即可昼夜取食，有吐丝、卷曲叶片匿身的习性，受惊会向后退缩或坠落到地面上伪装死亡。幼虫有迁移危害习性，成虫也可远距离迁飞。

防治方法

（1）**农业防治**　清除田块及周边枯枝、落叶、杂草。收获后及时秋耕翻地。合理安排种植密度，与非寄主作物轮作。

（2）**物理防治**　利用成虫具趋光习性，在成虫羽化盛期，设置频振式杀虫灯诱杀成虫。

（3）**化学防治**　可选用5%氯氰菊酯乳油1 000倍液，或5%高效氯氟氰菊酯微乳剂2 000倍液，或50g/L溴氰菊酯乳油2 000倍液，或10%联苯菊酯乳油2 000倍液，或40%辛硫磷乳油600倍液，或1.8%阿维菌素乳油2 000倍液等喷雾处理。

1.15　甘薯异羽蛾

分布与危害

甘薯异羽蛾［*Emmelina monodactyla*（Linnaeus，1758），异名*Pterophorus monodactylus* Linnaeus］，又称甘薯羽蛾、甘薯灰褐羽蛾等，属鳞翅目、羽蛾科，广泛分布于我国的山西、北京、福建、甘肃、河北、黑龙江、湖北、江西、宁夏、青海、陕西、山东、四川、天津、新疆和浙江等省市区（刘亚洲和郝淑莲，2018）。国外分布于日本、印度、中亚、欧洲、非洲北部和北美等国家和地区。主要取食危害旋花科、藜科、茄科、蓼科、杜鹃花科、菊科和玄参科等植物。虫口密度大，在一定范围对甘薯可造成严重危害。

危害症状

以幼虫通过缀叶和咬食叶片危害，被其危害的叶片上会留下一层半透明斑点，严重时将叶片咬穿呈不规则的破洞，影响甘薯叶片的光合作用和营养物质运输，叶片伤口易被有害病菌侵染。

形态特征

成虫 小型蛾类，体长9mm左右，翅展20 ~ 22mm，体灰褐色。前翅灰褐色披有黄褐色鳞毛，自横脉以外分为两支；翅面上有2个较大的黑斑点，后缘有分散的小黑斑点。后翅分为3支，四周缘毛排列整齐。雄性外生殖器的特点是抱器瓣，右瓣狭长，末端尖；左瓣椭圆形，顶端生满刺。右边的抱器腹萎缩，抱器背延伸呈游离长指状突，基部有钩状突。左边的抱器背形成两个游离部分；一部分和右边长指状突相似，略长；另一部分特化成细弯钩状，基部亦分叉（图1-75）。阳茎端环不对称，左边短。雌性外生殖器仅见1对表皮突。交配孔不明显，下边接连交配囊，无囊突，有较强的趋光性（图1-76，图1-77）。

卵 翠绿色，扁圆形，卵面有微细小刺。接近孵化时呈褐绿色。

幼虫 共4龄，老熟幼虫长9 ~ 11mm。头褐绿色，常隐于前胸背板下。体淡绿色，背线深绿色，亚背线至气门下线间黄绿色，腹面淡黄色；各体节毛序位置形成黄色斑点及毛瘤，毛瘤上有褐绿色长毛数根。气门淡黄色，围片淡褐色。胸足淡绿色，端部褐色。足细长、褐绿色，趾钩半环状、单序（图1-75）。

蛹 长7 ~ 8mm，腹面扁平，背面隆起，纺锤形，淡绿色。复眼红褐色，触角自头顶上方向两侧弯曲直达腹部第5节，前足端在触角端的上方，中足与后足端达触角端

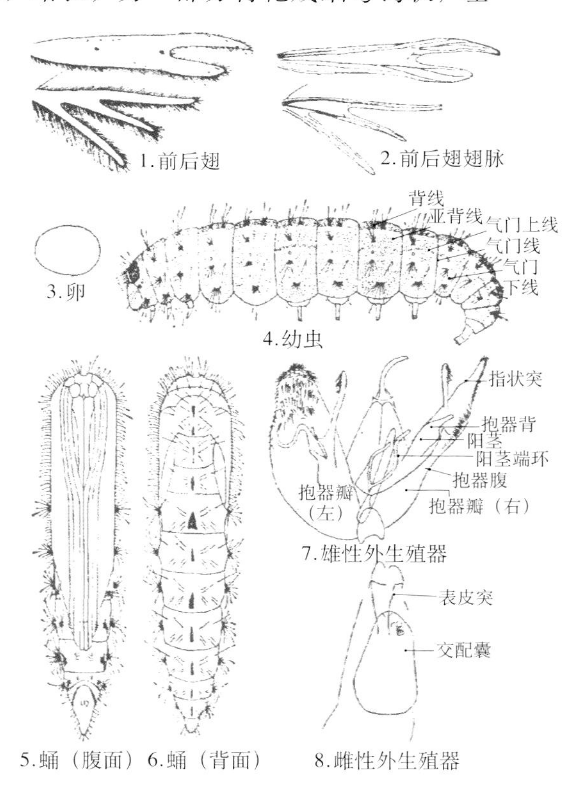

图1-75 甘薯异羽蛾形态特征

（王林瑶和刘友樵，1977）

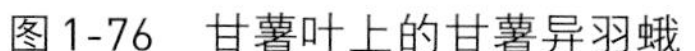
图1-76　甘薯叶上的甘薯异羽蛾

图1-77　甘薯异羽蛾成虫

的下方；各体节上有毛瘤及淡黄色毛数根。

生活习性

北京地区大约一年发生2代。幼虫老熟后即移动到主脉附近，并在身体上面及两端吐有少许白色丝进入预蛹期。预蛹期一般为2d，初化的蛹紧贴叶面绿色，蛹色会经历由浅粉红色到胸部呈红粉褐色，腹部呈灰绿色，背线上棕黑色斑及两侧褐绿色斜纹明显的过程。成虫多在清晨羽化，傍晚交配，卵多产在甘薯嫩梢或嫩叶背面主脉附近，卵单产，每叶仅产1粒。成虫有趋光性。卵期3 ~ 4d，幼虫期14 ~ 19d，蛹期5 ~ 7d。一般一个叶片上只有1条虫，偶见2 ~ 3条，全幼虫期基本在一个叶片上生活，很少迁移。

防治方法

田间虫口密度不大时，无须单独防治，必要时，可采用化学防治。用90%晶体敌百虫，或50%马拉硫磷乳油，或50%杀螟硫磷乳油，或50%敌敌畏乳油800 ~ 1 000倍液喷雾，防治效果较好，并可兼治其他甘薯害虫。

1.16　甘薯白羽蛾

分布与危害

甘薯白羽蛾［*Pterophorus niveodactyla*（Pagenstecher），异名*Aciptilia niveodactyla*（Pagenstecher），*Alucite niveodactyla*（Pagenstecher）］，又称甘薯白鸟羽蛾，属鳞翅目、羽蛾科。国外分布于印度、菲律宾、印度尼西亚、斯里兰卡、马来西亚和太平洋岛国等国家和地区，国内广泛分布于长江中下游和南方薯区，是南方薯区主要甘薯害虫之一。

危害症状

幼虫取食甘薯藤蔓嫩叶，但不潜入未展开嫩叶内危害，造成网状小孔或叶片穿孔或干枯，影响生长发育（图1-78）。

形态特征

成虫 体长8mm，翅展18mm，体色白色，密被白鳞片，前翅、后翅似白色鸟羽，前翅距翅基2/5处分为2支，其上杂有二三个黑色斑点，末端后卷；后翅3支，周缘具白鳞毛。各分叉之翅脉具细长羽状白毛，此为鸟羽蛾命名的由来。4 ～ 7腹节腹面两侧各具黑斑1对。足细长（图1-78，图1-79）。

卵 长3.5mm，扁长圆形，浅蓝色。

幼虫 共5龄，末龄幼虫近老熟时暗绿色，体长10mm左右，各节上均生毛瘤，前胸、中胸、后胸节上各具4对，第1 ～ 8腹节上各有5对，瘤上生刚毛（图1-80）。

蛹 长10mm，头端方平，体背各节上具2对毛瘤并有3 ～ 4个紫色斑点（图1-81）。

图1-78 甘薯白羽蛾成虫与穿孔症状

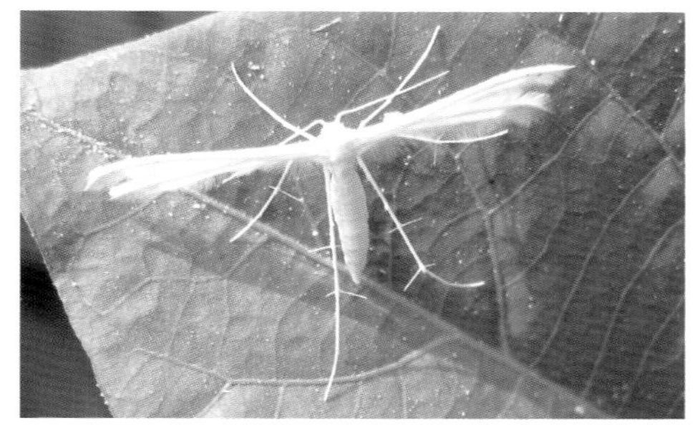

图1-79 甘薯白羽蛾成虫

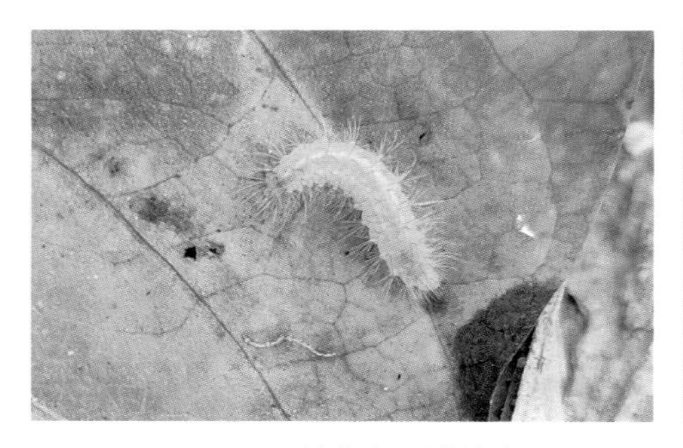

图1-80 甘薯白羽蛾幼虫

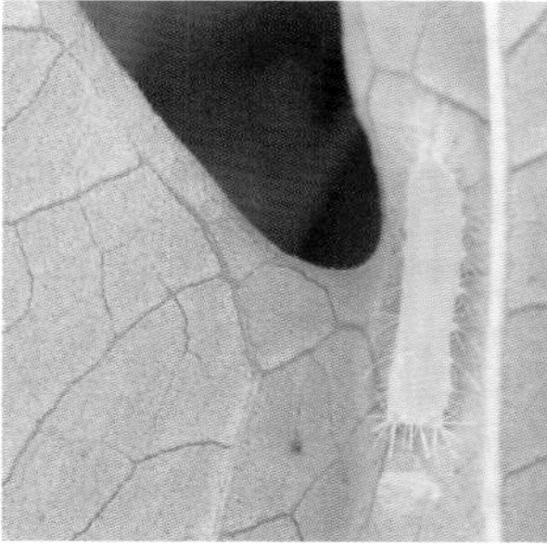

图1-81 甘薯白羽蛾蛹

生活习性

我国台湾地区1年发生5 ~ 6代，以蛹或少数幼虫在枯薯叶或过冬薯苗地上越冬。翌年6—7月薯田出现幼虫，秋季尤多，到12月下旬田间仍可见到。雌虫会产卵于叶面，一般分散产卵。老熟幼虫喜在枯叶或新鲜甘薯叶上化蛹，羽化后成虫白天在薯田飞翔，但飞翔力弱，停栖时身体呈“T”字形，翅膀后缘露出细长的丝状羽毛，姿态十分优美。夜间有趋光性。羽化当天即交配，经2 ~ 3d后，将卵产在嫩叶叶背侧脉边，单产或2 ~ 3粒在一起。完成一个世代需时20多天。

防治方法

同甘薯异羽蛾。

1.17 甘薯褐羽蛾

分布与危害

甘薯褐羽蛾［*Ochyrotica yanoi*（Arenberger）］，又称甘薯乌羽蛾、甘薯褐色羽蛾、甘薯全翅羽蛾、圆翅乌羽蛾等，属鳞翅目、羽蛾科，国内外学者长期将该害虫错误鉴定为：*Ochyrotica concursa* Walsingham（Hao，2014），分布于日本、印度、越南、菲律宾和印度尼西亚及中国的东南、华南和台湾地区，是甘薯重要的食叶害虫。同时还可危害三裂叶薯和蕹菜等旋花科植物。

危害症状

幼虫潜入未展开之嫩叶内危害，严重时，嫩叶无法展开而枯死，受害较轻者虽可展开，但因皱缩而呈畸形（图1-82，图1-83），亦可见在叶片近叶脉基部留下不规则食痕。

图1-82　甘薯褐羽蛾幼虫及危害症状

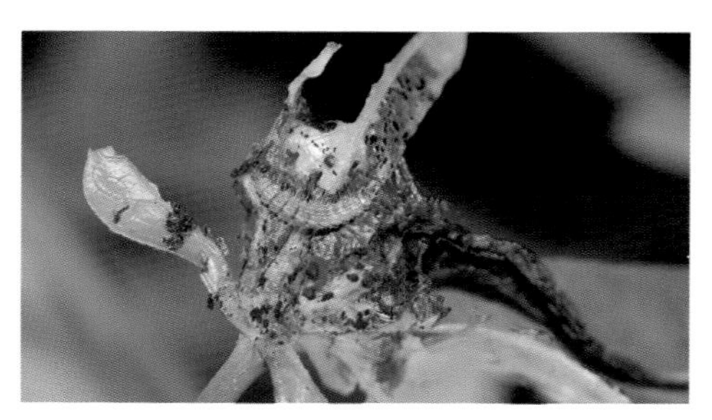
图1-83　甘薯褐羽蛾幼虫危害症状

形态特征

甘薯褐羽蛾形态特征研究报道较少，菲律宾发生的甘薯褐羽蛾与我国台湾发生的甘薯褐羽蛾的形态特征有一定差异，其中菲律宾甘薯褐羽蛾成虫体长4.5 ~ 5mm，老熟幼虫体长5mm，而我国台湾甘薯褐羽蛾成虫体长7mm，老熟幼虫体长10mm，此外，在其他形态特征方面也有一定差异。本书编者在我国广东省和海南省观察到甘薯褐羽蛾与台湾地区的甘薯褐羽蛾形态特征相一致。

成虫 体长约7mm，翅展长约15mm，前翅为黄褐色，细长而完整，不像一般鸟羽蛾一样分为两部，翅顶尖而突出，前缘及外缘有暗褐色线，外有黑褐色斑纹，缘毛灰褐色。后翅暗褐色不分叉，外缘呈波状。脚呈灰黄色并有暗褐色斑，其上具有长形趾钩一对（图1-84）。

卵 呈半圆筒形，长约0.7mm，初期为黄白色，后转为淡绿色。

幼虫 共5龄，头部淡黄色。初孵幼虫为黄白色，后渐转为淡黄色，老熟幼虫呈草绿色，腹面扁平，而背面略呈三角形隆起，各环节背线有瘤状突起一对，生白色短毛，各节侧面上有瘤状突起，不同龄期幼虫有相似的斑纹和颜色，但大小不同（图1-85）。

蛹 长约6mm，腹部是浅绿色，而背部是棕色。细长而略弯曲，头顶尖锐而两裂，背面中央有2纵隆起线，腹部前部覆盖有刚毛，在成虫羽化之前，翅膀部分变成棕色，带有深棕色斑纹（图1-86）。

图1-84 甘薯褐羽蛾成虫

生活习性

我国东南、华南地区一年发生7 ~ 8代，台湾地区一年发生12代，其中以9月至翌年4月发生较多，尤

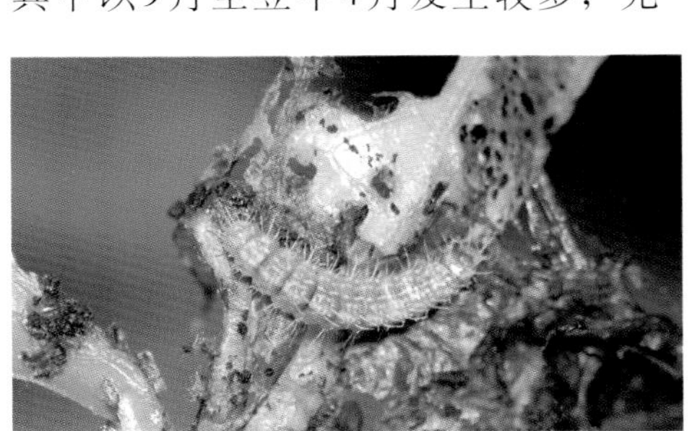

图1-85 甘薯褐羽蛾幼虫

图1-86 甘薯褐羽蛾蛹

以9月、12月至翌年3月间最多。老熟幼虫移至同一藤蔓较下部位叶中脉基部或薯叶半卷处化蛹，将尾端附着于叶面而化蛹。成虫日间潜伏于茎叶间，黄昏后或清晨活动交尾，呈卵粒散产于心叶或成叶上。雌虫在7d内产卵2 ～ 10个，产卵后4 ～ 5d孵化。幼虫期为9 ～ 17d，蛹期5 ～ 6d。完成一个世代需时18 ～ 27d，成虫寿命为2 ～ 7d。

防治方法

（1）**农业防治**　清除园区杂草，减少害虫栖所；采用无虫种苗。

（2）**生物防治**　大腿小蜂可以寄生蛹。双沟绒茧蜂可以寄生甘薯白羽蛾和甘薯褐羽蛾幼虫，在台湾寄生率介于10.5%～71.4%。杜永均等（2022）发现，以顺9-十四碳烯醛为主要组分，以反9-十四碳烯醛和十四碳醛中的至少一种为次要成分，组成的混合物对甘薯褐羽蛾雄蛾具有专一性的强引诱力。

（3）**化学防治**　可选用2.5%高效氯氟氰菊酯水乳剂，或25%丁醚脲悬浮剂，或50%马拉硫磷乳剂等药剂。

1.18　甘薯蝴蝶

分布与危害

甘薯蝴蝶［*Acraea acerata*（Hewitson，1874）］，属鳞翅目、蛱蝶科，被认为是非洲三大甘薯害虫之一，分布在安哥拉、贝宁、博茨瓦纳（北部）、布隆迪、喀麦隆、刚果民主共和国、埃塞俄比亚（南部）、加纳、几内亚、科特迪瓦、肯尼亚、利比里亚、马达加斯加、莫桑比克、纳米比亚（北部）、尼日利亚、卢旺达、塞拉利昂、苏丹、坦桑尼亚、多哥、乌干达、赞比亚、津巴布韦（西北部）等非洲国家和地区，严重威胁甘薯的生产。甘薯蝴蝶属于季节性害虫，旱季比雨季发生严重，常常导致甘薯大面积落叶，造成产量大幅度下降甚至绝收，除了危害甘薯外，还可在*Ipomoea tenuirostris*、*I. cairica*等甘薯属植物上完成产卵和幼虫发育（Azerefegne et al.，2010）。根据预测，全球变暖可能导致甘薯蝴蝶暴发风险增加，目前该害虫尚未入侵我国，作为甘薯上最重要的害虫一定要严防死守，防止其进入国门。

危害症状

主要是幼虫取食危害甘薯叶片和幼嫩的茎枝。初孵幼虫常在叶背啃食叶肉，残留上表皮，形成玻璃窗样的透明斑，随着虫龄增大，幼虫取食叶片造成孔洞，老熟幼虫可以吃掉整个叶片只留叶脉，甚至取食幼嫩的茎枝。旱季暴发，可导致全田甘薯落叶，严重影响甘薯的品质和产量（图1-87）。

图1-87 甘薯蝴蝶危害症状

A.幼虫早期危害症状 B.甘薯栽培后期危害症状 C.害虫暴发危害症状

（Okonya et al.，2016）

形态特征

成虫 翅展30 ~ 40mm，翅膀橙色，翅膀缘棕黑色（图1-88）。

图1-88 甘薯蝴蝶

A.卵 B.幼虫 C.蛹 D.雌雄成虫 E.雄性成虫

（Okonya et al.，2016）

卵　长0.5 ～ 0.7mm，浅黄色。

幼虫　分为5龄，1 ～ 2龄为绿色，3 ～ 5龄为浅绿色至黑绿色。末龄幼虫体长20 ～ 24mm，纵向条纹断裂。身上长有肉质的分枝刺。头部为深棕色，中间有黑色倒置V形线，身体上的侧线浅黄色。

蛹　长12 ～ 15mm，宽0.7 ～ 1.1mm，呈灰白色，后背带有深褐色条纹。

生活习性

甘薯蝴蝶可以在甘薯上完成整个生活史，非洲大部分地区年发生6 ～ 12代。适合发育的温度范围为17.5 ～ 30℃。卵发育温度上限为32℃，幼虫和蛹发育温度上限为30℃。17.5℃时，1个世代60d，30℃时为25d。

雌性成虫的寿命约为7d，通常将卵产在叶片背面，少数产在叶片表面和茎上。低龄幼虫聚集在丝网下危害，在田间很容易发现，3龄以上幼虫分散危害，老熟幼虫白天主要躲在地面上，晚上进食。幼虫会爬上任何方便的支撑物来化蛹，通常雄虫比雌虫早1 ～ 2d羽化。甘薯蝴蝶种群密度主要受天气条件影响，在旱季，雌性大约是雄性的两倍，在雨季，雌雄比约为1∶1，旱季种群快速增长的部分原因是雌性成虫数量较多，以及卵存活到成虫期的比例较高（Smit et al.，1997）。甘薯蝴蝶飞行能力弱，但也可以进行长距离迁徙。卵或1 ～ 2龄幼虫可以通过甘薯种苗远距离传播。

防治方法

（1）**植物检疫**　加强植物检疫，从国外疫区调运种苗或者商品薯进入国内必须厉行检疫，严防甘薯蝴蝶入侵我国。

（2）**农业防治**　选用没有发生过该害虫的地块，使用不带虫卵和幼虫的甘薯种苗种植；合理安排甘薯种植密度，在受害严重的地块实行轮作；与洋葱和银叶山绿豆间作能够减轻危害。

（3）**物理防治**　人工摘除卵块和1 ～ 3龄幼虫的巢穴；撒施草木灰有一定防治作用。

（4）**生物防治**　幼虫可以被小茧蜂科、姬蜂科、茧蜂科和寄蝇科等天敌昆虫寄生，旱季寄生率可达25%。此外，幼虫可被红缘弓背蚁和广大头蚁捕食。雨季在田间观察到幼虫被白僵菌寄生。另外可以使用苏云金芽孢杆菌进行防治。

（5）**化学防治**　化学防治是最为直接有效的措施。甘薯蝴蝶没有抗药性，可以采用杀螟硫磷、溴氰菊酯、氯氰菊酯等药剂进行防治。据报道，85%甲萘威可湿性粉剂对甘薯蝴蝶具有很好的防治效果。

1.19 甘薯叶甲

分布与危害

甘薯叶甲［*Colasposoma dauricum*（Mannerheim）］，又称甘薯华叶甲、甘薯猿叶虫、甘薯蓝黑叶甲、红苕金花虫、番薯金花虫、红苕绿儿虫、剥皮龟等（图1-89），其幼虫俗称老母虫、牛屎虫、滚山猪等。主要分布在中国、日本、韩国、蒙古、俄罗斯、哈萨克斯坦、意大利、缅甸、印度、中南半岛和马来半岛等国家和地区。甘薯叶甲属鞘翅目肖叶甲科甘薯叶甲属，在国内分为甘薯叶甲指名亚种（*C. d. dauricum* Mannerheim）和甘薯叶甲丽鞘亚种（*C. d. auripenne* Motschulsky）2个地理亚种，指名亚种又称麦颈叶甲，多分布在华北、西北，丽鞘亚种多分布长江流域以南，两个亚种主要差异见表1-1。

表1-1 甘薯叶甲两个亚种特征

特征	甘薯叶甲指名亚种 *C. d. dauricum* Mannerheim	甘薯叶甲丽鞘亚种 *C. d. auripenne* Motschulsky
体色	种群内无鞘翅紫铜色带蓝三角形斑的个体，紫铜色个体所占的比例极小	种群内有鞘翅紫铜带蓝三角形斑的个体，紫铜色个体所占的比例较大
触角	触角端部5节稍粗，筒形，不呈扁而膨大的形状，基部2～6节无金属光泽	多数触角端部5节扁而膨大，基部2～6节蓝色带金属光泽
鞘翅	雌虫鞘翅肩胛后方皱褶较细，微隆，仅限于肩胛后方的小范围内。雄虫鞘翅一般无皱褶	雌虫鞘翅肩胛后方皱褶较粗，且较隆起，向后超过鞘翅中部。雄虫鞘翅亦常有皱褶
生殖器	阳茎端部两侧较狭，末端尖锐	阳茎端部两侧稍宽，末端稍钝

该虫食性杂，其寄主有甘薯、五爪金龙、蕹菜、打碗花、圆叶牵牛、马蹄金、野牵牛、小麦、棉花、榆树、桑树等旋花科、萝藦科和夹竹桃科植物。成虫危害甘薯叶片和嫩茎，将其食成孔洞或缺刻，严重时导致植株死亡（图1-90），幼虫啃食土壤中薯块，把薯块表面吃成深浅不一的弯曲伤痕。一般损失率10%～30%，薯块被害率可达50%以上。长期以来，在我国广东、广西、福建、江西、浙江、湖南、四川等省危害甘薯十分严重。1996年在山东省蒙阴县暴发，一般百株有成虫2 000～3 000头，多者高达7 000头，造成甘薯田受害面积达886.7 hm^2，其中266.7 hm^2绝产（孙运村等，1997）。该虫对甘薯地上地下部都可造成严重的损失，是我国甘薯生产上最主要的害虫之一。

图1-89　甘薯叶甲成虫

图1-90　甘薯叶甲成虫危害症状

危害症状

甘薯叶甲成虫和幼虫在薯苗和薯块的整个生长期中均能造成危害，成虫主要危害薯苗，取食薯苗的嫩尖、腋芽、叶片、叶柄、叶脉以及嫩茎的表皮，嗜食扦插后刚返青的嫩尖，危害后叶片成为缺刻或孔洞，叶柄及茎蔓上则有取食后产生的条状伤痕，被害幼苗生长停滞，严重时因表皮损伤过多，迅速失水而整株变黑枯死，造成缺苗断垄，以致翻耕重插（图1-91，图1-92）。幼虫孵化后很快入土，在地下啃食薯根或薯块，被害薯块呈麻点状或深浅不一的弯曲伤痕（图1-93，图1-94），影响薯块膨大，薯块变黑，不耐储藏。虫量多时，幼虫还蛀入小薯块内部危害，孔内塞满虫粪和泥土，人畜不能食用。此外，造

图1-91　受害甘薯植株症状

图1-92　受害甘薯茎部症状

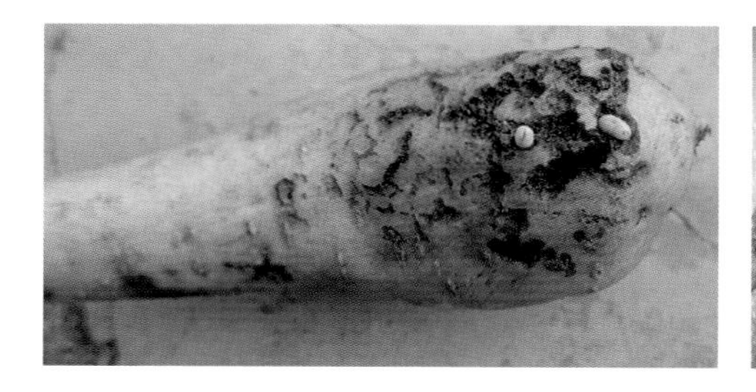

图1-93　幼虫及受危害薯块

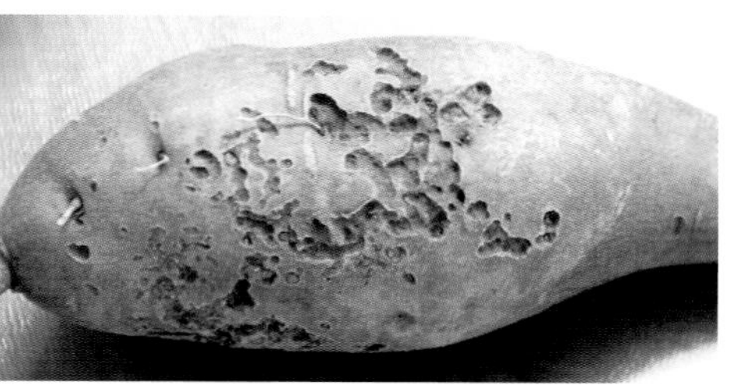

图1-94　薯块表面弯曲伤痕

成的伤口有利于黑斑病菌、软腐病菌等侵入危害，造成二次危害。

形态特征

成虫 短椭圆形，体长4 ~ 7mm，宽3 ~ 5mm，体色多变，有绿色、蓝色、青铜色、蓝紫色、蓝黑色、紫铜色等。头部生有粗密的点刻。触角11节，端部5节膨大。小盾片近方形，鞘翅隆凸，肩胛高隆，光亮，翅面刻点混乱较粗密（图1-95）。

卵 长圆形，长约1mm，初产时浅黄色，后微呈黄绿色。

幼虫 体长9 ~ 10mm，黄白色或乳白色，头部浅黄褐色，体粗短呈圆筒状，两端略缩小，弯曲成C形，多横皱褶纹，全体密布细毛。胸足3对，短小（图1-96）。

图1-95 甘薯叶甲成虫

图1-96 甘薯叶甲幼虫

蛹 短椭圆形，裸蛹长5 ~ 7mm，体表有很多细毛，初化蛹白色，后变黄白色。后腿节末端生有黄褐色大小各一的刺，腹末节生有2个刺。

生活习性

甘薯叶甲在河北、四川、重庆、浙江、江西等地一年发生1代，丽鞘亚种在福建晋江地区一年发生2代。一般以幼虫在土下3 ~ 30cm处越冬，少数以当年羽化的成虫在岩缝、土缝隙、枯枝落叶下越冬。指名亚种对于甘薯的危害较轻，而丽鞘亚种在南方地区危害甘薯甚烈，浙江黄岩和福建福清地区6月下旬至7月中旬，广东地区5—8月是成虫危害薯苗最严重时期。成虫羽化后先在土室里生活几天，然后出土危害，尤以雨后2 ~ 3d 出土最多，中午阳光强烈时则隐藏在薯根附近的土缝或枝叶下。

指名亚种在河北地区卵多产在小麦穗秆下，产卵时先将麦秆咬一圆形产卵孔，而后产在其内，产毕分泌一种绿黑色胶状物封孔。丽鞘亚种在浙江和福建地区卵成堆产在潮湿的土缝内、土面或落叶上，或茂密薯株茎叶的表面。成虫飞翔力弱，有假死性，遇惊扰便落地或潜入土缝中不食不动，耐饥力强，且寿命较长。幼虫孵化后潜入土中啃食薯块表皮，形成弯曲隧道，主要在8—10月危害薯块。幼虫喜潮湿，在相对湿度50%以下时难成活，地势低的甘薯地发生多、发生早、发生严重。当土温下降到20℃以下时，大多数幼虫即脱离薯块而入土作土室越冬。

甘薯叶甲的发生与气候、地势、土壤和品种关系密切，一般春季气温高、降雨量少的年份危害轻，6—7月雨量充沛、土壤湿润的年份危害重。山谷、沿溪以及地势低、湿度大的地块，往往发生早而严重；而地势高的坡地、山顶等地块，则发生较少。沙土有利于幼虫入土，危害较重；板结的黄泥土危害轻。薯块质地硬、淀粉多的品种发生轻；薯块质地疏松、水分多的品种发生重。

防治方法

（1）**农业防治** 水旱轮作。及时清理田间残枝落叶。在成虫盛发期，利用该虫假死性，于早、晚在叶上栖息不大活动时，震落于塑料袋内，集中消灭。

（2）**生物防治** 提倡使用苏云金杆菌、白僵菌、绿僵菌、阿维菌素、灭幼脲等生物农药，以利于保护天敌和生态环境。扦插前，每亩在底肥中拌和茶枯10 ～ 20kg，有一定防治效果。

（3）**化学防治** 可选用50%敌百虫500倍液，或50%辛硫磷乳油1 500倍液，或90%晶体敌百虫1 000倍液，或30%氧乐·氰戊菊酯乳油3 000倍液，或5%氯氰菊酯乳油2 000倍液，或48%毒死蜱乳油1 000倍液喷雾防治成虫，或淋施、滴灌甘薯植株茎基部防治幼虫。

1.20 中华萝藦叶甲

分布与危害

中华萝藦叶甲［*Chrysochus chinensis*（Baly）］，又名中华萝藦肖叶甲、中华肖叶甲、中华甘薯叶甲，属于鞘翅目、肖叶甲科、萝藦叶甲属，分布广，数量大，种内变异较大，是一个多型物种。国外主要集中分布于俄罗斯、日本、朝鲜半岛等国家和地区。在国内，该虫分布于甘肃、宁夏、青海、陕西、内蒙古、黑龙江、吉林、辽宁、河北、河南、山西、山东、江苏、浙江、广东等省份。食性较杂，可危害枸杞、茄子、芋、甘薯、曼陀罗、鹅绒藤、戟叶鹅绒藤、黄芪和罗布麻等萝藦科、夹竹桃科、蝶形花科、旋花科植物，在萝藦科植物上发生较重。成虫与幼虫均能产生危害，成虫在地上危害茎叶，幼虫在地下危害块根，因此，中华萝藦叶甲是生产上危害最严重的害虫之一。近年来，在广东阳东地区观察到该虫危害甘薯较重，需引起重视。

危害症状

成虫危害地上茎叶，幼虫危害地下薯块。成虫取食甘薯植株地上叶片、嫩梢及茎蔓，大量发生时可造成地上枝茎枯死（图1-97，图1-98）。幼虫蛀食甘薯的根部或者薯块表皮，被害部位呈隧道状，严重时可造成薯块绝收。

图1-97 中华萝藦叶甲取食甘薯叶片

图1-98 成虫群集状

形态特征

成虫 体长7.2 ~ 13.5mm，宽4.2 ~ 7.0mm，金属蓝色或蓝绿色、蓝紫色（图1-99）。头中央具1条细纵纹。触角的基部各有1个光滑而稍隆起的瘤。触角黑色，细长，念珠状，11节。小盾片心形或三角形，蓝黑色（图1-100）。足腿节、胫节蓝色，跗节及爪棕色；雌虫的后缘中部稍向后凸出，雄虫的后缘中部有一个向后指的小尖刺。雄虫前、中足第1跗节较雌虫的宽阔。爪纵裂。

卵 卵圆形，初产时黄色，后变成土黄色。

幼虫 体长8 ~ 14mm。初孵化幼虫黄色，3龄后变为淡米黄色，不取食时体呈"C"字形，头、前胸背板、腹面和肛门瓣颜色略深。

蛹 淡米黄色，身体被有较多褐色长毛，分布很不均匀，多集中在腹节

图1-99 中华萝藦叶甲成虫

图1-100 假死状成虫

背部，触角从两侧向后弯转贴在翅芽上，翅芽向下在前，中足下面附贴在腹面，后足在翅芽下边，各足腹节都紧贴腹面中部。

生活习性

该虫在北京地区一年发生1 ~ 2代，以老熟幼虫在土室内越冬，成虫5月中、下旬开始出现，5月底至6月初产卵，6月上旬至7月上旬为成虫盛期，8月底至9月初绝迹。成虫寿命一般为45 ~ 60d。雌虫一生可多次交配，产卵量在1 000粒左右，最多可达2 000粒。卵产于土中2 ~ 4cm处，个别产于土表。卵期6 ~ 18d。

成虫喜干燥、阳光，在潮湿、阴暗的山谷地带较少。成虫假死性强，白天活动取食、交尾。初孵化幼虫黄色，怕光，很快钻入土中找食物。1 ~ 2龄幼虫较活泼，危害植株根部。

防治方法

（1）**农业防治**　幼虫在土中做室越冬，水旱轮作可以大幅度减少虫口基数。及时铲除田边、田头杂草，减少寄主。利用成虫飞翔能力弱和假死性的特点，在早、晚人工捕捉，集中消灭。

（2）**化学防治**　每亩可用5%辛硫磷颗粒剂2kg均匀撒施后起垄。成虫盛发期可选用4.5%高效氯氰菊酯乳油1 000倍液，或26%氯氟·啶虫脒水分散粒剂1 000倍液，或90%敌百虫乳油800倍液，或45%丙溴辛硫磷1 000倍液等药剂，具有较好的防治效果。采用48%噻虫啉悬浮剂和26%氯氟·啶虫脒水分散粒剂1 000倍液等对地下幼虫的防治效果较好。

1.21　黄 守 瓜

分布与危害

黄守瓜［*Aulacophora indica*（Gmelin），异名*Aulacophora femoralis femoralis* Motschulsky，*Aulacophora femoralis chinensis* Weise］，又称瓜叶虫、瓜守、黄萤、瓜萤和黄足黄守瓜等，其幼虫称白蛆，属鞘翅目、叶甲科、守瓜属。国内除了西藏、新疆和甘肃报道较少外，其他省区均有分布。黄守瓜成虫耐热喜湿，成虫产卵及孵化均需要高湿条件，故长江流域以南地区危害最重。国外在朝鲜、日本、西伯利亚、越南等国家和地区也有分布。可危害葫芦科、十字花科、茄科和豆科等19科69种植物以上，但以葫芦科为主，如黄瓜、南瓜、丝瓜、苦瓜、西瓜、甜瓜等。近年来，生产上观察到黄守瓜成虫危害甘薯叶片，具体危害情况需要进一步统计。

危害症状

成虫危害甘薯叶片多造成叶片缺刻和孔洞（图1-101），对于幼虫危害甘薯情况有待进一步研究。黄守瓜危害瓜类研究较多，成虫将卵产于瓜苗根部及土缝中，幼虫孵化后即钻入土中取食植物根部，1～2龄幼虫危害细根，3龄以后钻食木质部危害主根，可使地上部分萎蔫致死。贴地生长的瓜果也可被幼虫蛀食，引起瓜果腐烂，失去食用价值。成虫主要取食瓜类植株的叶、茎、花及果实，但以叶片受害最重，严重时可致整株死亡。其在危害南瓜叶片时，通常先旋转绕圈在环内取食，最终形成环状或半环状缺刻，受害严重的叶片仅留网状叶脉，严重的干枯死亡，危害南瓜花苞或花朵时，其红棕色黏稠状分泌物对花常造成污染，受害的花朵完全失去结瓜能力（刘慧等，2007）。

形态特征

成虫　长椭圆形，体长8～9mm，体色为黄棕色，有光泽，仅复眼、上唇、后胸腹面和腹节为黑色，前胸背板中央有1条弯曲横沟，鞘翅上分布许多细密刻点（图1-101）。

卵　球形，长约1mm，淡黄色，表面具六角形蜂窝状网纹。

幼虫　体长约12mm，头部黄褐色，体黄白色，各节上有不明显的小黑瘤，尾端臀板腹面有肉质突起，上生微毛。

蛹　裸蛹纺锤形，长约9mm，乳白色，腹末有1对巨刺。

图1-101　黄守瓜成虫危害甘薯叶片症状

生活习性

黄守瓜每年发生代数因地而异，自北向南年发生代数逐渐增多，北方1年发生1代，南方1年多发生2～3代。以成虫在地面杂草丛中群集越冬。翌年春季当土温在10℃以上时，开始出来活动危害，中午前后活动最活跃。

成虫飞翔力较强，有假死性和趋黄色习性，喜食瓜类嫩叶和幼苗。雌虫产卵以6月最盛，喜欢选择在温暖湿润的表土中产卵，每雌虫可产卵250～400粒，湿度越大，产卵越多，常在降雨之后大量产卵。相对湿度在75%以下，卵不能孵化，卵发育历期10～14d，幼虫在土中活动的深度为6～10cm，幼虫发育历期19～38d，老熟幼虫在被害植株根际附近筑土室化蛹，蛹期

12 ~ 22d，8月成虫羽化后便开始危害，10—11月逐渐进入越冬场所越冬。

防治方法

（1）**农业防治** 危害严重的地区应采用全田地膜覆盖栽培。因地制宜提早育苗移栽，可减轻危害。清除田间杂草、枯枝残枝和落叶，消灭越冬虫源。

（2）**物理防治** 利用成虫趋黄性，设置黄板捕捉成虫。

（3）**生物防治** 绿僵菌对黄守瓜成虫有较强的毒杀作用，产卵前一周的雌虫死亡率接近90%；博落回石油醚抽提物20倍液和高浓度苦皮藤种油也具有较好的防治效果。

（4）**化学防治** 成虫防治可选用90%敌百虫乳油800 ~ 1 000倍液，或10%氯氰菊酯乳油2 000 ~ 3 000倍液，或25%噻虫嗪水分散粒剂3 000 ~ 4 000倍液，或10%溴氰虫酰胺可分散油悬浮剂1 500 ~ 2 000倍液喷雾。幼虫防治可选用10%高效氯氰菊酯乳油1 500倍液，或90%敌百虫乳油1 500 ~ 2 000倍液，或50%辛硫磷乳油2 500倍液灌根，或300g/L氯虫·噻虫嗪悬浮剂1 500 ~ 1 800倍液或烟草水30倍浸出液灌根。

1.22 黄斑长跗萤叶甲

分布与危害

黄斑长跗萤叶甲［*Monolepta signata*（Olivier）］，又称棉四点叶甲、四斑萤叶甲、四斑长跗萤叶甲，属鞘翅目、叶甲科。该虫分布于孟加拉国、印度、柬埔寨、中国、老挝、马来西亚、越南、尼泊尔等亚洲国家和地区，在国内分布于陕西、甘肃、四川、重庆、西藏、云南、广东、广西、福建等省。寄主包括玉米、白菜、甘蓝、大豆、棉花、花生、甘薯、柑、橘、苹果、杏、梨等农作物和果树。危害玉米严重时可减产50%以上，一般玉米田块平均减产5% ~ 20%。目前，在广东甘薯产区可以观察到该虫危害，但并非甘薯主要害虫。

危害症状

成虫取食甘薯叶片，造成叶片叶肉缺损，形成连片白点或白斑，甚至将叶片食成缺刻或空洞（图1-102，图1-103）。幼虫可取食玉米、大豆、杂草的根系完成生长发育，取食量较小。幼虫是否取食甘薯块根，有待进一步研究。

形态特征

成虫 体长3 ~ 4.5mm，宽1.8 ~ 2.5mm，头、前胸、腹部、足腿节橘红

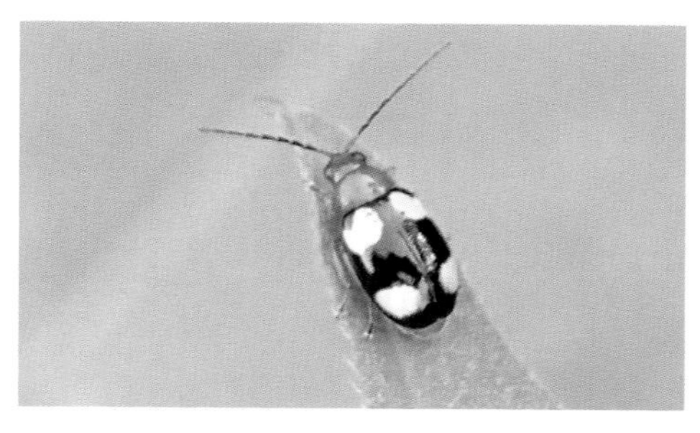

图1-102　黄斑长跗萤叶甲成虫

图1-103　成虫危害叶片形成白斑

色，上唇、小盾片、中胸、后胸腹板、足胫节及跗节、触角端部均为红褐色至黑褐色。头部光亮，刻点细，前胸背板宽为长的2倍，小盾片三角形。鞘翅褐色至黑褐色，两鞘翅上有黄色斑4个，位于基部和近端部，黄斑前方缺刻较大（图1-104，图1-105）。腹部腹面黄褐色，体毛赭黄色。

图1-104　甘薯叶片上的黄斑长跗萤叶甲

图1-105　黄斑长跗萤叶甲不同色成虫

生活习性

该虫每年发生1代，卵期约13～16d，幼虫期30d左右，蛹期7～10d，成虫寿命90d。以卵在土中越冬，5月越冬卵开始孵化为幼虫，6月中旬作土室化蛹，7月上旬羽化为成虫，7—8月进入危害盛期。成虫飞翔力弱，有群集性和较弱的趋光性。雌虫把卵产于寄主叶片上或杂草丛中的表土下，卵耐干旱。研究表明，该虫的发生与最低温度、夜晚湿度和降雨量没有明显的相关性。

防治方法

（1）**农业防治**　铲除田边、地边、渠边杂草，破坏越冬场所；深翻灭卵，减少虫源，以减轻来年的危害。

（2）**化学防治**　可选用50%辛硫磷乳油1 500倍液，或20%氰戊菊酯乳油

2 000倍液，或阿维菌素2 000倍液，或氯氰菊酯1 500倍液喷雾。

1.23 甘薯跳甲

分布与危害

甘薯跳甲［*Chaetocnema confinis*（Crotch），异名*C. etiennei*（Jolivet），*C. flavicornis*（J. LeConte）］，又称甘薯凹胫跳甲，属鞘翅目、叶甲科。起源于美国和加拿大，据国际应用生物科学中心（CABI）数据库统计，目前已扩散至亚洲（印度，日本，越南，泰国，中国），非洲（科摩罗，冈比亚，加纳，马达加斯加，马拉维，毛里求斯，留尼旺岛，塞内加尔，塞舌尔，南非），中南美洲（尼加拉瓜，巴西，加拉帕戈斯群岛），大洋洲（法属波利尼西亚，关岛，马绍尔群岛，帕劳）等国家和地区。

主要寄主为旋花科植物，包括甘薯、田旋花、蕹菜、树牵牛、五爪金龙、管花薯、牵牛、小心叶薯、马鞍藤、虎掌藤、帽苞薯藤、大根牵牛、三齿鱼黄草、掌叶鱼黄草、打碗花、圆叶牵牛和变色牵牛等（Prathapan和Balan，2010）。此外，还可危害玉米、甜菜、番茄等谷物、蔬菜、水果和杂草（Clark et al. 2013）。甘薯跳甲是热带地区甘薯生产最主要的害虫之一。本书编者在巴布亚新几内亚首都莫尔比兹港观察到了严重的甘薯跳甲危害。2018—2021年在我国广东省广州、湛江、肇庆和茂名市均观察到甘薯跳甲对甘薯的危害，该虫今后可能成为我国重要的甘薯害虫之一，对此入侵害虫的防控愈发重要。

危害症状

成虫危害地上叶片，幼虫危害地下根部。成虫危害甘薯叶片和幼嫩的植株，典型的症状是在叶片表面留下像是指甲掐痕状的狭窄凹槽（图1-106，图1-107，图1-108），严重导致叶片穿孔、残缺、落叶、萎蔫或植株死亡（图1-109，图1-110）。成虫取食树牵牛叶片表面的叶肉，残留下表皮造成白斑，严重危害叶片多穿孔（图1-107）。相比成虫对叶片危害，幼虫对根部危害更为严重。幼虫主要危害纤维根。大量发生时，幼虫在薯块表皮下钻蛀取食形成蜿蜒的、无规则的、细窄的隧道状虫道（图1-111），这些虫道变暗、开裂在薯块表面留下浅疤痕（Hayashikawa et al.，2013），严重影响薯块的美观和商品性。

形态特征

成虫　长1.4 ～ 1.8mm，体色棕黑色至黑色，中等光泽，触角呈淡褐色，腹部呈黑色至深褐色，股节呈褐色至深褐色，胫节呈褐色至淡褐色，跗节呈淡

图1-106 甘薯叶片凹槽症状

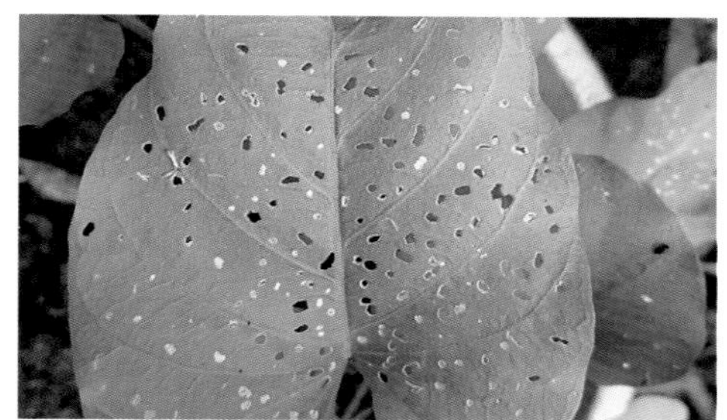
图1-107 树牵牛叶片白斑与穿孔症状

图1-108 成虫及危害叶片症状

图1-109 叶片上密布凹槽症状

图1-110 成虫危害叶片残缺症状

图1-111 幼虫取食薯块造成隧道状疤痕

褐色。鞘翅上有刻点形成的平行纹平，前胸背板刻点较深。雄虫的跗节第一部分有所增大（图1-112，图1-113）。

卵 椭圆形，长径0.8mm，短径0.2mm，以卵块形式存在。

幼虫 老熟幼虫6mm，呈蠕虫状，有腿，直线或圆柱形（图1-114）。

蛹 乳白色，约2mm（图1-114）。

生活习性

在美国南部地区一年至少发生2代，在我国一年发生几代尚不清楚。生活

图1-112　甘薯跳甲成虫

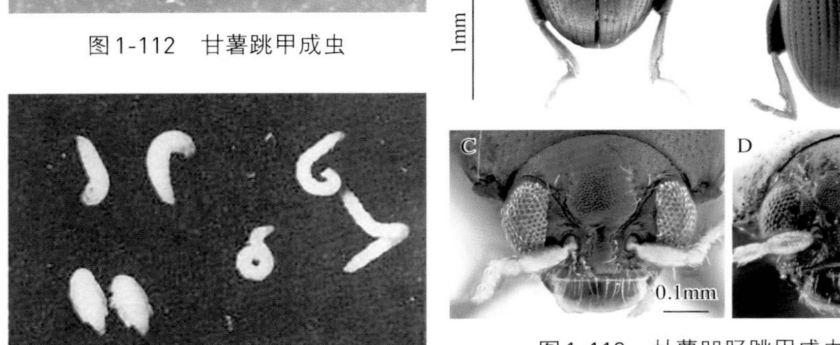

图1-114　甘薯跳甲幼虫、蛹
（引自Jansson and Raman.，1991）

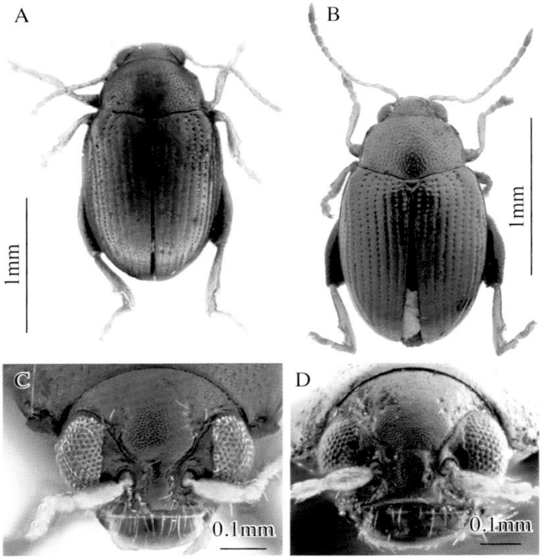

图1-113　甘薯凹胫跳甲成虫形态特征
A.雄成虫　B.雌成虫　C.雄虫头部　D.雌虫头部
（阮用颖提供）

史30d左右，卵期10d，幼虫期20～30d，之后幼虫筑土室化蛹，蛹期7d左右。成虫在田间、田边等植物残体下越冬。在春天出现适宜寄主前，可以取食杂草或者非寄主植物存活。在热带地区该虫无滞育现象。在美国和加拿大地区，雌雄两性虫都存在，而其他地方只有雌虫营孤雌生殖。

Jasrotia等研究表明，10cm土温与捕捉的成虫量呈正相关，降雨与成虫量呈负相关。我国目前未见该虫报道，编者在广东省广州市、湛江市和肇庆市都发现该虫危害，在湛江地区冬季常常可以观察到成虫危害。该虫在我国一年的发生代数、生活习性、分布范围等尚不了解，作为入侵生物，需要更多关注，进一步调查研究。

防治方法

（1）**植物检疫**　建议尽快将甘薯跳甲作为我国检疫性害虫。该虫可随风传播或附着在薯块和薯苗上传播蔓延，因此，需要全面调查国内该虫的分布范围，设立疫区，从疫区调运薯块或种苗往安全区时，必须厉行检疫。此外，进一步加强出入境检疫，防止甘薯跳甲由国外随薯块调运进入国内或由国内疫区输出国外。

（2）**农业防治**　甘薯收获后及时清理田园。采用健康的种薯种苗。实行轮作，有条件地区尽量实行水旱轮作。及时培土，防止薯块裸露。据研究，甘薯跳甲对不同甘薯品种危害具有明显的差异性，可栽种宝石种和百年薯等抗虫品种。目前国内没有相关研究报道，因此，非常有必要对生产上主栽的品种开展抗虫鉴定，以及进行抗甘薯跳甲品种选育。

（3）**生物防治** 已知有捕食动物、病原菌、寄生线虫等天敌，但目前都未在生产上应用。

（4）**化学防治** 敌百虫具有很好的防治效果，另参考金针虫防治方法。

1.24 黄曲条跳甲

分布与危害

黄曲条跳甲［*Phyllotreta striolata*（Fabricius）］，属鞘翅目、叶甲科，俗称狗虱虫、菜蚤子、跳虱、土跳蚤和黄跳蚤等，是世界性农业害虫，在南非、北美洲、欧洲、亚洲等50多个国家和地区均有分布，在我国各地均有发生，以南方各省危害为重（中国农业科学院植物保护研究所，2015）。黄曲条跳甲以危害甘蓝、花椰菜、白菜、菜薹、萝卜、芜菁、油菜等十字花科蔬菜为主，在蔬菜的各个生长时期均可危害，以苗期发生最重。严重发生时，白菜、菜心等危害率可高达100%，损失率为35%～60%（图1-115）（李霜霜等，2019）。近年来，在广东省观察到可危害甘薯（图1-116），但并非甘薯主要害虫。

图1-115 黄曲条跳甲危害蔬菜叶片症状

图1-116 藏匿于甘薯叶片背后的成虫

危害症状

成虫取食甘薯叶片，形成椭圆形小孔，影响叶片的光合作用，受害严重时叶片会萎缩干枯，甚至整株死亡。关于幼虫对甘薯危害有待进一步研究。据报道，幼虫常常蛀食蔬菜根皮，根的表面被蛀成许多弯曲的虫道，呈凹凸斑块，也会蛀食入根内，咬断须根，使叶片由内到外发黄、萎蔫、枯死。受害植株的伤口容易受病害侵染，造成更大的损失。

形态特征

成虫　体长约1.8 ~ 2.4mm，长椭圆形，黑色有光泽，有小刻点纵行排列在前胸背板及鞘翅上，每鞘翅中央有1条两端大，中部狭而弯曲的黄色条纹。后足腿节发育健壮，善跳。雄虫触角第4、5节膨大（图1-117）。

图1-117　黄曲条跳甲成虫

卵　长约0.3mm，椭圆形，初产淡黄色，后逐渐呈黄色。

幼虫　共3龄，长约0.3 ~ 4mm，老熟幼虫长为4mm，身体呈长圆筒形，胸腹部为黄白色，头部、前胸盾板则为淡褐色，尾部略细，胸腹部各节疏生黑色短刚毛，各体节上生有不显著的肉瘤。

蛹　长约2mm，近球形，由乳白色渐变为淡褐色，胸腹背面有稀疏的褐色刚毛。头部隐于前胸下面，翅芽和足均达第5腹节，腹末有1对叉状突起。

生活习性

黄曲条跳甲的年发生代数因气候而异，高温高湿环境有利于产卵、发育和成虫活动，在中国，自北向南发生世代逐渐递增，一般北方地区一年发生3 ~ 5代，比如山东地区3 ~ 4代，浙江地区5 ~ 6代，黑龙江地区2 ~ 3代，河北地区3 ~ 4代，青海地区2 ~ 3代，在南方地区可发生7 ~ 8代，因气候适宜，在我国华南地带以及福建等地区均无越冬现象，全年能繁殖。在北方地区，以成虫在田边、树皮缝、杂草和沟边的落叶中越冬。

卵多散产在寄主植株细根上或周围湿润土隙中，产卵期达30 ~ 45d，一般每头雌虫产卵量在200粒左右，卵期3 ~ 9d。在高湿情况下幼虫才能孵化，幼虫在3 ~ 5cm的表土层啃食植株的根皮，幼虫期11 ~ 16d。老熟幼虫在3 ~ 7cm深土中作土室化蛹，蛹期3 ~ 17d。成虫的寿命较长，平均寿命30 ~ 80d，世代重叠，在冬季会蛰伏过冬。成虫喜欢跳跃，很少飞翔，中午在强光下活跃跳动，有趋光性，对黑光灯敏感。常在植株心叶或下部叶背隐蔽，阴雨天会在叶背或土下隐蔽。

成虫春季和秋季危害严重，春季危害重于秋季，而在盛夏高温季节发生危害较少。成虫适合生存的温度范围为21 ~ 30℃，低于20℃或高于30℃，成虫活动明显减少。特别是夏季高温季节，食量剧减，繁殖率下降，并有蛰伏现象，因而发生较轻。

防治方法

（1）**农业防治** 与非寄主实行轮作。种植前要彻底清园，清除落叶和残株。对土壤进行翻晒、暴晒。

（2）**物理防治** 放置黄板和诱虫板，黄板放置的高度宜在垄面之上12 ~ 18cm。

（3）**生物防治** 昆虫病原线虫、寄生蜂、黄条跳甲茧蜂对黄曲跳甲的幼虫有一定的侵染能力，可防治幼虫。生物农药印楝素、鱼藤酮、苦参碱对黄曲跳甲也有比较明显的防治效果。

（4）**化学防治** 是目前田间防治的主要方法。既要防地上的成虫，还要特别注意防治地下的幼虫。采用3%毒死蜱，或35%丁硫克百威等颗粒剂拌种或处理土壤。或选用40%辛硫磷1 000倍液，或18%杀虫双400倍液，或10%啶虫脒乳油1 000倍液，或50%马拉硫磷乳油1 000倍液，或48%毒死蜱乳油1 000倍液，或10%吡虫啉1 500倍液，或5%啶虫脒乳油等进行喷雾防治。或者用90%晶体敌百虫1 000倍液灌浇根周围土壤，以减轻幼虫根部受害。

1.25 甘薯台龟甲

分布与危害

甘薯台龟甲［*Cassida circumdata*（Herbst）］，又称甘薯小龟甲、甘薯龟金花虫、甘薯绿龟甲、青龟甲、番薯龟、番薯蜩、金龟仔和芒种虫，属鞘翅目、龟甲科。长江流域及以南地区均有发生，广东、福建、浙江等省份发生普遍，除危害甘薯外，还危害旋花科的蕹菜和五爪金龙等植物。

危害症状

成虫和幼虫取食甘薯叶片，低龄幼虫仅取食表皮和绿色组织，留下白色表皮，形成薄膜。高龄幼虫和成虫可造成叶片孔洞或缺刻（图1-118，图1-119），有时甚至能将叶片食尽，造成缺株现象，严重时大部分叶片如麻布，影响光合作用，造成减产。

形态特征

成虫 雄成虫4.5 ~ 5.2mm，雌成虫5.0 ~ 5.8mm。体扁椭圆形，背部拱（图1-120）。体背绿色或黄绿色，有金属光泽。前胸和鞘翅扁平。前胸背板及两翅周缘均向外延伸，呈“龟”形，延伸的部分半透明，密布小圆点及网纹。触角11节，淡黄色，端部2节黑色。前胸背板椭圆形，比鞘翅窄很多，向后弧

图1-118　甘薯台龟甲成虫危害叶片症状

图1-119　幼虫危害叶片症状

图1-120　甘薯台龟甲成虫

度较向前深，前缘弓弧形，侧角窄圆形，最宽处于中纵线中央之前；前部有小刻点，向后逐渐变小，在近鞘翅部分刻点完全消失。小盾片光滑无刻点。

卵　深绿色，长椭圆形，长约1.0mm，卵外有淡黄色胶质卵膜，膜表面有许多横纹，膜两侧布满细长的小刺；中央有2条褐色纵向隆起线，隆起线中央颜色偏浅。

幼虫　共5龄。体长椭圆形，绿色。体背中央有隆起线，虫体周缘有棘刺16对，第1对分2叉，最后一对很长，是其他棘刺的2倍，具尾须1对。前胸背板靠近中胸两侧的边缘各有1短刺，腹部背面各节近边缘各有1短刺（图1-121，图1-122）。老熟幼虫体长约5.0mm。

图1-121　停栖在叶片的甘薯台龟甲

图1-122　甘薯台龟甲幼虫

蛹　体长约4.5 ~ 5.3mm，体扁，近长方形，淡绿色。前胸背板大，宽大于长，头隐藏在其下，周围有小刺。第1 ~ 5腹节两侧各有1个大棘突，刺突顶端有1长刺，周围有6 ~ 9个小刺，其余3节两侧各有7个大的长刺。第1 ~ 5腹节背面近边缘各有1短刺。

生活习性

甘薯台龟甲在广东地区一年发生5 ~ 6代，世代重叠，全年可见各个虫态，但以7—8月最为集中，以成虫在田边杂草、枯枝落叶、石缝、土缝中越冬。翌年春越冬成虫迁到甘薯苗或五爪金龙等旋花科植物上取食，于5月中、下旬集中危害，并交配、产卵，直至9—10月。全年以6月中、下旬至8月中、下旬危害最重。

甘薯台龟甲卵多产在叶脉附近、叶片边缘，少部分在害虫取食的刻点边缘及取食后剩下的薄膜上。卵期2 ~ 9d，老熟幼虫多栖息在叶片隐蔽处不吃不动，经1 ~ 2d化蛹。各龄幼虫蜕掉的皮壳都粘在尾须端部排成串，并能举动，到蛹期时长度几乎和身体一样。幼虫期13 ~ 34d，蛹期5 ~ 9d、不吃不动。成虫白天活动，多隐蔽在叶片背面，有假死性，雨前有一定的飞翔活动。静止或爬行时触角向前伸，飞翔时前触角向后翘起。

防治方法

（1）**农业防治** 清除田间残株、落叶和杂草，以减少越冬虫口。

（2）**化学防治** 成虫盛发时可用90%敌百虫、50%杀螟硫磷1 000 ~ 1 500倍液，或10%氯氰菊酯乳油2 000倍液，或2.5%溴氰菊酯乳油3 000倍液喷杀。幼虫防治可用90%敌百虫、50%杀螟硫磷500倍浸液浸秧；扦插繁种前结合施肥每亩撒施3%辛硫磷颗粒剂1.0 ~ 1.5kg，或50%辛硫磷乳油100 ~ 150mL混细土制成毒土，施于畦沟再盖土。此外，甲氨基阿维菌素苯甲酸盐、阿维菌素和乙基多杀菌素等杀虫剂对甘薯台龟甲也是有较好防治效果。喷药宜于早、晚进行，注意药剂的轮换使用。

1.26 甘薯腊龟甲

分布与危害

甘薯腊龟甲 [*Laccoptera quadrimaculata*（Thunberg)]，又名甘薯褐龟甲、甘薯黄褐龟甲、干纹龟甲、甘薯大龟甲和黑纹龟金花虫，属鞘翅目、龟甲科。我国有2个亚种，分别为甘薯腊龟甲指名亚种*Laccoptera quadrimaculata* quadrimaculata（Thunberg）和甘薯腊龟甲尼泊尔亚种*Laccoptera quadrimaculata* nepalensis（Boheman)，其中甘薯腊龟甲指名亚种分布广泛，在福建、江苏、湖北、浙江、江西、台湾、广东、广西、重庆、四川、贵州、海南等地均有分布，东北地区也有报道。该虫取食甘薯及其他旋花科植物（图1-123），亦危害四季豆、豇豆、苋菜、黄瓜等，严重危害甘薯时，叶片被啃食得千疮百孔，仅留薯蔓和叶柄，影响甘薯生长。

图1-123　甘薯腊龟甲危害症状

危害症状

成虫和幼虫取食甘薯等旋花科植物的叶片。幼虫多在叶背危害，1 ~ 2龄时仅取食叶肉，残留表皮，3龄以后吃成孔洞或缺刻。严重时大部叶片形如麻布，甚至将叶吃光，仅留叶脉，导致产量降低。

形态特征

成虫　体长7 ~ 9mm，椭圆形，茶褐色，无光泽，前胸和鞘翅向外延伸部分半透明，黄褐色，其他部分暗褐色；体背鞘翅外缘前后各有1对黑褐色斑纹。两鞘翅合起来的黑褐色斑纹汇合而呈“干”字纹，因此又称甘薯干纹龟甲（图1-124，图1-125）。

卵　长1.7 ~ 1.8mm，包括胶状薄膜为2.9 ~ 3.1mm；宽0.7 ~ 0.8mm，包括胶状薄膜为1.3 ~ 2.5mm。长椭圆形。初期淡黄色，后转褐色，孵化前为深褐色。卵面覆盖一层淡黄色的胶质薄膜和少量黑色条状粪便，以及少许绒毛。

幼虫　共5龄。随虫龄增加，体长1.45 ~ 9.8mm不等，宽0.5 ~ 5.8mm不等，体色呈不同程度的黄褐色。体侧周缘生有枝刺14 ~ 16对。丝突和排泄物

图1-124　停栖在叶片的甘薯腊龟甲

图1-125　甘薯腊龟甲成虫

均复于身体背面（图1-126）。

图1-126 甘薯腊龟甲幼虫

蛹 长8.5 ~ 8.7mm，宽5.7 ~ 5.8mm，体扁，略呈长方形，棕黄褐色。前胸背板极度扩展，为体长的1/3，宽于腹部，前端扁薄而中后方稍隆起，盖住整个头部，前缘有枝刺2对，前缘和侧缘密生绒毛。中胸背板后缘中央前凹，两侧角向后延展，盖住后胸背板的两前角。后胸背板较小，后缘中央稍向后凸。中、后胸与腹部等宽。腹部背面中央稍隆起，前5节侧方各有1对白色扁薄的尖刀状突出。

生活习性

根据赣中地区的报道，该虫一年发生2代。以成虫在田边杂草、土缝、石缝、树洞和树皮下越冬。翌年5月上旬开始活动，经多次交尾后，于5月下旬开始产卵，一直到8月上旬至9月初，才陆续死去。由于越冬代和第1代成虫产卵期相当长，6—10月为田间各态并存期。以6—8月发生量最大，危害亦最重。

成虫性喜荫蔽，白天多潜伏叶下或薯蔓基部叶片上栖息危害，早、晚多在叶面活动。无趋光性，有假死性，成虫平时不善飞行，闷热夜晚才迅速飞行。

卵多散产于叶背叶脉交叉处或其附近，少数产于叶面，每处1 ~ 2枚，1枚居多。上覆膜状物，产卵期长达2 ~ 3个月，每次产卵7 ~ 19枚，间隔数天后再次产卵，每雌虫可产卵83 ~ 118枚。

幼虫活动力小，抗逆力差，老熟幼虫多在叶背和蔸部蔓上黏附化蛹。

防治方法

（1）**生物防治** 蚂蚁和草蛉能大量捕食甘薯腊龟甲幼虫和蛹，可予以保护及放养。

（2）**农业防治和化学防治** 同甘薯台龟甲。

1.27 星斑梳龟甲

分布与危害

星斑梳龟甲［*Aspidomorpha miliaris*（Fabricius）］，又称大黑星龟金花虫，属鞘翅目、金花虫科、圆龟金花虫属，是广东省常见的甘薯害虫，主要寄主为旋花科、马鞭草科和木兰科植物。国内主要分布于广东、海南、台湾、广西和云南等省区；国外分布于孟加拉国、巴基斯坦、印度、尼泊尔、马来西亚、泰国、越南、安达曼群岛、印度尼西亚和菲律宾等国家和地区。在不施用农药的有机栽培甘薯田及蕹菜田中会造成较大危害。

危害症状

成虫和幼虫食量大，可危害甘薯叶片。幼虫常群集，将甘薯叶片啃食得千疮百孔（图1-127）。

图1-127　星斑梳龟甲幼虫取食甘薯叶片

形态特征

星斑梳龟甲为完全变态昆虫，生活史分为卵、幼虫、蛹和成虫4个时期。

成虫　体长12～14mm，宽约10～11mm，成虫身体轮廓圆形或椭圆形，翅鞘边缘延长展延，成为细长裙区状似龟壳，像乌龟一样，头部可缩在前胸背板下，爪黑色或深褐色半透明，呈梳齿状。前胸背板及鞘翅透明，身体区域呈现白色或黄色，颜色会随日龄增加而变化，且在身体中线和与透明区的交接处具有橙色条带。翅鞘上有大小不等的黑色斑点，不同个体间外观多变。雌虫在腹部最末节具有1对新月状的黑色条纹，雄虫则无。郑仲良等（2015）根据黑色斑点所占的面积比例，将成虫分为典型型、明亮型和黑暗型3个类型，发现3个类型与取食寄主植物有关（图1-128，图1-129）。Nakamura等（1989）指出，成虫鞘翅底色与羽化日龄相关，可分为四个阶段，羽化后约12d内呈白色，12～20d为黄色，20～74d为深黄色，74d以后为橘色。

图1-128　星斑梳龟甲典型型成虫

图1-129　星斑梳龟甲黑暗型成虫

卵鞘与卵　雌虫在叶片上产下薄片状的卵鞘，卵鞘为长方体，由卵和卵荚构成（图1-130）。卵鞘分为松散区、卵区及紧密区，其中卵区是放置卵粒的区域，由9 ～ 15层含卵的膜质卵层组成，每个卵层由两片相邻卵荚及一个较厚短卵荚包埋2 ～ 4枚卵所形成的卵包组成。卵粒淡黄色，两端圆钝。

幼虫　共5龄，体多呈淡黄色，头壳黑色，中央凹陷，并具有约8 ～ 10根随机分散的褐色短刺（图1-131）。胸足黑色，密布褐色短刺，爪为单爪。第1胸节具有1对黑色斑点；身体两侧具有16对黑色软棘，而在可见体节第9节具有1对与身体垂直的树枝状黑色硬棘，各棘均具有多数透明的分叉小刺。刚蜕皮完成的幼虫体呈微淡黄色，数小时后头壳、胸足及所有棘刺逐渐转成黑色。幼虫排出的粪便会堆积在身体最后1对软棘和硬棘间的空隙，累积到一定数量时会自行重置。

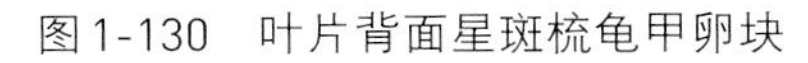

图1-130　叶片背面星斑梳龟甲卵块

图1-131　星斑梳龟甲幼虫

蛹　黄色，长约1.2mm，宽约1.0mm。前胸背板有2对圆形黑斑，1对位于顶端，另1对则位于末端两端。在靠近头部处有2对向前突出的黑色短刺。腹部中段也有2对圆黑斑。蛹体腹部有扁平且具芒刺的黑色突起物排列在两端，尾部有1对短的软刺。

生活习性

雌虫会在寄主叶片上产下具有薄片状的卵鞘（图1-130），包含2粒卵。适合的发育温度为25℃，15℃和20℃恒温环境下无法孵化。取食蕹菜、甘薯、蓟叶牵牛、紫花牵牛、红花野牵牛以及盒果藤等6种旋花科植物的大黑星龟金花虫发育时间依次为（41.4 ± 1.9）d、（40.6 ± 1.7）d、（42.0 ± 1.5）d、（41.0 ± 1.8）d、（39.8 ± 0.8）d和（44.2 ± 2.0）d，成虫寿命依次为（123.7 ± 26.6）d、（127.6 ± 19.5）d、（121.8 ± 12.9）d、（86.9 ± 9.8）d、（111.1 ± 10.5）d和

(100.1±8.5) d。30℃可孵化并正常发育，发育历期为（35.7±2.1）d，成虫寿命为（33.6±6.1）d。

防治方法

（1）**农业防治** 清除薯田中残株、枯叶、杂草，以及田边的旋花科植物，减少虫口。

（2）**化学防治** 可选用25% g/L联苯菊酯乳油1 000倍液，或50%杀螟丹水溶粉剂1 000倍液，或20%啶虫脒可溶粉剂2 000倍液等喷杀。

1.28 甘薯梳龟甲

分布与危害

甘薯梳龟甲［*Aspidomorpha furcata*（Thunberg）］，又称甘薯梳角龟甲、甘薯金黄龟甲、黄金龟甲、金盾龟金花虫，属鞘翅目、金花虫科、圆龟金花虫属。国外主要分布于柬埔寨、越南、新加坡等东南亚国家和地区，国内主要分布于福建、广东、广西等南方薯区。除危害甘薯外，还可危害雍菜、五爪金龙、裂叶牵牛等旋花科植物。

危害症状

危害症状与甘薯台龟甲相似，成虫和幼虫均取食叶片。初孵幼虫食叶不穿孔，留下表皮，大龄幼虫将叶片食成孔洞或缺刻，植株初则发黄，终则萎枯，影响薯块生长，干旱季节危害加重。

形态特征

成虫 长圆形，体长约7mm，宽约6.2mm，具黄金色光泽（图1-132）。触角淡黄色，端部黑色，体型近圆形，翅鞘与前胸背板透明，鞘翅基部边缘、肩角及盘区为棕赭色，状呈盾形如挂起来晾晒的汉衣，肩角的赭色最浓。鞘翅光滑，盘区点刻少而浅，背部中央隆起不甚高。在小盾片后方鞘翅中缝约1/4处，有一“驼峰”高突背顶，驼峰与鞘翅肩角之间下凹并有一乳状突，盘区腰部不及鞘翅敞边

图1-132 甘薯梳龟甲成虫及危害症状

阔。复眼黑色，爪、上颚棕黑色。触角棕黄，共11节，第3节最长，末2节膨大、黑色。

卵　乳白色，长椭圆形，长0.8mm，宽0.3mm，卵块呈长方形。卵粒间均有一层胶膜隔开，颇有规则。

幼虫　共5龄，1龄黄白色，长1.7mm，宽0.8mm。虫体周缘具16对纤细枝刺，尾叉1对，翻卷于体背。每增1龄，尾叉上就多一蜕皮壳，可作分龄依据。5龄菜绿色，长6mm，宽3.5mm。前胸前端两侧的眼凹中有“T”字形黑斑，眼凹后缘弯月形、漆黑色。

蛹　黄白色，由前胸背板前缘至腹末长约6.5mm。边缘有30～40对硬刺，5个幼虫蜕皮壳翻卷于蛹体背面。腹部5节可见，每腹节有气门1对，腹节两侧扩伸成板状刺。

生活习性

该虫分布于平地至低海拔山区，常见栖息或寄生于甘薯叶、牵牛花、山樱树。在福建省每年发生4～5代，以成虫过冬。成虫每年4月上、中旬开始活动，常于山边的旋花科植物或早插甘薯上取食。7月中旬至8月中下旬是田间成虫及幼虫盛发时期，9月下旬至9月底，大田成虫和幼虫难觅。成虫喜欢群聚，性活跃，善飞翔。羽化当日或翌日即可取食薯叶，初春气温16℃左右越冬成虫开始取食。成虫一般在羽化后20d左右交尾。雌、雄一生可多次交尾。交尾一次约1～3h。幼虫移动性小，孵化后一般即在附着卵块的薯叶上取食。幼虫老熟后，在叶片上或植株隐蔽处不食不动，进入预蛹阶段。

防治方法

同星斑梳龟甲。

1.29　短额负蝗

分布与危害

短额负蝗［*Atractomorpha sinensis*（Bolivar)］，又称为尖头蚱蜢、蚱蜢、中华负蝗、红后负蝗，属蝗总科、锥头蝗科、负蝗属，为多食性植食昆虫，可危害玉米、高粱、小麦、甘薯、大豆等多种农作物。短额负蝗广泛分布于中国的东北、华北、西北、华中、华南、西南以及台湾等大部分地区。成虫和若虫多栖息在茎叶上取食，危害植物的正常生长发育。它既是农业害虫又是营养丰富的食用或饲料昆虫。

危害症状

成虫和若虫主要危害甘薯嫩茎、嫩叶（图1-133），也可危害老叶、老茎。被取食的叶片成缺刻状，严重时全叶被吃成网状，仅残留叶脉，老茎被成虫危害后表皮呈不规则形的小缺口（图1-134），影响植株光合作用。

图1-133　短额负蝗若虫危害症状

图1-134　短额负蝗成虫危害症状

形态特征

成虫　体长20～32mm，头至翅端长30～48mm，体色绿色或褐色（图1-135，图136），绿色型自复眼起向斜下有一条粉红纹，与前、中胸背板两侧下缘的粉红纹衔接。体表有浅黄色瘤状突起（图1-135）。头部锥形，向前突出，触角呈剑状。后足发达为跳跃足。前翅绿色，后翅基部为红色，端部则为淡绿色；前翅长度超过后足腿节端部约1/3。

图1-135　短额负蝗绿色型成虫

图1-136　短额负蝗褐色型成虫

卵　长2.9～5.0mm，宽1.0～1.2mm，长圆筒形，黄褐色至深黄色，中间稍凹陷，端部钝圆，卵壳表面有鱼鳞状花纹，卵呈块状。卵块外被褐色网状丝囊，卵粒斜列囊内成四纵行。

若虫　又称蝗蝻，共5龄。身体淡绿色，形似成虫，无翅，仅有翅芽（图1-133）。1龄若虫体色草绿稍带黄色，前、中足褐色，有棕色环若干，全身布满颗粒状突起；2龄若虫体色逐渐变绿，前、后翅芽可辨；3龄若虫翅芽肉眼可见，前、后翅芽未合拢，盖住后胸一半至全部；4龄若虫后翅翅芽在外侧盖住前翅芽，开始合拢于背上；5龄若虫前胸背面向后方突出较大，形似成虫，翅芽增大到盖住腹部第3节或稍超过（司升云等，2017）。

生活习性

长江流域每年发生2代，华北地区每年发生1代，以卵在田埂或沟边越冬。5月中下旬至6月中旬前后越冬卵大量孵化，7—8月发育羽化为成虫。11月雌成虫在土层中产卵。成虫寿命长达30d以上，雌虫产卵量达150 ~ 350粒，每块卵有10 ~ 20多粒。

短额负蝗活动范围较小，难以远距离飞翔，多善跳跃或近距离迁飞。在无风晴朗天气，多趴在植株上栖息；当气温高于28℃或低温阴雨天气，成虫则躲在叶背面栖息。短额负蝗喜栖于湿度大、双子叶植被茂密的生境。初孵蝗蝻喜群集在附近的幼嫩阔叶杂草和作物上取食。3龄以后开始向附近的农田转移。羽化后，成虫食量大增，进入暴食期，也是造成田间危害最重时期。成虫有成群集中危害和单独危害的习性。危害期主要集中在5—10月。成虫、若虫喜白天日出活动，取食最佳时段为上午11时前和下午15—17时。

雄成虫在雌虫背上交尾与爬行，数天不散，雌虫背负着雄虫，故称之为“负蝗”。

防治方法

（1）**农业防治**　铲除田埂土块及杂草，或者增加田埂盖土厚度，破坏产卵环境与阻止孵化后的蝗蝻出土。冬闲深耕晒垡，通过破坏越冬虫卵的生态环境来减少越冬虫卵。

（2）**生物防治**　保护蜘蛛、蚂蚁、青蛙、鸟类、寄生蝇等天敌，发挥天敌的控制作用。在饲养短额负蝗的时候，经常观察到短额负蝗被寄生蝇所寄生（图1-137，图1-138）。

（3）**化学防治**　初孵蝗蝻在田埂聚集危害，扩散能力较弱，在3龄前防治效果好。药剂可选用2.5%高效氯氟氰菊酯乳油2 000 ~ 3 000倍液，或0.5%苦参碱水剂500 ~ 1 000倍液，或5%氟虫脲可分散液剂1 000 ~ 1 500倍液，或50%辛硫磷乳油1 500倍液，或1.8%阿维菌素乳油2 000 ~ 4 000倍液，或5.7%氟氯氰菊酯乳油800 ~ 1 000倍液，或25%除虫脲可湿性粉剂1 500倍液

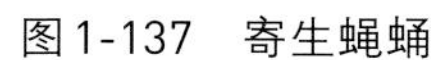
图1-137　寄生蝇蛹

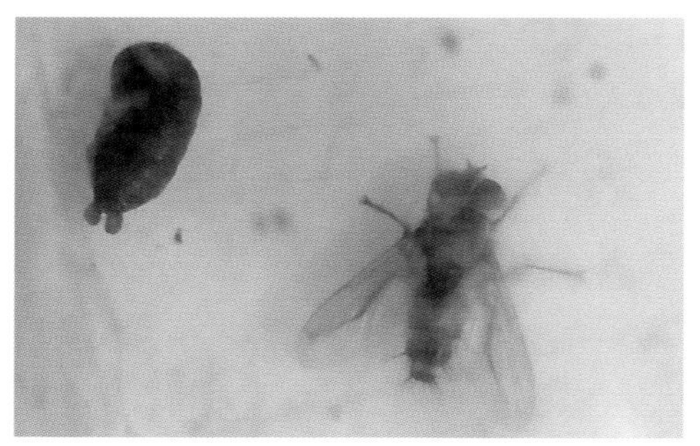

图1-138　寄生蝇成虫

等喷雾防治（田方文，2005）。

1.30　中华蚱蜢

分布与危害

中华蚱蜢［*Acrida cinerea*（Thunberg，1815）］，又称中华剑角蝗，别名异色尖角蝗、尖头大蚱蜢、尖头蜢、大尖头蜢、蚱蜢，属直翅目、蝗总科、剑角蝗科、剑角蝗属，有夏季型（绿色）和秋季型（土黄色有纹）。中华蚱蜢在全国各地均有分布，北至黑龙江，南到海南，西至四川、云南等地区均有分布。中华蚱蜢多栖息于农田，为杂食性昆虫，主要危害水稻、甘蔗、棉花、甘薯和大豆等农作物，以及花卉、蔬菜及草坪等，寄主范围广。成虫、若虫取食叶片和嫩茎，抑制植物光合作用，严重发生时，导致植株死亡，造成农作物减产。

危害症状

成虫、若虫皆可蚕食甘薯植株叶片和嫩茎，造成孔洞和缺刻，严重时将叶片食光。

形态特征

成虫　雄虫体长30 ~ 47mm，雌虫体长58 ~ 81mm，雌虫较雄性明显大而粗壮。体绿色或褐色（图1-139）。头圆锥形、较长，明显长于前胸背板。头长，颜面极倾斜，头顶向前突出呈长圆锥形。触角剑状，较短。复眼长卵形，着生于头部近前端。绿色个体复眼后、前胸背板侧片上部、前翅肘脉域具宽淡红色纵纹。褐色个体有的沿中脉域具黑褐色纵纹，沿中闰脉有1列较强的淡色斑点。雌虫下生殖板后缘具3个突起。

卵　卵粒橙黄色，呈块状。初产的卵具有由小瘤状突起组成的近圆形而不封闭的小室，在小室内中央有1个瘤状突起。随着卵的发育，卵壳表面的小瘤状突起呈不规则分布。卵囊一般下端较粗，向上渐细。卵囊壁土质。

若虫 形似成虫，小而无翅（图1-140），共6龄。

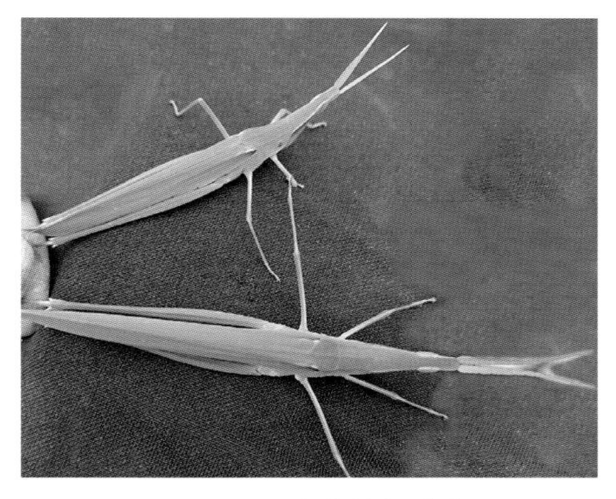
图1-139 中华蚱蜢成虫

图1-140 中华蚱蜢若虫

生活习性

中华蚱蜢北方地区一年发生1代，以卵在土中越冬。越冬卵于6月上、下旬孵化，8月中旬至9月上旬羽化，9月中旬至10月下旬产卵，10月中旬至11月上、中旬成虫死亡。成虫羽化后9～16d开始交尾，交尾后6～33d产卵。成虫产卵于土层内，呈块状，外被胶囊。成虫常选择道边、堤岸、沟渠、地埂等处产卵。成虫善飞，若虫无翅，以跳跃扩散为主。中华蚱蜢没有集群和迁移的习性，一般分散在田边、草丛中活动。

冬季温暖多雪，有利于卵的越冬。干旱年份，管理粗放的草坪、园圃有利于发生虫害。保持一定湿度和土层疏松的场所有利于蚱蜢的产卵和卵的孵化。阴湿多雨，土壤湿度大，不利于卵的孵化和蝗蝻发育。

防治方法

（1）**农业防治** 秋后采收后，搞好田间卫生，挖翻附近的田埂、地边、土道两旁的土壤，破坏卵囊。发生严重的地区，在秋、春季铲除田埂、地边的土壤及杂草，把卵块暴露在地面晒干或冻死，也可以重新加厚地埂，增加盖土厚度，使孵化后的蝗蝻不能出土。

（2）**物理防治** 雌虫在产卵前期飞行能力很弱，可以人工捕捉，减少虫口基数。

（3）**生物防治** 保护和利用青蛙、蟾蜍、蜥蜴、蜘蛛、螳螂、大寄生蝇等天敌。

（4）**化学防治** 结合防控其他害虫，于2 ～ 3龄若虫期喷洒药剂。可选用2.5%溴氰菊酯1 000倍液，或1.2%苦参碱·烟碱乳油1 000 ～ 2 000倍液，或50%马拉硫磷乳油1 500倍液等喷雾，注意交替使用药剂，避免出现抗药性。

1.31 笨　　蝗

分布与危害

笨蝗［*Haplotropis brunneriana*（Saussure，1988）］，俗称骆驼、懒蝗、土地老爷等，属直翅目、蝗总科、癞蝗亚科、笨蝗属。食性杂，喜食甘薯、小麦、大豆等旋花科、禾本科、豆科等作物，广泛分布于我国东北、中部地区及长江中下游地区（夏凯龄等，1994）。笨蝗是我国山区农作物的重要害虫之一，陈发炜等（1996）报道，山东省沂水县每年有超过6 600hm^2农田不同程度地受到笨蝗危害，成灾面积达1 300万hm^2以上。

危害症状

成虫、蝗蝻把叶片食成缺刻，甚至食光嫩茎，重灾田往往是一片光秃。

形态特征

成虫 体长：雄虫29 ～ 33mm，雌虫42 ～ 46mm；前翅长：雄虫5.0 ～ 7.5mm，雌虫5.5 ～ 7.5mm。体色通常为土色，体型粗壮，表面有粗密的颗粒和隆起，头部短小，复眼后端有黑纹。前胸背板的前、后缘淡黄色，形状为锐角或直角状，中隆线呈片状隆起，沿中隆线两侧有黑斑。腹部两侧有暗色纵带，腹部第2节背板前下角具有发达的磨擦板。前翅极其短小，鳞片状，顶端长刚达第1腹节背板的后缘，后翅甚小（图1-141，图1-142）。

图1-141　笨蝗成虫

卵 卵囊长12 ～ 15mm，呈椭圆形，深褐色，无胶质部分。卵粒长约8mm，黄色，8 ～ 15粒直立排列在卵囊中。

若虫（蝗蝻） 雄若虫5龄，雌若虫6龄。1龄蝻体型极小，形态与成虫相似，体色为土黄褐色，前胸背板隆起，高出头顶，跳跃无力度，容易捕捉，随龄期增加，前胸背板隆起明显，斑纹增多。

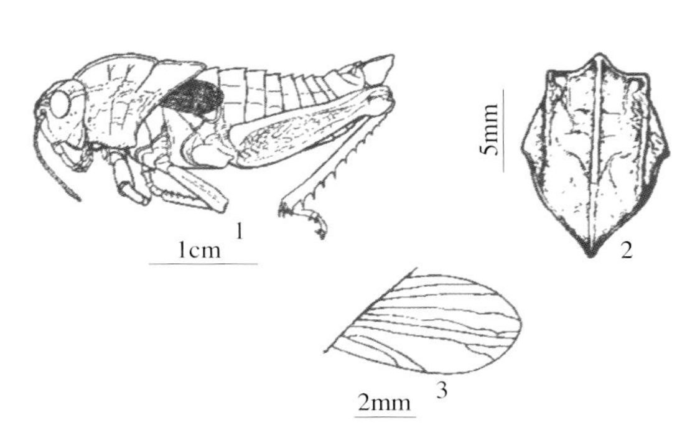

图1-142 笨蝗雄性

1.整体（侧面观） 2.前胸背板（背观） 3.前翅

（夏凯龄等，1989）

生活习性

在我国北方笨蝗一年发生1代，以卵在土中越冬。一般于4月上、中旬孵化，成虫羽化盛期在6月上、中旬，6月下旬至7月下旬即交尾产卵。蝗蝻蜕皮后即羽化为成虫，7d左右性成熟开始交尾，一生可交尾5～8次。

笨蝗多栖息于土质干燥阳光充足的坡地及丘陵山地。笨蝗不能飞翔，不喜跳跃，行动迟缓。笨蝗活动及取食适宜温度为23～32℃，温度过高或过低则匿于草丛、石缝下不动。

初孵蝗蝻聚集危害，将嫩叶食成缺刻状，具有聚集性，基本不扩散，活动范围很小，食量也较小。进入3龄的蝗蝻食量大增，活动范围扩大，即春苗易遭受笨蝗的危害。

防治方法

（1）**农业防治** 及时进行翻耕土壤以破坏笨蝗适合产卵的环境，一般耕翻深10～20cm；在河坡、沟渠等处大种紫穗槐，改变适生环境；铲除田埂表土2～3cm，可切断卵块或晒死虫卵。

（2）**生物防治** 保护利用天敌，包括寄生螨、大盗虻、野狸、鸟类等。

（3）**化学防治** 根据低龄笨蝗的群集习性，3龄前选用50%辛硫磷乳油或40%马拉硫磷乳油等喷洒笨蝗群集的田埂、地边、渠旁进行防治。

1.32 东亚飞蝗

分布与危害

飞蝗［*Locusta migratoria*（Linnaeus）］，俗称蚂蚱，属直翅目、蝗科，仅1个种，全世界已知有9个亚种。中国分布有3个亚种，包括分布于华北、华东及华南地区的东亚飞蝗［*Locusta migratoria manilensis*(Meyen)］，分布于新疆、内蒙古和青海地区的亚洲飞蝗［*Locusta migratoria migratoria*（Linnaeus）］，以及分布于西藏地区的西藏飞蝗［*Locusta migratoria tibetensis*（Linnaeus）］，其中以东亚飞蝗分布最广、危害最重。1985—1996年共12年间，东亚飞蝗在黄河滩、海南岛、天津等蝗区连年大发生，农业生产受到严重威胁。除了在中国发生外，东亚飞蝗也分布在朝鲜、日本、菲律宾、印度尼西亚、新加坡、泰国、越南、缅甸、柬埔寨等东亚和东南亚国家和地区。东亚飞蝗作为杂食性害虫，寄主范围广，自然条件下以禾本科和莎草科植物为主。东亚飞蝗成虫有群居型、过渡型、散居型之分，各型之间可相互转化。猖獗危害的重要特点是散居型向群居型的转变和群居型大规模的群集迁飞。群居型和散居型在体色、体型、生活习性、生理特征、发育和行为等方面有明显差异。我国古代把"蝗灾、水灾、旱灾"并称为三大自然灾害，在南方薯区近年多为散居型东亚飞蝗零星危害。

危害症状

飞蝗的成虫和若虫（蝗蝻）均咬食植株的茎叶，大发生时，可将作物食成光秆，尤以群居型危害严重，常把作物吃得一颗不留。

形态特征

东亚飞蝗经历卵、若虫、成虫3个发育阶段。

成虫 雄成虫体长32.4 ~ 48.1mm，雌成虫体长38.6 ~ 52.8mm。头顶圆，颜面平直，口器位于头下方；复眼较小，呈卵形；触角细长，呈丝状，26节。群居型为黑褐色，散居型带绿色，中间型多灰褐色（图1-143）。群居型成虫前胸背板中隆线发达，沿中线两侧有黑色带纹，前翅淡褐色，有暗色斑点。翅长超过后足股节2倍以上（群居型）或不到2倍（散居型）。群居型成虫胸部腹有长而密的细绒毛。

图1-143 东亚飞蝗成虫

卵 卵粒长5.2 ~ 7.0mm，宽1.1 ~ 1.8mm，浅黄色，一端略尖，另端稍圆微弯曲。卵囊圆柱形，中间略弯曲，长45 ~ 62.9mm，宽6.0 ~ 8.9mm，无卵囊盖。卵室之上常形成为泡沫状柱形物质，一个卵室内有卵60 ~ 90粒，呈4行斜排。

若虫 末龄蝗蝻体长26 ~ 40mm，触角22 ~ 23节，翅节长达

第4、5腹节，群居型红褐色，散居型体色较浅。

生活习性

东亚飞蝗的年生活史自北向南逐渐增加，在北纬40°以北1年发生1～2代，长江流域发生2代，珠江流域3代，广西与海南地区发生4代。以卵在土壤中越冬。由于卵没有滞育期，在海南和广西等地形成了全年发生和连续危害，并呈现世代重叠的交叉立体发生特征。

飞蝗喜欢栖息在地势低洼、易涝易旱或水位不稳定的海滩或湖滩，以及大面积荒滩或耕作粗放的荒地上，喜食禾本科和莎草科植物。遇有干旱年份，利于蝗虫发育，容易酿成蝗灾。成虫在植被稀疏、土壤结构比较坚硬、土壤含水量在10%～20%以及向阳的地面上产卵较多，主要选择植被覆盖率50%以下的场所产卵。飞蝗密度小时为散居型，密度大时个体间相互接触，可逐渐聚集成群居型，群居型飞蝗有成群迁移和迁飞的习性。

防治方法

（1）**农业防治** 通过调控东亚飞蝗滋生的生态环境，减轻其危害。精耕细作，提高复种指数，消除蝗虫滋生环境；改造适生环境，断绝蝗虫食物来源：种植紫穗槐、冬枣、白蜡条、牧草等，增加植被覆盖度，营造不利于产卵的环境；对地势低洼蝗区，通过开挖排水沟渠、养鱼、种莲等进行开发利用。

（2）**生物防治** 利用真菌生物制剂绿僵菌和蝗虫专性寄生原生动物蝗虫微孢子虫进行防治。积极保护和利用蜘蛛、蚂蚁和鸟类等天敌。

（3）**化学防治** 可每亩采用90%马拉硫磷乳油100～150mL，或4.5%高效氯氰菊酯乳油20～30mL，或1%苦皮藤素乳油20～40mL等进行防治。

1.33 中华稻蝗

分布与危害

中华稻蝗［*Oxya chinensis*（Thunberg，1825）］，属直翅目、斑腿蝗科、稻蝗属，广泛分布于中国、朝鲜、日本、越南和泰国等东北亚和东南亚国家和地区（李鸿昌，2007），我国除新疆、西藏等少数省区外，北起黑龙江，南至海南，均有分布。中华稻蝗主要危害禾本科植物，尤其是水稻、玉米、高粱、麦类、甘蔗和豆类等多种农作物，常常给农业生产造成巨大损失。在长江中下游一些稻区突发成灾，一般危害损失率10%～20%，高者达30%～50%，造成水稻产量重大损失（王华弟等，2007）。在浙江省和广东省观察到其取食甘薯，但未见严重危害甘薯的报道。

危害症状

以成虫、若虫聚集危害，咬食甘薯叶片，咬断茎蔓和幼芽，将植株叶片食成缺刻状（图1-144），严重时可将叶片食光，影响光合作用，造成减产。

图1-144　中华稻蝗若虫及危害症状

形态特征

中华稻蝗在进化过程中不断适应其生存环境，广泛分布于各不同地理区域，出现了显著的种群遗传分化现象，我国中华稻蝗从形态上来看，东部沿海种群体型较大，前翅较长，尾须较钝，而内陆及东北种群则体型较小，前翅较短，尾须较尖。但是不同种群在染色体数目、着丝粒位置以及C带型等方面具有明显恒定的结构特点（马恩波等，2007）。形态特征如下（李鸿昌，2007；孔令和和陈亮，2008）：

成虫　雌虫体长19.6 ～ 40.5mm，雄虫15.1 ～ 33.1mm，有光泽，全身呈绿色或黄绿色，或者背面黄褐色，侧面绿色，常有变异。触角呈丝状，短于身体而长于前足腿节。头顶左右在复眼后方每侧各有暗褐色纵纹，经前胸背板两侧，直达前翅基部（图1-145）。前胸腹板有1锥形瘤状突起，前翅长度超过后足腿节末端。雌虫产卵瓣长，上、下产卵瓣的外缘具细齿。

卵　长约3.5mm，宽约1mm，呈深黄色，有光泽，长圆形，中央略宽。卵囊长9 ～ 14mm，宽6 ～ 10mm，呈褐色，坚韧有盖，前端平，后端钝圆，卵粒在卵囊内斜排，卵粒间胶质为深褐色，平均有卵10 ～ 20粒。

若虫　多为6龄，1龄若虫呈绿色有光泽，无翅芽。2龄若虫体绿色或者黄褐色，前胸背板中央渐向后突出，头、胸两侧黑色纵纹明显，翅芽不明显。3龄若虫翅芽明显，呈舌状，逐龄增大。4龄若虫时前翅芽狭长，后翅芽不向后突出。至5龄若虫后翅芽呈三角形，向背面翻折。6龄若虫翅芽可伸达第3腹节，并掩盖腹部听器的大部分（图1-146）。

生活习性

北方地区及长江流域每年发生1代，华南地区每年发生2代，以卵在田埂及其附近荒草地的土中越冬。1代区雄成虫于7月上旬至下旬羽化，8月上、中旬为盛发期，成虫期59 ～ 113d，成虫在11月死亡。2代区3月下旬卵孵化，初孵若虫多聚集在田埂或路边杂草上，从3龄开始向水稻、玉米、甘蔗、甘薯

图1-145 中华稻蝗成虫

图1-146 中华稻蝗高龄若虫

等农田转移，4龄开始食量大增，能咬食茎和谷粒，至成虫时食量最大，危害最严重。6月出现的第1代成虫，多在稻叶上产卵，产卵时把两片或数片叶胶粘在一起，于叶苞内结黄褐色卵囊，产卵于卵囊中，若产卵于土中时，常选择低湿、有草丛、向阳、土质较松的田间草地或田埂等处造卵囊产卵，卵囊入土深度为2 ~ 3cm。第2代成虫9月中旬为羽化盛期，10月中旬产卵越冬。2代区成虫分别在8月中旬和12月中、下旬死亡。若虫和成虫取食受温度影响，温度高时，于上午、下午温度较低时取食，晚上和中午栖息于植株深处；温度低时于中午前后取食；阴凉、下雨时很少取食。

防治方法

（1）**农业防治** 田埂、渠埂、沟边是中华稻蝗的主要产卵繁殖地，采取压埂、铲埂及翻埂等方法杀灭蝗卵，可有效降低蝗卵的孵化率；及时拔除清理田埂、渠埂、沟边的杂草，切断低龄蝗蝻食料，可减少虫源；可在耕作制度上采取调整茬口、抛荒田、水旱轮作、冬耕灭茬等措施来抑制其发生。

（2）**生物防治** 天敌主要有蛙类、寄生蜂、蜘蛛、鸟类等，杜绝使用对天敌杀伤力大的高毒农药，最大程度发挥天敌对中华稻蝗的控制作用。

（3）**化学防治** 低龄蝗蝻抗药性差，在3龄前可施用90%晶体敌百虫，或50%辛硫磷乳油，或20%氰戊菊脂乳油，或40%毒死蜱乳油，或37%氯马乳油等药剂进行防治。

1.34 日本草螽

分布与危害

日本草螽［*Conocephalus japonicus*（Redtenbacher，1891）］，又称大草螽，属于草螽属，广泛分布于我国河北、内蒙古、黑龙江、上海、江苏、安徽、福建、河南、湖南、广东、广西、四川、贵州、香港和台湾等地区，国外主要分布在朝鲜和日本（刘宪伟和张鼎杰，2007；Zhou等，2010）。草螽属分布于各大洲，全世界共158种，中国已记录20种。该虫不仅危害甘薯、黄瓜等，还可作为天敌，取食叶片上鳞翅目昆虫的卵和幼虫。

危害症状

危害甘薯嫩茎和嫩叶，造成孔洞（图1-147，图1-148）。

形态特征

成虫 雄性14 ～ 17mm，雌性15 ～ 21mm，触角长达56mm，呈砖红色到黑褐色。头顶狭，前面宽，侧缘近平行。头顶和前胸背板背面同色，或稍具两条黑褐色边；侧片后缘直，肩凹狭。翅到达腹部末端，矛形，端部圆形，发声区大、长。前胸腹板具1对刺。前足胫节具6刺。后足股节具刺，膝同色，内、外侧膝叶端部各具2刺。雄性尾须粗，圆锥形，端部凹陷，钝形，中部内侧具齿。雄性下生殖板截形，在中部具凹口。产卵瓣直，近等长于后足股节长。雌性下生殖板后缘具明显凹缘。

若虫 共5龄，在2 ～ 3龄始出现翅芽，若虫翅的位置与成虫相反，成虫前翅在上，后翅在下，若虫的前翅翅芽在下，后翅翅芽在上，通常纵脉明显，无横脉或横脉不明显。

图1-147　危害甘薯叶片上的条螽

图1-148　危害甘薯叶片的草螽

生活习性

草螽科种类在我国多数地区通常一年发生1代，以卵越冬，在我国的西南和华南地区，许多种类以成虫越冬。日本草螽喜欢生活在山间狭窄的沟谷中或山间开阔的湿草地，日间或夜间鸣叫，一般在5—6月出现，至9—10月仍可见到。日本草螽属杂食肉食性昆虫，喜食叶片上的鳞翅目昆虫的卵和幼虫以及其他小昆虫和昆虫尸体。

防治方法

（1）**农业防治** 加强田间管理，及时中耕除草，破坏其生存条件；人工捕杀等。

（2）**化学防治** 一般无须单独防治，小环境条件下暴发，可用2.5%溴氰菊酯乳油2 500 ～ 3 000倍液，或90%晶体敌百虫1 500倍液加0.05%柴油进行喷雾。

1.35 二十八星瓢虫

分布与危害

二十八星瓢虫，属鞘翅目、瓢虫科，俗称花大姐、花媳妇，因其两鞘翅上共有28个斑点而得名，在我国已知有7种，主要种类为茄二十八星瓢虫*Henosepilachna vigintioctopunctata*（Fabricius，1775）（又称酸浆瓢虫、小二十八星瓢虫）和马铃薯瓢虫*H. vigintioctomaculata*（Moschulsky，1857）（又称大二十八星瓢虫、曼陀罗瓢虫）。茄二十八星瓢虫在日本、印度、印度尼西亚等国家和地区均有分布，在我国则自南向北均有分布，以长江流域以南地区发生量较大，危害严重；马铃薯瓢虫在我国各地都有发生，以北方地区发生重。茄二十八星瓢虫和马铃薯瓢虫都是重要的作物害虫，寄主包括茄子、马铃薯、番茄等茄科蔬菜以及豆科、葫芦科、十字花科等超过40种，一般危害造成作物减产10%～20%，严重达50%。

危害症状

成虫和幼虫皆可啃食叶片，初孵幼虫群居于叶背啃食叶肉，仅留表皮，形成许多平行半透明的细凹纹，稍大后幼虫逐渐分散。成虫和幼虫均可将叶片食成穿孔，严重时叶片只剩粗大的叶脉，受害叶片干枯、变褐，甚至全株死亡。

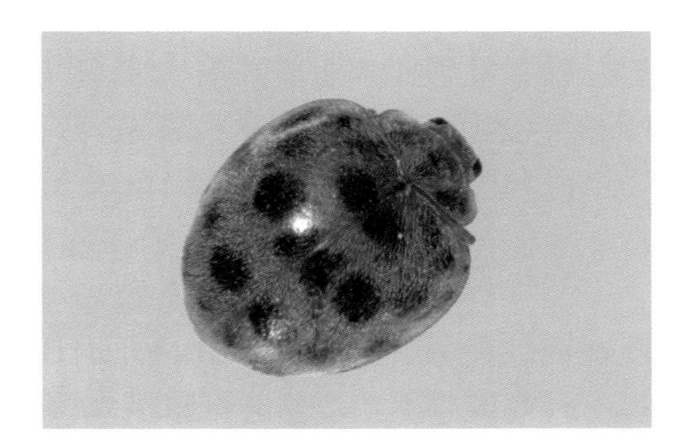

图1-149 马铃薯瓢虫

形态特征

马铃薯瓢虫形态特征（图1-149）

成虫 半球形，赤褐色，全体密

被黄褐色细毛，6 ~ 8mm，前胸背板中央有1条较大的纵向剑状大黑斑，两侧各有2个小黑斑，鞘翅各有14个黑斑，基部3个，其后方的4个黑斑不在1条直线上，两鞘翅合缝处有1 ~ 2对黑斑相连。

卵　卵粒橘黄色，炮弹形，有纵纹，卵块的卵粒较分散。

幼虫　共4龄，纺锤形，背面隆起，体表有黑色枝刺，枝刺基部有淡黑色环纹。

蛹　背面有稀疏细毛及黑色斑纹，尾端包着末龄幼虫的蜕皮。

茄二十八星瓢虫形态特征

成虫　半球形，黄褐色或红褐色，5 ~ 7mm，前胸背板上有6个黑点，中间的2个常连成一个横向双菱形黑斑，鞘翅各有14个黑斑，基部3个，其后方4个黑斑基本在1条直线上，两翅合缝处黑斑不相连（图1-150，图1-151）。

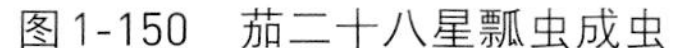
图1-150　茄二十八星瓢虫成虫

图1-151　危害叶片的茄二十八星瓢虫

卵　卵粒淡黄色至褐色，排列较紧密。

幼虫　共4龄，呈弹头形，体表有白色枝刺，枝刺基部有黑褐色环纹，老熟幼虫7mm左右。

蛹　黄白色，背面有较浅黑色环纹，尾端包着末龄幼虫的蜕皮，长约5.5mm（虞国跃，2000）。

生活习性

马铃薯瓢虫1年发生2 ~ 3代，以成虫在背风向阳的土石、山缝、杂草、树洞、房前屋后空隙中或土中群居越冬，翌年5月开始转移危害，成虫于9月中旬开始迁移越冬，10月上旬基本上全部进入越冬状态。成虫早晚静伏，白天取食、飞翔、迁移、交配和产卵。成虫、幼虫都有食卵习性，成虫还具有假死性，并可分泌黄色黏液，越冬成虫若未取食马铃薯则不能产卵，幼虫未取食马铃薯则不能正常发育。卵多产于叶背面，一般每个卵块有卵20 ~ 30粒，竖立于叶背，每头雌虫可产卵近400粒。卵期5 ～ 11d，幼虫期16 ～ 26d，蛹期4 ～ 9d，越冬成虫寿命较长为239 ～ 350d。影响马铃薯瓢虫发生的最重要因素是夏季高温，气温在18 ～ 20℃，田间卵孵化率高，后期幼虫及不同虫态发生量大。28℃以上卵即使孵化也不能发育至成虫。成虫在晴天气温25℃左右时，飞翔活动能力强。

茄二十八星瓢虫在北方地区1年发生2代，在长江流域1年发生3 ～ 5代，世代重叠现象明显，以成虫在土块下、树皮缝或杂草间越冬。成虫越冬后一般在5月开始危害，10月上中旬成虫开始飞向越冬场所。成虫昼夜取食，具假死性，有一定趋光性，畏强光。幼虫比成虫更畏强光，成虫、幼虫均有自相残杀及取食卵、蛹的习性。发生适温22 ～ 28℃，相对湿度76%～ 84%。

防治方法

（1）**农业防治** 及时清除田园残株杂草，消灭害虫越冬场所，减少越冬虫源基数并进行耕地，可消灭卵、幼虫和藏于缝隙中的成虫；结合农事活动，在产卵盛期，根据卵块色彩鲜艳的特点，人工摘除卵块；利用成虫假死性敲打植株，收集消灭。

（2）**物理防治** 根据其趋性，利用杀虫灯或种植诱集作物，达到集中捕杀的目的，如种植龙葵诱集。

（3）**生物防治** 保护和引入天敌中华微刺盲蝽和瓢虫柄腹姬小蜂。喷施槟榔提取物、印楝素等植物源农药；喷施绿僵菌、苏云金杆菌、阿维菌素、云菊素等生物制剂。生物防治研究大都处于实验室研究或田间药效研究阶段，在实际生产中多采用化学防治和农业防治手段（涂小云和王国红，2010）。

（4）**化学防治** 在幼虫未分散期或低龄幼虫期抓住时机适时用药，防治效果较好。可选用4.5%高效氯氰菊酯乳油1 500倍液，或90%晶体敌百虫1 000倍液，或2.5%溴氰菊酯乳油1 500倍液，或50%辛硫磷乳油1 000倍液，或10%联苯菊酯乳油2 000倍液，或0.3%苦参碱乳油 800倍液等进行全面喷雾，特别注意要喷到叶背面。

1.36 豆芫菁

分布与危害

豆芫菁［*Epicauta gorhami*（Marseul）］，俗称红头虫、红头鸡公虫等，属鞘翅目、芫菁科、芫菁属，常见种类有短胫豆芫菁（*E. brevitibialis* Kaszab）、红头豆芫菁（*E. ruficeps* Illiger）、白条豆芫菁（*E. gorhami* Marseul）、宽纹豆芫

菁（*E. waterhousei* Haag- Rutenberg）、暗头豆芫菁（*E. obscurocephala* Reitte）、中华豆芫菁（*E. chinensis* laporte）等（孙慧生等，2007；杨玉霞等，2007）。常见危害甘薯的是红头豆芫菁（*E. ruficeps* Illiger），该虫是一种杂食性害虫，以成虫取食豆科、茄科和薯类等叶片，分布于内蒙古、河北、陕西、河南、山西、江西、山东、浙江、湖南、安徽、福建、四川、广东、福建等省区，国外分布于印度尼西亚、马来西亚等国家和地区。成虫大发生可造成一定危害，目前不是甘薯主要害虫。

危害症状

成虫咬食叶片成缺刻，或仅剩网状叶脉，尤喜食幼嫩部位，猖獗时可食光全株叶片，严重影响产量（图1-152，图1-153）。幼虫以蝗卵为食，是蝗虫的天敌。

图1-152　红头豆芫菁危害甘薯茎叶症状

图1-153　红头豆芫菁危害症状

形态特征

成虫　体长15 ～ 18mm，雌虫触角呈丝状，雄虫触角第3 ～ 7节扁而宽。头部除触角基部的瘤状突起和复眼及其内侧处黑色外，其余部分均显红色，触角近基部几节呈暗红色（图1-154，图1-155）。胸、腹部和鞘翅均为黑色，前胸背板中央和每个鞘翅中央各有1条白色纵纹，前胸两侧、鞘翅周缘、腹部腹面各节后缘均丛生灰白色绒毛。

卵　长椭圆形，长约2.5 ～ 3mm，宽约0.9 ～ 1.2mm，初产乳白色，后变为黄褐色，卵块呈菊花状排列。

幼虫　属复变态昆虫，共6龄，各龄幼虫的形态前后不相同。1龄幼虫似双尾虫深褐色，口器和胸足发达，腹部末端有1对长的尾须，足末端均具3爪。2 ～ 4龄幼虫其胸足缩短，无爪和尾须，形似蛴螬。第5龄幼虫为假蛹，似象

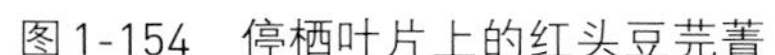

图1-154　停栖叶片上的红头豆芫菁

图1-155　红头豆芫菁成虫

甲幼虫，全身被一层薄膜，光滑无毛，胸足为乳突状。第6龄又似蛴螬，体长13 ～ 14mm，头部褐色，胸和腹部乳白色。

蛹　体长17 ～ 19mm，体灰黄色，羽化时变黑色，复眼黑色。前胸背板后缘左右各有长刺12根，后胸背板左右各有长刺5根，呈倒“八”字形排列。腹背各节左右各生1排刺毛。

生活习性

豆芫菁在东北、华北地区一年均只发生1代，在长江流域及长江流域以南各省份每年发生2代。以第5龄幼虫（假蛹）在土中越冬，在1代区的越冬幼虫6月中旬可完成化蛹，成虫于6月下旬至8月中旬出现危害，8月为严重危害时期。2代区越冬代成虫于5—6月间发生，开始集中危害早播大豆，之后转害蔬菜。在北京地区，卵期18 ～ 21d，1龄和2龄幼虫历期为4 ～ 6d，3龄4 ～ 7d，4龄5 ～ 9d，5龄292 ～ 298d，在土中越冬，6龄9 ～ 13d。蛹期10 ～ 15d，成虫寿命30 ～ 35d。

成虫白天活动，群集危害，活泼且善爬，可作短距离飞翔。成虫受惊时会选择迅速散开或坠落地面，且能从腿节末端分泌含有芫菁素的黄色液体，能使触及的人体皮肤红肿发泡。成虫在土中约5cm处产卵，每穴约70 ～ 150粒卵。豆芫菁成虫为植食性害虫，但幼虫为肉食性，以蝗卵为食。幼虫孵出后开始分散觅食，如无蝗虫卵可食，10d左右即死亡。一般一个蝗虫卵块可供1头幼虫食用。豆芫菁幼虫是蝗虫的重要天敌。

红头豆芫菁幼虫以蝗卵为食，其危害程度与上一年土蝗的发生也有一定的关系；通常靠近渠埂、地堰、草坡草滩、地头、路边的作物密度较大，受到该种虫的危害也相对较重。

防治方法

（1）**农业防治**　冬季深翻细耙，破坏越冬的豆芫菁幼虫（假蛹）其生存环境来压低越冬基数。

（2）**物理防治**　利用群集危害的习性，人工捕捉、网捕降低虫口密度。

（3）**生物防治**　利用天敌树褐蠢蛾夜间捕食成虫；线虫可以寄生卵、幼虫、蛹和成虫。

（4）**化学防治**　在成虫始盛期，先对邻近草坡草滩、背风向阳的地块施药，选用2.5%溴氰菊酯乳油2 500倍液，或90%晶体敌百虫1 000 ～ 2 500倍液，或4.5%高效氯氰菊酯乳油1 500 ～ 2 000倍液，或25%氰·辛乳油1 500 ～ 2 000倍液，或20%灭幼脲悬浮剂800 ～ 1 000倍液等喷施。

参考文献

蔡慧洁，郑仲良，萧文凤，2012. 大黑星龟金花虫[*Aspidomorpha miliaris* (Fabricius)]（鞘翅目：金花虫科）生活史初步研究[J]. 植物保护学会会刊，54: 77-90.

曹怀明，2011. 东亚飞蝗的发生与综合防治[J]. 农技服务，28 (4): 467, 572.

曾娟，姜玉英，刘杰，2013. 2012年粘虫暴发特点分析与监测预警建议[J]. 植物保护，39 (2): 117-121.

陈发炜，段希运，李敬瑞，等，1996. 笨蝗的发生规律与防治技术研究[J]. 植物医生，9 (4): 18-19.

陈捷，刘志诚，2009. 花卉病虫害防治原色生态图谱[M]. 北京：中国农业出版社.

丁瑞金，冷家启，1983. 甜菜白带野螟的发生与防治[J]. 昆虫知识 (6): 264-265.

杜永均，2022. 一种甘薯褐羽蛾性信息素引诱物及诱芯和诱捕方法[P]. CN114885941A.

方梅，2015. 光因子对茄二十八星瓢虫成虫生物学特性的影响[D]. 南昌：江西师范大学.

冯玲，迟新之，刘汉舒，等，1997. 甘薯天蛾发生规律研究[J]. 山东农业大学学报：自然科学版，28 (4): 465-470.

冯玲，刘汉舒，高兴文，等，1996. 甘薯天蛾防治技术研究[J]. 山东农业科学 (6): 32-34.

冯玉磊，胡福平，2020. 生物与化学杀虫剂配合防治玉米粘虫药效试验[J]. 农业科技与信息，(2): 7-9.

傅子碧，陈端珍，黄仁星，1983. 甘薯卷叶螟的初步研究[J]. 福建农业科技 (3): 13-15.

高西宾，1989. 甘薯叶甲指名亚种生物学特性及防治方法[J]. 昆虫知识 (4): 210-212.

高振峰，1992. 笨蝗的发生与防治[J]. 河北农业科学 (1): 37.

谷山林，吕金凤，2019. 桑毛虫的发生与防治技术[J]. 农村科技 (6): 31-32.

顾勇，2008. 绿僵菌对黄足黄守瓜*Aulacophoro femoralis* Motschulsky的毒力及虫体感染后的组织病变[C]. 第五届广东、湖南、江西、湖北四省动物学学术研讨会论文摘要汇编.

郭书普, 2010. 新版蔬菜病虫害防治彩色图鉴 [M]. 北京: 中国农业大学出版社.
郭书普, 2012. 马铃薯、甘薯、山药病虫害鉴别与防治技术图解 [M]. 北京: 化学工业出版社.
郭树庆, 李斌, 吴承东, 等, 2020. 6种药剂对白首乌主要害虫中华萝藦肖叶甲的防效 [J]. 江苏农业科学, 48 (5): 117-120.
郭志永, 石旺鹏, 张龙, 等, 2004. 东亚飞蝗行为和形态型变的判定指标 [J]. 应用生态学报, 15 (5): 859-862.
郝淑莲, 葛琳, 2015. 山西省羽蛾科(昆虫纲: 鳞翅目)昆虫初报及分析. 天津师范大学学报(自然科学版), 35 (3): 30-34.
何孙基, 1958. 浙江甘薯小龟甲的生活习性与防治 [J]. 昆虫知识 (4): 174-177.
赫明涛, 耿安红, 郭树庆, 等, 2015. 耳叶牛皮消生产中的主要虫害防控技术 [J]. 特种经济动植物, 18 (10): 51-52.
胡珍娣, 冯夏, 陈焕瑜, 等, 2012. 药剂土壤处理对菜心田黄曲条跳甲的防治效果 [J]. 广东农业科学, 39 (13): 100-101.
黄成裕, 齐石成, 黄邦侃, 1992. 福建省甘薯害虫名录 [J]. 华东昆虫学报 (1): 22-34.
黄成裕, 林本兴, 1978. 甘薯麦蛾性引诱试验初报 [J]. 昆虫知识 (5): 149.
黄光斗, 陈崇森, 1991. 海南岛西南部东亚飞蝗的形态及生物学特性 [J]. 热带作物学报, 12 (2): 93-98.
及尚文, 朱红, 朱玉山, 等, 1995. 短额负蝗发生规律及防治研究 [J]. 山西农业科学 (2): 49-52.
姜胜巧, 1980. 中华萝藦叶甲的生活习性及饲养方法 [J]. 昆虫知识 (5): 24-25.
姜玉英, 李春广, 曾娟, 等, 2014. 我国粘虫发生概况: 60年回顾 [J]. 应用昆虫学报, 51 (4): 890-898.
蒋红梅, 2010. 甘薯麦蛾生物学习性及其发生规律 [J]. 湖北农业科学, 49 (8): 3.
金行模, 姜王森, 1980. 甘薯合叶螟生活习性的初步研究 [J]. 温州农业科技 (4): 27-28.
金行模, 姜王森, 1982. 甘薯卷叶螟生活习性的观察 [J]. 昆虫知识 (2): 22-23.
柯治国, 南玉生, 卢令娴, 等, 1987. 野生植物苦皮藤种油对几种主要害虫防治研究报告 [J]. 武汉植物学研究 (2): 185-196.
孔令和, 陈亮, 2008. 中华稻蝗生物学特性及其综合防治技术 [J]. 农技服务 (8): 61-62.
兰亦全, 洪金梅, 2017. 7种杀虫剂对甘薯小绿龟甲的毒力及温度对啶虫脒毒力的影响 [J]. 山地农业生物学报, 36 (6): 72-73, 82.
李鸿昌, 夏凯龄, 毕道英, 等, 2006. 中国动物志: 昆虫纲 [M]. 北京: 科学出版社.
李娜, 2008. 东北地区螽蟖总科昆虫分类学研究(直翅目: 螽亚目)[D]. 长春: 东北师范大学.
李霜霜, 钟春燕, 2019. 黄曲条跳甲化学防治研究现状 [J]. 南方农业, 13 (18): 18-19.
李有志, 文礼章, 马骏, 等, 2005. 甘薯天蛾幼虫生物学特性 [J]. 湖南农业大学学报: 自然科学版, 31 (6): 660-664.
李有志, 文礼章, 王继东, 2004. 长沙地区甘薯天蛾发生规律研究 [J]. 湖南农业大学学报: 自然科学版, 30 (1): 50-52.
林光国, 1978. 甘薯梳龟甲的初步研究 [J]. 昆虫知识 (5): 145-148.

林兴生，魏辉，傅建炜，等，1999. 温湿度对甘薯天蛾生长发育的影响[J]. 福建农业学报，14 (3): 19-22.
林育真，李玉仙，岳巧云，等，1994. 济南市郊笨蝗生态习性的研究[J]. 济南大学学报（综合版）(4): 48-53.
刘慧，许再福，黄寿山. 2007. 黄足黄守瓜 (*Aulcophora femoralis* chinensis) 取食和机械损伤对南瓜子叶中葫芦素B的诱导作用[J]. 生态学报 (12): 5421-5426.
刘杰，杨俊杰，张智，等，2020. 2018年我国黏虫生活习性分析[J]. 植物保护，46 (1): 229-233.
刘兰服，张松树，郭元章，2005. 甘薯叶甲的发生与防治[J]. 河北农业科技 (4): 18.
刘宪伟，张鼎杰，2007. 中国草螽属的研究及两新种记述（直翅目，草螽科）[J]. 动物分类学报，32 (2): 438-444.
刘小明，邓耀华，司升云，2006. 黄足黄守瓜与黄足黑守瓜的识别与防治[J]. 长江蔬菜 (4): 33，55.
刘亚洲，郝淑莲，2018. 北京地区羽蛾研究（昆虫纲：鳞翅目）[J]. 凯里学院学报，36 (6): 66-72.
卢彬，徐俊，郭鸿云，等，2016. 浅析秋季桑园桑毛虫重发原因及防治措施[J]. 生物灾害科学，39 (3): 192-194.
马恩波，李涛，张建珍，等，2007. 中华稻蝗种群遗传关系研究[J]. 山西大学学报：自然科学版，30 (2): 251-256.
马婷婷，林菲，赵楠，等，2022. 入侵害虫甘薯凹胫跳甲的鉴定及线粒体基因组分析[J]. 昆虫学报，65 (10): 1354-1366.
马仲实，1966. 棉小造桥虫的发生规律和防治[J]. 昆虫知识 (3): 142-143.
浦冠勤，堵鹤鸣，毛建萍，等，1985. 桑毛虫性信息素研究——Ⅱ. 桑毛虫成虫的生物学特性[J]. 蚕业科学 (4): 189-193，257-258.
乔志文，王积琛，李彦丽，2020. 甘蓝夜蛾研究进展[J]. 中国农学通报，36 (18): 147-153.
师清河，李树宗，郝向莲，等，2009. 马铃薯二十八星瓢虫发生规律及综合防治技术[J]. 西北园艺：蔬菜 (4): 44-45.
石福明，杨培林，蒋书楠，2001. 鼻优草螽和苍白优草螽鸣声和发声器的研究[J]. 动物学研究 (2): 115-119.
司升云，刘小明，望勇，等，2015. 茄二十八星瓢虫识别与防控技术口诀[J]. 长江蔬菜 (5): 53-54.
司升云，周利琳，刘小明，等，2008. 蕹菜田甘薯麦蛾的识别与防治[J]. 长江蔬菜，33.
司升云，李芒，杜凤珍，2017. 甜菜白带野螟的识别与防治[J]. 长江蔬菜 (1): 49-50.
司升云，张宏军，冯夏，等，2017. 中国蔬菜害虫原色图谱[M]. 北京：中国大百科全书出版社.
宋国华，吴微微，赵庆林，2008. 二十八星瓢虫的发生规律及防治对策[J]. 吉林蔬菜 (1): 50-50.
孙慧生，卢志俊，王志强，2007. 芫菁对马铃薯危害特点及防治研究[J]. 中国马铃薯，21 (6): 379- 380.
孙运村，孙运达，王信远，等，1997. 甘薯叶甲在山东蒙阴暴发危害[J]. 昆虫知识 (2): 102.
索世虎，闫克峰，马建霞，2000. 螽斯危害苹果果实[J]. 河南农业 (4): 17.
谭娟杰，虞佩玉，李鸿兴，等，1980. 中国经济昆虫志（第十八册）[M]. 北京：科学出版社.

汤石文,唐家恒,1964. 甘薯天蛾生活习性及其防治研究初报[J]. 湖北农业科学 (2): 27-32.
田方文,2005. 紫花苜蓿田短额负蝗发生规律与防治[J]. 草业科学 (3): 79-81.
涂小云,王国红,2010. 茄二十八星瓢虫生物防治研究进展[J]. 中国植保导刊,30 (3): 13-16.
王迪轩,夏正清,2010. 短额负蝗的识别与防治[J]. 农药市场信息 (24): 39.
王华弟,徐志宏,冯志全,等,2007. 中华稻蝗发生规律与防治技术研究. 中国农学通报,23 (8): 387-391.
王佳璐,谭荣荣,2011. 温度对甘薯麦蛾发育历期和幼虫取食量的影响[J]. 长江蔬菜 (4): 75-77.
王剑峰,2005. 中国草螽科Conocephalidae系统学研究(直翅目:螽斯总科)[D]. 保定:河北大学.
王林瑶,刘友樵,1977. 甘薯羽蛾研究初报[J]. 昆虫知识 (4): 118-119.
王念平,唐邦春,2021. 甜菜甘蓝夜蛾的发生规律及防治对策[J]. 农业与技术,41 (4): 76-78.
王平远,1980. 中国经济昆虫志:第二十一册鳞翅目螟蛾科[M]. 北京:科学出版社.
魏林,梁志怀,唐炎英,等,2018. 南瓜重要害虫——黄足黄守瓜危害特点及其综合防治[J]. 长江蔬菜 (23): 43-44, 74.
魏文鼎,林咨询聿,蔡慧洁,等,2012. 四种杀虫剂对大黑星龟金花虫[*Aspidomorpha miliaris* (Fabricius 1775)]幼虫之毒效[J]. 嘉大农林学报,9: 9-16.
文立,王穿才,2010. 甘薯麦蛾生物学习性、发生规律及防治[J]. 中国蔬菜 (13): 28-29.
吴寒冰,陈杰,顾建国,等,2015. 上海菜区甘薯麦蛾发生规律及绿色防控技术[J]. 中国植保导刊,35 (11): 29-32.
吴维光,1963. 广东桑毛虫 (*ArctorniS chrysorhoea* L.) 的调查及其防治研究[J]. 蚕业科学 (3): 182-183.
武春生,2005. 中国羽蛾科(鳞翅目)昆虫的寄主植物分析[C]. 昆虫学研究进展: 55-58.
夏凯龄,毕道英,金杏宝,等,1994. 中国动物志:昆虫纲 (IV)(直翅目-蝗总科-癞蝗科-瘤锥蝗科和锥头蝗科)[M]. 北京:科学出版社.
熊道稚,1959. 甘薯华叶虫生活史及其防治的研究初报[J]. 昆虫知识 (4): 121-124.
熊松根,2007. 甘薯麦蛾的发生和防治[J]. 江西植保,30 (1): 32.
闫红格,2015. 甘蓝夜蛾人工饲养及防治技术研究[D]. 郑州:河南农业大学.
杨辅安,黄有政,汪园林,1996. 短额负蝗生物学特性的观察[J]. 昆虫知识 (5): 278.
杨玉霞,任国栋,2007, 中国毛胫豆芫菁组分类研究(鞘翅目,芫菁科)[J]. 动物分类学报,32 (3): 711-715.
印象初,夏凯龄,2003. 中国动物志:昆虫纲.(第32卷)(直翅目-蝗总科-槌角蝗科-剑角蝗科)[M]. 北京:科学出版社.
余思葳,杨秀珠,黄裕铭,2016. 甘薯整合管理[M]. 台北:台湾行政院农业委员会.
虞国跃,2000."二十八星"瓢虫的辨识[J]. 昆虫知识,37 (4): 239-242.
张广义,王登甲,1995. 1994年甘薯天蛾大暴发原因及防治对策[J]. 山东农业科学 (2): 31-32.
张胜菊,柯治国,南玉生,2003. 博落回抽提物对黄守瓜、菜青虫的田间药效评价[J]. 华中农业大学学报 (5): 450-451.

张太佐, 1992. 红头芫菁防治竹蝗的研究 [J]. 生物灾害科学 (4): 39-40.
张筱秀, 连梅力, 李唐, 等, 2007. 甘蓝夜蛾生物学特性观察 [J]. 山西农业科学, 35 (6): 96-96.
张秀梅, 2014. 甘蓝夜蛾在青海省平安县的发生规律与防治措施[D]. 咸阳: 西北农林科技大学.
张永生, 尹立群, 徐金芳, 等, 2008. 黄斑长跗萤叶甲的发生与防治 [J]. 河北农业 (1): 26.
张宇, 郭坤元, 何美军, 等, 2016. 粉葛病虫害防治技术 [J]. 现代农业科技 (23): 135-136.
张智, 王健, 刘宇, 等, 2017. 北京延庆甜菜白带野螟的种群动态分析 [J]. 中国植保导刊, 37 (5): 37-41.
章士美, 胡梅操, 1980. 甘薯黄褐龟甲研究初报 [J]. 江西农业科技 (5): 17-19.
浙江《植保员手册》编写组, 1972. 玉米、甘薯、大豆病虫害防治 [M]. 杭州: 浙江人民出版社.
郑霞林, 王攀, 2009. 甘薯麦蛾的生物学特性及防治技术 [J]. 长江蔬菜 (21): 35-35.
郑兴国, 沈素香, 顾卫兵, 等, 2011. 马蹄金草坪中甘薯叶甲的发生及防治研究 [J]. 安徽农业科学, 39 (6): 3383-3385.
郑永善, 1964. 小造桥虫发生规律及测报方法商榷 [J]. 植物保护 (2): 59-61.
郑智龙, 2016. 园林植物虫害防治图谱 [M]. 北京: 中国农业科技出版社.
郑仲良, 萧文凤, 2019. 大黑龟金花虫 [*Aspidomorpha miliaris* (Fabricius, 1775)] (鞘翅目: 金花虫科) 野外族群调查与行为之观察 [J]. 台湾昆虫 (9): 75-83.
郑仲良, 杨正泽, 萧文凤, 2015. 大黑星龟金花虫 [*Aspidomorpha miliaris* (Fabricius 1775)] (鞘翅目: 金花虫科) 各期形态及翅鞘斑纹多型性描述 [J]. 台湾昆虫, 35: 23-34.
中国科学院北京动物研究所昆虫分类室叶甲组, 1975. 甘薯叶甲种类问题的探讨 [J]. 昆虫学报 (1): 66-70.
中国农业科学院植物保护研究所, 中国植物保护学会, 2014. 中国农作物病虫害 (第三版) 上册 [M]. 北京: 中国农业出版社.
中国农业科学院植物保护研究所, 中国植物保护学会, 2015. 中国农作物病虫害第三版 (中册) [M]. 北京: 中国农业出版社.
朱恩林, 1999. 中国东亚飞蝗发生与治理 [M]. 北京: 中国农业出版社.
朱国凯, 谢荣栋, 张慧娟, 等, 1975. 桑毛虫 (*Euproctis similis* Fuessly) 核型多角体病毒病和田间防治试验 [J]. 微生物学报 (2): 15-22.
朱景治, 王朝栋, 黄星硕, 1966. 棉小造桥虫的初步研究 [J]. 昆虫知识 (2): 74-76.
庄小燕, 2013. 北海市萤叶甲在玉米上的危害及防治 [J]. 长江蔬菜 (9): 52.
Chen FQ, Yang C, Xue DY, 2012. A taxonomic study of the genus *Acontia* Ochsenheimer (Lepidoptera: Noctuidae: Acontiinae) from China[J]. Entomotaxonomia, 34 (2): 275-283.
Ferdu A, Solbreck C, 2010. Oviposition preference and larval performance of the sweet potato butterfly *Acraea acerata* on *Ipomoea* species in Ethiopia[J]. Agricultural and Forest Entomology, 12 (2): 161-168.
Gielis C, 2003. Pterophoroidea & Alucitoidea (Lepidoptera) [J]. World Catalogue of Insects, 4: 1-198.

Hao SL, 2014. Taxonomic review of the genus *Ochyrotica* Walsingham from China (Lepidoptera: Pterophoridae: Ochyroticinae) [J]. Zoological Systematics, 39 (2): 283-291.

Hayashikawa S, Takesaki K, Fukuda T, et al. , 2013. Biology and management of the sweetpotato flea beetle (*Chaetocnema confinis* Crotch) . 1. Sweetpotato tuberous root damege caused by sweetpotato flea beetle larvae[J]. Kyushu Plant Protection Research, 59: 72-76.

Hofmaster RN, 1978. Insecticides to control wireworms, systena flea beetles and sweet potato flea beetles in sweet potatoes, 1976[J]. Insecticide and Acaricide Tests, 3 (1): 103-104.

Jansson RK, Raman KV, 1991. Sweet potato pest management: A global overview[M]. Boulder, Colorado: Westview Press, Inc.

Jasrotia P, Abney MR, Neerdaels NB, et al. , 2008. Influence of soil temperature, rainfall, and planting and harvest dates on *chaetocnema confinis* (coleoptera: chrysomelidae) damage to sweetpotato roots[J]. Journal of Economic Entomology, 101 (4): 1238-1243.

Kim TW, Jin IK, 2002. Taxonomic study of the genus conocephalus thunberg in Korea (Orthoptera: Tettigoniidae: Conocephalinae) [J]. Korean Journal of Entomological, 32 (1): 13-19.

Kumar PG, Thakur NA, Nakambam S, et al. , 2020. Population dynamics of white spotted leaf beetle (*Monolepta signata* Olivier) and banded blister beetle (*Mylabris pustulata* Thunberg) in black gram (Vigna Mungo L. Hepper) ecosystem under mid-hills of Meghalaya[J]. Journal of Entomology and Zoology Studies, 8 (4): 287-290.

Maurizio B, 2013. Revision of the species of Chaetocnema from Madagascar (Coleoptera: Chrysomelidae: Alticinae) [J]. European Journal of Entomology, 98 (2): 233-248.

Montagna M, Zoia S, Leonardi C, et al. , 2016. *Colasposoma dauricum* Mannerheim, 1849 an Asian species adventive to Piedmont, Italy (Coleoptera: Chrysomelidae: Eumolpinae) [J]. Zootaxa, 4097 (1): 127-129.

Moseyko AG, Guskova EV, Kolov SV, et al. , 2018. New data on the distribution of *colasposoma dauricum* (mannerheim, 1849) (coleoptera, chrysomelidae) in russia and kazakhstan[J]. Entomological Review, 98 (3): 324-328.

Nakamura K, Abbas I, Hasyim A, 1989. Survivorship and fertility schedules of two Sumatran tortoise beetles, *Aspidomorpha miliaris* and *Aspidomorpha sanctaecrucis* (Coleoptera: Chrysomelidae) under laboratory conditions[J]. Researches on Population Ecology, 31: 25-34.

Okonya JS, Kroschel J, 2013. Incidence, abundance and damage by the sweet potato butterfly (*Acraea acerata* Hew.) and the African sweet potato weevils (*Cylas* spp.) across an altitude gradient in Kabale district, Uganda[J]. International Journal of AgriScience, 3 (11): 814-824.

Okonya JS, Mujica N, Carhuapoma P, et al. , 2016. Sweetpotato butterfly, *Acraea acerata* (Hewitson 1874) . In: Kroschel J, Mujica N, Carhuapoma P, Sporleder M (eds.) . Pest distribution and risk atlas for Africa. Potential global and regional distribution and abundance of agricultural and horticultural pests and associated biocontrol agents under current and future climates[M]. Lima (Peru) . International Potato Center (CIP) .

Prathapan KD, Balan AP, 2010. Report of the occurrence of the sweet potato flea beetle *chaetocnema confinis* crotch (coleoptera: chrysomelidae) in southern India[J]. Jounal of Root Crops, 36 (2): 272-273.

Shigetoh H, 2020. Distributional records of leaf beetles (Coleoptera, Chrysomelidae) from Ou-jima Island in Nanjo city, okinawa Islands, central Ryukyus, southwestern Japan (In Japanese) [J]. Fauna Ryukyuana, 58: 47-56.

Smit NEJM, Lugojja F, Ogenga-Latigo MW, 1997. The sweetpotato butterfly (*Acraea acerata* Hew. , Nymphalidae): a review[J]. International Journal of Pest Management, 43: 275-278.

Waterhouse DF, 1993. The major arthropod pests and weeds of agriculture in southeast Asia: Distribution, importance and origin[M]. ACIAR Monograph No. 21. Canberra, Australia: Australian Centre for International Agricultural Research.

Zhou M, Bi WX, Liu XW, 2010. The genus *Conocephalus* (Orthoptera, Tettigonioidea) in China[J]. Zootaxa, 2527 (1): 49-60.

第2章 甘薯刺吸害虫及螨类

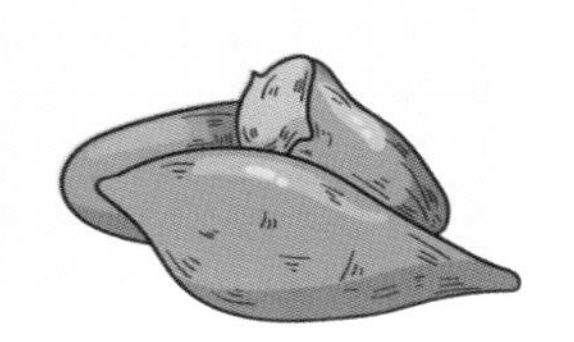

刺吸害虫和螨类是甘薯生产上的重要害虫，它们以刺吸式口器吸取组织内的养分，造成植株营养匮乏，致使受害叶片呈现白色或黄色斑点、失绿发白、卷曲、皱缩变形，以及嫩枝变色萎蔫、弯曲下垂、畸形丛生、虫瘿或肿瘤等症状，甚至植株枯萎或死亡。有些种类还分泌蜜露，诱发煤污病，影响甘薯植株光合作用，导致薯块品质变差和产量降低。相比直接刺吸危害，此类害虫作为媒介昆虫传播的病毒病和植原体病害对甘薯危害更甚。危害甘薯的刺吸害虫和螨类主要包括半翅目的蚜虫类、类粉虱、蝉类、蚧虫类和蝽类，缨翅目的蓟马类，螨目的螨类7个种类。此类害虫个体小、繁殖力强、发生代数多、扩散速度快，借风力、苗木传播扩散。对该类害虫的防治，应在加强综合防治的基础上，加强检疫和药剂防治，以下分别叙述各主要刺吸害虫和螨类的分布与危害、危害症状、形态特征、生活习性和防治方法等。

2.1 蚜　虫

分布与危害

蚜虫Aphids，又称腻虫、蜜虫，属半翅目、蚜科，种类繁多，寄主包括粮食作物、蔬菜、果树等众多植物，除南极外，广泛分布于世界各地。在田间，蚜虫多分布在甘薯的顶端或者叶子的背面，以植株汁液为食，导致植株生长不良（图2-1，图2-2）。作为病毒的载体，蚜虫的进食、迁移及随风迁飞可以传播多种病毒，尤其是甘薯羽状斑驳病毒（SPFMV），对甘薯生产危害极大。

危害症状

蚜虫多聚集在甘薯嫩叶、嫩茎和花上吸食汁液，引起叶片扭曲，叶面卷曲皱缩，叶片发黄、生长不良，大量发生时，植株的生活力严重下降（图2-3，图2-4）。

图2-1　湛江市越冬薯受害症状

图2-2　顶端叶片扭曲、皱缩

图2-3　蚜虫聚集于叶片背面危害

图2-4　蚜虫危害甘薯花

蚜虫危害时会排出大量水分及蜜露，常引起煤污病的发生，叶片光合作用受到阻碍，干物质积累减少。蚜虫可传播甘薯羽状斑驳病毒，引起甘薯叶片明脉、褪绿斑、紫色斑驳或紫色羽状斑驳，导致甘薯生长势减弱，块根变小。

形态特征

已报道危害甘薯的蚜虫包括棉蚜（*Aphis gossypii* Glover）、桃蚜（*Myzus persicae* Sulzer）、萝卜蚜（*Lipaphis erysimi* Kaltenbach）、鼠李马铃薯蚜（*Aphis nasturtii* Kaltenbach）、绿色柑橘蚜又称绣线菊蚜（*Aphis spiraecola* Patch）、木兰沟无网蚜［*Aulacorthum magnoliae*（Essig et Kuwana）］、茄无网蚜（*Aulacorthum solani* Kaltenbach）、甘薯根蚜（*Geopemphigus floccosus* Moreira）、马铃薯长管蚜（*Macrosiphum euphorbiae* Thomas）和百合沟新瘤蚜（*Neomyzus circumflexus* Buckton）10余种，随着进一步研究，还会发现更多危害甘薯的蚜虫（邢继英等，1993；Clark et al.，2013），其中棉蚜、桃蚜对甘薯的经济意义最大，分布极为广泛，为世界性害虫，在此介绍桃蚜、棉蚜的形态特征。

（1）**桃蚜**　具多型现象，存在形态变异，不同寄主、不同地区的个体形态上有一定差异（图2-5，图2-6）。

图2-5 揭阳市桃蚜危害症状

图2-6 桃蚜若蚜

无翅孤雌蚜 体长约2.6mm，宽1.1mm，体绿色、青绿色、黄绿色、淡粉红至红褐色。触角6节。腹管长筒形，端部黑色。尾片黑褐色，圆锥形，尾片两侧各有3根刺毛。

有翅孤雌蚜 体长1.6 ~ 2.1mm，头、胸部黑色，腹部有黑褐色斑纹，触角6节。翅较长、无色透明，翅展6mm。腹管圆筒形，后半部稍粗。尾片两侧各有3根刺毛。

有翅雌蚜 与有翅孤雌蚜相似，但体型小，长约1.5mm，赤褐色或灰褐色。触角6节。

卵 长椭圆形，长0.5 ~ 0.7mm，初为橙黄色，后变黑色。

若蚜 无翅若蚜呈白色、黄色至绿色。有翅若蚜胸部发达，具翅芽。

（2）**棉蚜** 分卵、干母、无翅胎生雌蚜、有翅胎生雌蚜、有翅性母蚜、无翅有性雌蚜、有翅雄蚜、无翅若蚜、有翅若蚜等虫态类型。

卵 椭圆形，0.5 ~ 0.7mm，初产时黄绿色或橙黄色，后变为漆黑色，有光泽。

干母 为越冬受精卵孵化的蚜虫。无翅，体长1.6mm，宽卵圆形，茶褐色，触角5节，尾片有毛7根。

无翅胎生雌蚜 体卵圆形，体长1.5 ~ 1.9mm，宽1mm，多为黄绿色或黄色。腹管短，圆筒形，具瓦状纹，基部较宽。尾片圆锥形近中部收缩具毛5根。盛夏常发生小型蚜，俗称伏蚜，触角5节，体黄色。

有翅胎生雌蚜 体长1.2 ~ 1.9mm，体黄色、浅绿色或深绿色。前胸背板及胸部黑色，腹部背面两侧有3 ~ 4对黑斑。触角6节，比体短。腹管黑色，圆筒形，基部较宽，上有瓦状纹。尾片常有毛6根。

有翅性母蚜 为当年第1代无翅卵生雌蚜之母。体背骨化斑纹更明显。

无翅有性雌蚜 体长1.0 ~ 1.5mm，触角5节，后足胫节膨大，为中足胫节的1.5倍，有多数小圆形的性外激素分泌腺。尾片常有毛6根。

有翅雄蚜　体长卵形，较小，腹背各节中央各有一黑横带。触角6节。尾片有毛5根。

若蚜　共4龄，无翅若蚜虫呈黄色、黄绿色或蓝灰色，复眼红色；有翅若蚜虫呈黄色或灰黄色，二龄后现翅芽。

生活习性

棉蚜在我国1年发生代数自北向南逐渐增多，华北地区1年发生10余代，长江流域1年发生20 ～ 30代，南方发生代数更多。北方以卵越冬，北方温室和南方以成蚜、若蚜在寄主上越冬或繁殖。翌年春季气温达6℃以上，越冬卵孵化为干母，干母在越冬寄主上繁殖2 ～ 3代后，于4月底产生有翅蚜迁飞到露地夏寄主上危害。直至秋末冬初又产生有翅蚜迁至越冬寄主，雄蚜与雌蚜交配产卵越冬。繁殖的适温为16 ～ 20℃。北方超过25℃，南方超过27℃，相对湿度达75%以上，不利于棉蚜繁殖。一般基肥少、追肥过多、氮素含量高、疯长过嫩的植株蚜虫多，而施肥正常、生长健壮、早发稳长的植株蚜虫增殖较慢。

桃蚜在我国1年发生代数自北向南逐渐增多，华北地区1年发生10余代，长江中下游地区20余代，华南地区可达30余代，世代重叠严重。北方露地的桃蚜营全周期生活即一年内孤雌生殖与两性生殖交替发生。北方室外以虫卵越冬，翌春3月中旬至4月中旬孵化后在越冬寄主叶片反面生活、繁殖危害，5月上中旬至6月产生有翅蚜开始迁飞至第二寄主，以孤雌生殖方式繁殖，并进行危害，9月下旬迁回越冬寄主，10月中旬有性蚜，交配产卵越冬。在北方大棚内和南方田间，由于温度适宜，桃蚜可以一直营不全周期生活，即全年孤雌生殖，不发生性蚜世代，对寄主持续危害。

桃蚜的发育起点温度为4.3℃，在22 ～ 26℃时发育最快，高于28℃则对其发育不利。8℃时世代历期长达30.15d，19℃世代历期为8.16d，22℃以上则小于7d。相对湿度低于40%或高于80%时均不利于桃蚜的生长与繁殖。桃蚜对黄色和橙色有强烈的正趋性，而对银灰色有负趋性。干旱条件下利于发生，高温多雨季节及大风天气不利于蚜虫发生。

防治方法

蚜虫的防治应掌握好防治适期和防治指标，根据虫情调查和预测预报，必须在有翅蚜迁飞之前，及时喷药压低虫口基数。

（1）植物检疫　对于一些检疫性蚜虫，从国外引进甘薯材料应加强检疫；严禁从国内发生甘薯病毒病严重的地区调运种苗；另外，远距离调运种薯种苗要进行必要的检疫和消毒，防止蚜虫和甘薯病毒病的扩张蔓延。

（2）**预测预报** 田间进行蚜虫种群抽样调查，当发现有翅蚜虫数量陡增，应当及时防治。

（3）**农业防治** 培育抗虫品种；甘薯收获后及时清除田间残留藤蔓、薯块及周围旋花科杂草，并集中带离田间处理，以减少翌年虫源。

（4）**物理防治** 采用黄板和橙板诱杀；垄间铺设银灰色薄膜或者地膜，拒蚜效果显著。

（5）**生物防治** 保护利用天敌，人工饲养瓢虫、草蛉、食蚜蝇、烟蚜茧蜂、食蚜瘿蚊等天敌，适时释放，可以有效控制蚜虫种群密度。

（6）**化学防治** 化学防治是目前防治蚜虫最有效的措施。蚜虫发生严重时，可以使用10%吡虫啉可湿性粉剂1 000 ～ 1 500倍液，或50%抗蚜威可湿性粉剂2 000 ～ 3 000倍液，或3%啶虫脒乳油1 500倍液，或25%噻虫嗪水分散粒剂6 000倍液，或20%甲氰菊酯乳油3 000倍液进行喷施。

2.2 烟粉虱

分布与危害

烟粉虱［*Bemisia tabaci*（Gennadius）］，又称甘薯粉虱、棉粉虱及银叶粉虱等，属半翅目、粉虱科，是一种世界性害虫，广泛分布于全球热带、亚热带及相邻温带地区，食性繁杂、寄主众多。烟粉虱为多种生物型的复合种，不同生物型在寄主范围、传毒能力、地理分布及抗药性等方面存在显著差异（褚栋等，2005）。近30年来，B型烟粉虱和Q型烟粉虱传入世界各地造成了严重的经济损失。20世纪90年代，我国烟粉虱优势生物型已由B型更替为Q型，相继在我国广东、福建、北京、河北、天津、新疆、山西等多地暴发成灾，是蔬菜、花卉、棉花、甘薯等作物上的主要害虫。烟粉虱以持久方式传播甘薯双生病毒和甘薯褪绿矮化病毒，已成为引起甘薯病毒病快速扩散和流行的主要原因。近年，广东省粤东粤西越冬薯产区，降雨偏少时，往往烟粉虱和蚜虫大暴发，极易造成甘薯病毒病大流行（图2-7，图2-8），极大地影响了甘薯的产量。

危害症状

烟粉虱若虫与成虫以植物汁液为食（图2-9），危害植物的幼嫩组织，造成叶片褪绿黄化、萎蔫，植株弱小，严重时整株叶片干枯而死。吸食植株汁液的同时，会分泌大量的蜜露诱发煤污病，严重时叶片呈黑色，影响叶片正常光合作用。烟粉虱是多种植物病毒的传播媒介，尤其传播甘薯褪绿矮化病毒，常常

图2-7　群集于叶片背面危害的烟粉虱

图2-8　受害甘薯发生严重的病毒病

与甘薯羽状斑驳病毒复合侵染，导致甘薯植株矮小皱缩，造成甘薯严重减产甚至绝收。相较于取食危害，烟粉虱传播病毒危害要严重得多。

图2-9　危害甘薯叶片的烟粉虱成虫

形态特征

烟粉虱发育经卵、若虫和成虫3个时期。

成虫　体长1mm左右，黄白色到白色，翅透明，具白色幼小粉状物（图2-10）。前翅脉一条，不分叉，两翅合拢时呈屋脊状。通常两翅中间可见黄色的腹部，雌虫腹末钝圆，雄虫腹末较尖。

卵　长椭圆形，初产时呈淡黄绿色，孵化前呈褐色，长约0.2mm，不规则分布于叶背面，有光泽（图2-11），有卵柄，通过卵柄插入叶表面。

若虫　共4龄，扁平，椭圆形，呈淡绿色至黄色。1龄若虫有足和触角；2、3龄时足和触角退化至只有1节（图2-12）；4龄若虫又称伪蛹，黄色，长椭圆形，长约0.6 ~ 0.9mm，背部有长短不一的蜡丝，体侧有刺（图2-13）。

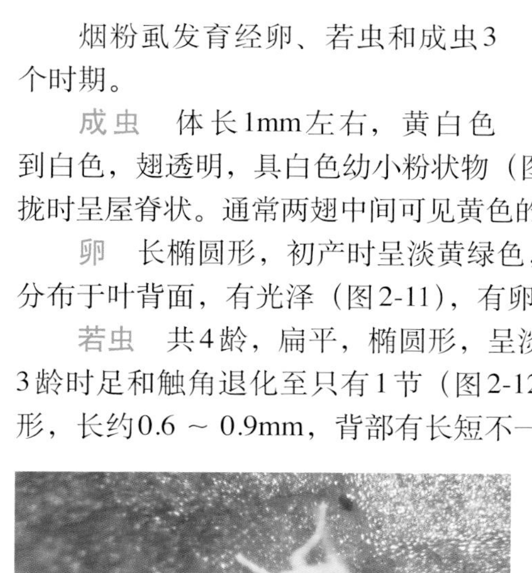
图2-10　烟粉虱成虫

图2-11　烟粉虱卵

图2-12　烟粉虱若虫

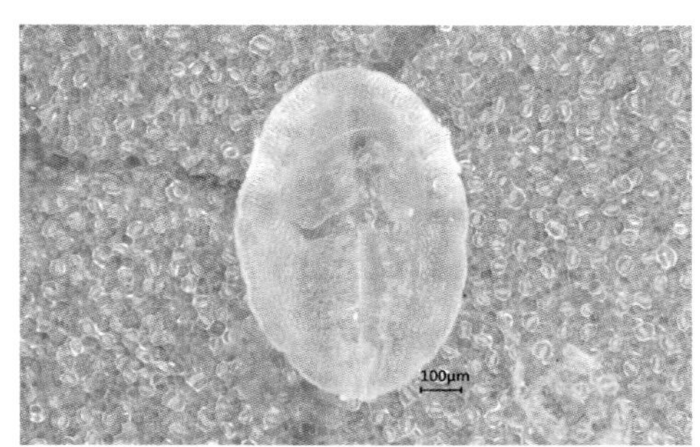

图2-13　烟粉虱伪蛹壳

生活习性

年发生的世代数因地而异，在热带和亚热带地区每年发生11 ～ 15代，世代重叠。南方地区冬薯产区，烟粉虱以各种虫态在甘薯叶片上越冬；寒冷的地区，在温室作物和杂草上越冬。

烟粉虱若虫及成虫常分布在植物顶端及叶片的背面，在寄主植株上一般呈垂直分布，成虫喜群集（图2-7，图2-9），不善飞翔，喜湿，对黄色有强烈的趋性。烟粉虱雌虫多在植株的中上部叶片背面不规则产卵（图2-9）。

温度对甘薯粉虱成虫寿命和产卵的影响显著，成虫寿命和产卵量的变化均随温度的变化呈先升后降的趋势，其发育起点温度为10℃，最适温度为26 ～ 28℃，夏季偏高温能缩短其发育历期，使其对作物的危害迅速蔓延。相对湿度30% ～ 70%是烟粉虱发育的适宜湿度。

防治方法

（1）**农业防治**　彻底铲除并销毁病株及杂草，压低烟粉虱的初始种群数量，减少初侵染源；采用60目防虫网的网室培育脱毒健康种苗。

（2）**物理防治**　采用黄板诱杀烟粉虱，悬挂高度略高于植株顶部，可以起到监测虫情和防治的作用，还可兼治蚜虫、蓟马和潜叶蝇等害虫；垄间铺设银灰色地膜，拒虫效果显著。

（3）**生物防治**　释放丽蚜小蜂、桨角蚜小蜂、中华草蛉等天敌，或利用病原真菌如白僵菌、蜡蚧轮枝菌进行防控（图2-14）（王慧等，2005）。

图2-14　真菌侵染的烟粉虱成虫

（4）**化学防治** 化学防治是目前烟粉虱防治的主要手段。烟粉虱繁殖速度快，世代重叠，种群生物型变异快，对有机磷、烟碱类等杀虫剂已经产生不同程度的抗性，因此防治非常困难。在烟粉虱发生密度较低时（平均成虫密度2 ～ 5头/株），可选用25%噻嗪酮可湿性粉剂1 000 ～ 1 500倍液，或80%敌敌畏乳油1 000倍液，或2.5%高效氯氟氰菊酯乳油1 500倍液，或10%溴氰虫酰胺1 000倍液，或2.5%联苯菊酯乳油1 500倍液等药剂，兑水喷雾，结合喷施杀卵和若虫的药剂（如螺虫乙酯、吡丙醚等），防治效果更佳。温网室每亩可选用敌敌畏烟剂250g，或者20%异丙威烟剂250g等熏烟杀灭成虫。此外，每亩选用22.4%螺虫乙酯悬浮剂60g以及10%溴氰虫酰胺可分散油悬剂100g喷雾，对甘薯烟粉虱均具有较好的防治效果，且持效期可长达21d 以上（王容燕等，2020）。

2.3 白 粉 虱

分布与危害

白粉虱［*Trialeurodes vaporariorum*（Westwood）］，又称小白蛾子，属半翅目、粉虱科、粉虱属，是一种世界性害虫。我国各地均有发生，随着塑料大棚与温室技术的发展，客观上为白粉虱的越冬与繁殖创造了条件。白粉虱寄主范围广，国际应用生物科学中心（CABI）报道有121科469属859种植物，严重危害蔬菜、烟草、果树、花卉等植物，其中以蔬菜、花卉危害最为严重，可造成减产50%以上（石勇强等，2002）。该虫传播甘薯卷叶病毒（张娟，2006），严重时危害较大。

危害症状

成虫、若虫群集叶背，吸食汁液，造成叶片褪绿、变黄、萎蔫，使植株生长衰弱，导致产量降低；分泌的蜜露易诱发煤污病；白粉虱是多种植物病毒病的介体，其所传播病毒的危害大于其本身造成的直接危害。

形态特征

成虫　体长0.94 ～ 1.40mm，身体呈淡黄色，全身及翅面覆有白色蜡粉（图2-15，图2-16）。雄虫个体较雌虫小，大小对比明显。雄虫和雌虫在一起时会颤动翅膀，腹部末端有 1 对钳状的阳茎侧突外，中央也会有弯曲的阳茎。雌虫腹部末端带有产卵瓣 3 对。

卵　卵圆形，长径0.2 ～ 0.25mm，宽约0.09mm，长椭圆形，开始为浅绿

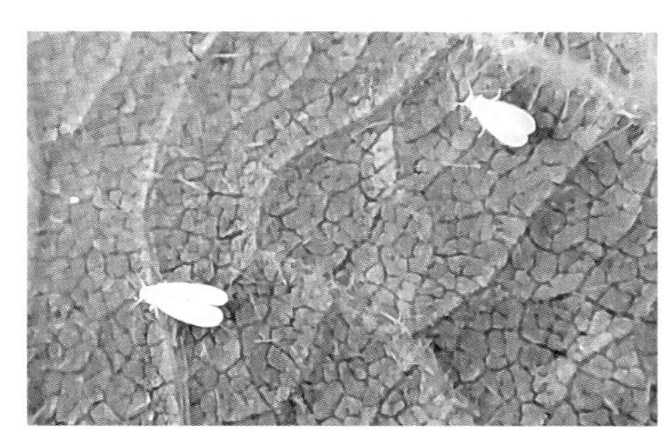

图2-15 在叶片危害的白粉虱成虫

图2-16 白粉虱成虫

色，后变为黑褐色。以卵柄通过气孔插入叶片组织中，与寄主植物保持水分平衡，不易脱落。

若虫　椭圆形扁平，淡黄色或淡绿色，体表有长短不齐的蜡质丝状突起，共3龄，体长随着龄期的增加而加大。1龄若虫长约0.29mm，具触角和足，能够爬行；2龄若虫长约0.38mm，触角和足退化，以口器插入叶组织，营固定生活；3龄若虫长约0.52mm（图2-17，图2-18）。

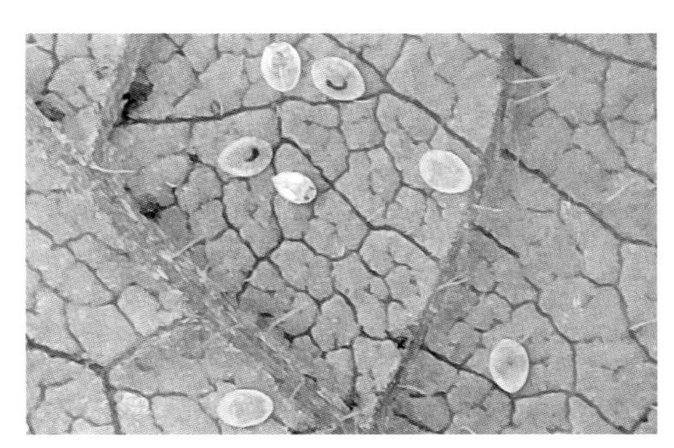

图2-17 白粉虱若虫与伪蛹

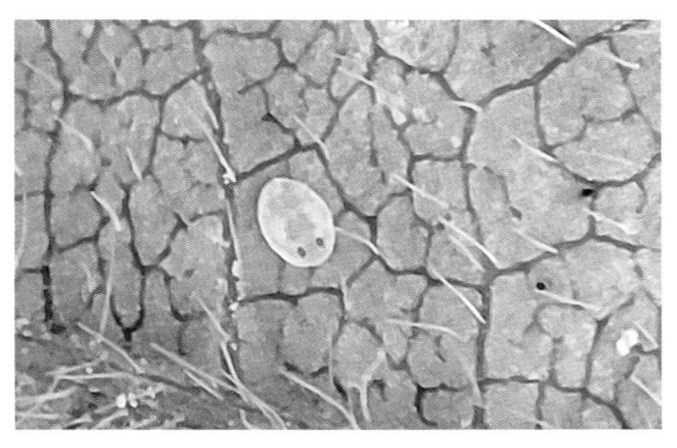

图2-18 白粉虱若虫

伪蛹　又称4龄若虫，0.7 ～ 0.8mm，扁平中央略高，椭圆形且黄褐色。早期背面蜡丝发达四射，体色为半透明的浅绿色，附肢残存，中期身体显著加长加厚，体色逐渐变为淡黄色，背面有蜡丝且侧面有刺，末期比中期更长更厚，呈匣状，复眼显著变红，体色为黄色，成虫在蛹壳内逐渐发育起来。

生活习性

白粉虱每年发生10代以上。在温室及大棚栽培条件下无滞育或冬眠现象，终年都可生长繁殖，世代重叠，但此虫在露天地中不能越冬。我国北方冬季温室作物上的白粉虱是春季露地植物的虫源，4—5月扩散到露地，7—9月严重发生于露地和温室，10月开始迁入温室，温室和露地在生产中紧密衔接和相互交替，导致温室白粉虱周年发生危害。华南地区露地一年四季该虫都可生长繁殖。

雨天不利于白粉虱的发生，成虫有强烈的趋黄性、趋嫩性，喜群集于植株上部嫩叶背面危害，并在其上产卵。白粉虱在植株分布具有明显规律性，最上部嫩叶以成虫和初产卵最多，稍下部叶片多为黑色卵，再下部为初龄若虫，再下为中老龄若虫，最下部为伪蛹、伪蛹壳（张芝利等，1980）。成虫羽化后 1 ～ 3d可交配产卵，雌虫一生平均产卵120 ～ 300粒。除两性生殖外，还可孤雌生殖。成虫活动最高温度是25 ～ 30℃，卵发育的起点温度为（7.54±3.72）℃，24℃条件下成虫期为15 ～ 17d、卵期7d、幼虫期8d、蛹期6d。该虫繁殖的最适温度为 18 ～ 21℃，完成1代需28 ～ 30d。

防治方法

（1）**农业防治**　培育无虫甘薯健康种苗；使用60目防虫网阻止白粉虱进入温网室；育苗前熏蒸温室等除去残余虫口，清洁田园，烧毁枯枝败叶等。

（2）**物理防治**　利用白粉虱趋黄性和趋光性，采用诱虫灯和粘虫黄板诱杀，具有良好的效果。

（3）**生物防治**　人工繁殖释放丽蚜小蜂防治效果可达87%；保护利用中华草岭、瓢虫、食蚜蝇等捕食性天敌；据报道，采用座壳孢、蜡蚧轮枝菌和玫烟色拟青霉菌也具有一定防治效果（李清西等，1997）。

（4）**化学防治**　由于温室白粉虱世代重叠，在同一作物上同时存在各种虫态，务必在害虫发生初期开始喷药，要注意使植株中上部叶片背部着药，并连续喷药3 ～ 5次，才能达到理想防治效果。药剂可选用2.5%溴氰菊酯乳油2 000 ～ 3 000倍液，或3%啶虫脒乳油800倍液，或70%吡虫啉水分散粒剂8 000 ～ 10 000倍液，或0.26%苦参碱1 000倍液，或90%晶体敌百虫600倍液，或22%联苯·噻虫嗪悬乳剂等喷施均有较好的效果。多年连续的化学防治，白粉虱已对有机氯、有机磷、拟除虫菊酯类等类型的杀虫剂产生了不同程度的抗性，因此，防治时尤其注意不同类型的农药轮换使用。

2.4　叶　　蝉

分布与危害

叶蝉（Cicadellidea），属于半翅目、头喙亚目、叶蝉总科。危害甘薯的叶蝉种类主要包括大青叶蝉［*Tettigella viridis*（Linnaeus）］、琉球网室叶蝉［*Nesophrosyne ryukyuensis*（Ishihara）］和小绿叶蝉［*Empoasca flavescens*

(Fabricius)] 等至少26种，其中小绿叶蝉又称桃小绿叶蝉、茶叶蝉等，在全国各地均有分布，危害豆类、茄果类、瓜类、甘薯、马铃薯和茶等作物，是我国大陆茶园分布最广、危害最重的茶树害虫，也是甘薯田常见害虫（图2-19，图2-20)，危害甘薯茎叶。大青叶蝉又称青叶跳蝉、青跳蝉等，也是广泛分布于国内的多食性害虫。小绿叶蝉和大青叶蝉能否传播甘薯病毒病未见报道，但是陈景耀等（1985）报道琉球网室叶蝉能够传播甘薯丛枝病。

图2-19 停栖在甘薯叶片的小绿叶蝉

图2-20 小绿叶蝉成虫

危害症状

叶蝉以若虫、成虫刺吸植株茎、叶和芽汁液，受害叶片出现淡白色斑点，危害严重时斑点呈斑块状，有时也会造成枯焦斑点和斑块，严重时全叶苍白提前脱落。大青叶蝉雌成虫产卵时用产卵器割开寄主表皮而造成伤痕，又会诱发病害发生。

形态特征

近年在甘薯田间观察到大量的小绿叶蝉和大青叶蝉，本节着重介绍危害甘薯的2种叶蝉的形态特征。

小绿叶蝉 [*E. flavescens*（Fabricius)，*Cicada flavescens*，*Cicadula flavescens*，*Chlorita flavescens*]，又称假眼小绿叶蝉 [*E. Pirisuga*（Matsumura）或*E. vitis*（Göthe)]、小贯小绿叶蝉 [*E. onukii*（Matruda)]（邬子惠等，2021)。

成虫 体长2.2 ~ 2.7mm，包括翅长3.3 ~ 3.7mm，黄绿色至绿色，头似三角形，头顶中央有1个白纹，两侧各有1个不明显的黑点，复眼内侧和头部后缘也有白纹，并与前一白纹连成“山”形。前翅绿色半透明，后翅无色透明（图2-21)。雌成虫腹面草绿色，雄成虫腹面黄绿色。

卵 长0.6mm，宽1.5mm，长椭圆形，微弯曲，初产乳白色后变为浅黄绿色。

若虫 共5龄，除翅尚未形成外，体形和体色与成虫相似（图2-22），翅芽随着蜕皮而增大。5龄体长2 ～ 2.2mm，复眼灰白色，翅芽长至第5腹节。

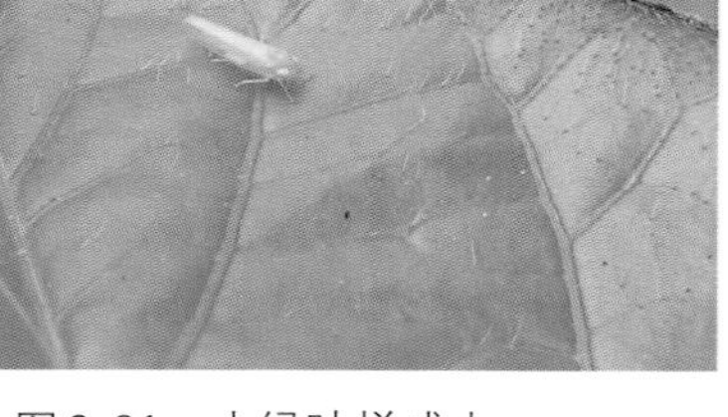

图2-21 小绿叶蝉成虫

图2-22 小绿叶蝉若虫

大青叶蝉［*T. viridis*（Linnaeus）］，异名［*Cicadella viridis*（Linnaeus）］。

成虫 体长7.2 ～ 10.1mm，雌虫长于雄虫，青绿色，头部颜面淡褐色，背面有2个明显的单眼，两单眼间有不规则多边形黑斑2个。前胸背板前缘和中胸小盾片黄绿色，其余深绿色，前翅绿色带青蓝色泽，前缘淡白，端部透明，后翅烟黑色，半透明。 胸部、腹部腹面和胸足橙黄色，腹部背面除末节外均为蓝黑色（图2-23，图2-24）。雌虫腹末可见锯状产卵器，雄虫腹末有1条细缝，其末端有刺状突起。

图2-23 停栖在甘薯叶片的大青叶蝉

图2-24 大青叶蝉成虫

卵 为白色微黄，长卵圆形，长1.6mm，宽0.4mm，中间微弯曲，表面光滑。

若虫 共5龄，初孵化时为白色微带黄绿色，后转为黄绿色。3龄后出现翅芽，4龄出现生殖节片，5龄若虫体长6.8 ～ 7.2mm，在第2跗节中间显出缺纹。

生活习性

小绿叶蝉年发生代数多、世代重叠。在北方地区1年约发生10代，而在广东省室内饲养1年有14 ~ 17代。1个生命周期需要34 ~ 40d。通常以成虫或卵越冬。在温暖地区，冬季可见到各个虫期，而无真正的冬眠过程。平时隐藏于新梢及叶背，雌虫产卵于新梢及叶脉组织内，卵散产。在春季自孵化至成虫须经10 ~ 15d，晚秋则15 ~ 18d。小绿叶蝉趋嫩危害，刺吸嫩叶、嫩芽和嫩茎，在叶蝉每日取食活跃期间，在垂直分布上，嫩梢上虫口数量占全株虫口数量50%。喜温暖湿润的气候，适宜温度为17 ~ 28℃，最适温度为20 ~ 26℃。畏强光怕水湿，3龄以后善爬善跳，行动敏捷，喜欢横行。成虫、若虫均能走善跳，若虫取食倾向于原位不动，成虫性活跃，大多具有趋光习性。

大青叶蝉年发生3代，以卵越冬。在北京地区3个世代分别出现在：4月初至7月上旬；6月上旬至8月中旬；7月中旬至11月中旬，历期30 ~ 45d。若虫性喜群聚，常栖息于叶背或茎上。成虫好聚集于矮生植物。成虫及若虫均善跳跃。成虫趋光性强。卵块产于寄主表皮下（木本植物）或叶肋内（禾本科寄主），每块卵7 ~ 8粒，每一雌虫一生可产卵50多粒。

防治方法

（1）农业防治 清除苗圃内的落叶、杂草，以减少越冬虫源；合理施肥；调整品种布局。

（2）物理防治 利用成虫的趋光习性，可使用黑光灯诱杀成虫；黄色色板诱集叶蝉；在杀虫灯光源附加性诱剂或引诱剂可强化引诱效果。

（3）生物防治 保护利用捕食性天敌蜘蛛、瓢虫、螳螂等；喷施球孢白僵菌制剂；利用叶蝉三棒缨小蜂（*Stethynium empoascae* Subba Rao）和微小裂骨缨小蜂（*Schizoph ragmaparvula* Ogloblin）等卵寄生蜂防治。

（4）化学防治 选用15%茚虫威悬浮剂2 000倍液，或2.5%的溴氰菊酯可湿性粉剂2 000倍液，或3%高效氯氰菊酯800倍液，或0.3%印楝素乳油1 000倍液，或50%杀螟松乳油1 000倍液，或90%敌百虫可溶粉剂800倍液，或0.5%藜芦碱可湿性粉剂600倍液等药剂喷雾防治。

2.5 甘薯跳盲蝽

分布与危害

甘薯跳盲蝽［*Halticus minutus*（Reuter)］，又称花生盲蝽，俗称甘薯蚤、地蚤，属半翅目、盲蝽科，在国内浙江、福建、江西、四川、广东 、云南、陕西、河南、湖北、台湾等省份均有分布，其中福建沿海一带旱作区发生尤为严重。国外分布于日本、印度、新加坡、斯里兰卡等国家和地区。寄主植物颇为广泛，主要有甘薯、大豆、花生、西瓜、甜瓜、南瓜、豇豆、凉薯、玉米等作物，以及苍耳、鳢肠、木防己、爵床、小飞蓬、铁苋菜、石荸荠、鸭跖草、白菜花、马鞭草、莠草、莲子草等非作物。受害甘薯一般减产10%～20%，严重的减产50%以上（王连生等，1986；童雪松等，1987）。

危害症状

成虫、若虫吸食茎枝嫩叶汁液危害，被吸食部位出现白色小点（图2-25），叶背可见成虫、若虫以及许多黑色小点状排泄物（图2-26），严重的叶片呈黄白色，远望薯田似被石灰水刷过（图2-27），后枯死脱落直至整株枯萎，只留藤基，不结薯块。

图2-25　甘薯跳盲蝽危害甘薯叶片典型症状

图2-26　叶片背面甘薯跳盲蝽成虫及排泄物

形态特征

成虫　体长约2mm，椭圆形，体黑色具光泽，具褐色短毛，眼稍突出与前胸相接；头顶微呈弓形；喙黄褐色；触角细长，黄褐色，第1节膨大；前胸背板短宽，微上拱；小盾片平，为等边三角形；半鞘翅短宽，前缘呈弧形弯曲；楔片小，长三角形，膜片烟色，长于腹部末端；身体腹面黑褐色，具褐色毛；基节长，腿节黑褐色，端部黄褐色，后足腿节粗大且内弯，胫节细长，黄褐色，近基部具色环，跗节黄色，末端黑色；雌虫产卵器细长，黄褐色，镰刀形（图2-28，图2-29）。

图2-27　甘薯跳盲蝽危害严重的甘薯植株

卵　长茄形，长0.65～0.7mm，下部略弯，卵盖上面罗列6～8个小齿。初产时乳白色，表面光滑，近孵

图2-28 甘薯跳盲蝽成虫

图2-29 甘薯跳盲蝽成虫光显微照片

化时呈红褐色。

若虫 共5龄。初孵时体小狭长，胸稍宽于腹部，呈“梭形”。低龄若虫头胸和腹部1 ～ 4节为橘红色，其余为淡黄色。3龄以后出现翅芽，头、胸、腹部及后腿节散布黑色斑点，每斑点具一根粗毛，前中足淡黄色，后足腿节红褐色，复眼及触角节间橘红色；5龄以后翅芽可至第3 ～ 4腹节（姜王森，1986）。

生活习性

该虫在温州市一年可发生4 ～ 5代，世代重叠明显。越冬成虫于4月上、中旬初见；第1代 5月中旬至6月上旬；第2代6月下旬至7月上旬；第3代7月中旬至8月上旬；第4代9月中、下旬；第5代10月中旬至翌年1月上旬。10—11月，末代卵在田间土表、土下或田边杂草茎内越冬。浙江温州和江西南昌以7月上旬到8月上旬发生量最大、危害最烈（黄建华等，2021），秋分后危害趋向减轻。夏秋期间日平均气温24.1 ～ 27.5℃时，完成1个世代平均历期38.2d，其中卵期平均8.6d，若虫期平均20.2d，成虫寿命短则4 ～ 5d，长则56d。

甘薯跳盲蝽趋光性弱，耐高温力强，30.6 ～ 39.1℃仍可正常生存，不耐低温，平均日气温降至2.2℃时全部死亡。暴雨和连续降雨不利于生存。成虫、若虫多在叶面取食，黑色排泄物污染叶背。初孵若虫活动能力弱，常聚集在叶片上危害，随虫龄增大，逐渐向四周扩散。卵散产，斜插入寄主叶肉组织内，多数仅见卵帽，少数的卵体部分外露。1头雌虫最多可产卵243粒。该虫活泼善跳，喜在湿度较大的地块危害（姜王森，1986）。

防治方法

（1）农业防治 收获后，做好薯田清洁工作，将散落在田间薯叶集中烧毁，减少越冬基数；合理布局，提倡连片种植，避免甘薯、大豆、花生等混栽，切断其桥梁寄主。

（2）**物理防治**　利用频振式杀虫灯诱杀成虫，按照90%晶体敌百虫∶红糖∶黄酒∶米醋∶水=1∶9∶10∶10∶20的比例配制成糖醋液诱杀。

（3）**生物防治**　利用和保护卵寄生蜂蔗虱缨小蜂*Anagrus optabilis*（Perkins）和盲蝽黑卵蜂*Telenomus sp.*、拟环狼蛛*Lycosa pseudoannulata*、斜纹猫蛛*Oxyopes sertatus*、线纹猫蛛*O. lineatipes*和三突花蛛*Misumenopes tricuspidatus*等捕食天敌。

（4）**化学防治**　甘薯跳盲蝽对有机磷农药敏感，可选用80%敌敌畏1 000倍液，或50%辛硫磷乳油1 500倍液，或10%吡虫啉可湿性粉剂1 500倍液，或6%阿维·氯苯酰悬浮剂800 ～ 1 000倍液等药剂喷雾（王玲等，2014）。

2.6　甘薯跃盲蝽

分布与危害

甘薯跃盲蝽［*Ectmetopterus micantulus*（Horvath），Halticus *micantulus*（Horvath）］，又称豆盲蝽，属半翅目、盲蝽科，国内分布于北京、山东、上海、四川、陕西、河南、河北、安徽、江苏、湖北、海南、广西和浙江等省份，国外分布于朝鲜和日本。主要危害甘薯、大豆、玉米等农作物，也可危害胡枝子、白三叶、鸭跖草和莲子草等植物（图2-30）。成虫、若虫吸取甘薯茎叶汁液，叶被害率一般在60%以上，重者达100%，严重时可使全株叶片枯萎，产量损失较大（王连生等，1990）。

图2-30　甘薯跃盲蝽危害草坪草症状

（桂炳中提供）

危害症状

成虫、若虫刺吸茎、叶的汁液，被害处形成苍白色小点，严重时多个小点连成一片呈苍白色，造成植株枯萎死亡。

形态特征

成虫　体长2.0 ～ 3.0mm，宽1.3 ～ 1.5mm，卵圆形，黑色具光泽，体上有易脱落的银白色鳞片状毛（图2-31，图2-32）。头从前面观呈五边形。头褐色，光亮，头顶平，眼的内缘和后缘色淡，眼向侧方突出，淡色，远离前胸背板前缘。触角4节，显著长于身体；喙粗，伸达后足基节。前胸背板前缘和后缘弯，侧缘直，适度隆起，光亮，后侧角呈圆弧形；中胸盾片窄长；小盾片微突，表面平。半鞘翅前缘明显外拱，除具稀

图2-31 甘薯跃盲蝽成虫
（桂炳中提供）

图2-32 甘薯跃盲蝽成虫
（蔡春轶等，2018）

疏白色鳞片外，还具斜立褐色毛；革质部黑色，楔片末端黄白色；缘片端部圆弧形，楔片顶角尖，强烈下折，膜片烟色，强烈下折。身体腹面光亮，黑色，胸部侧面的白色鳞片显著；基节和腿节端部褐色，后腿节粗大，具少量直立长毛。腹部毛被褐色，密集。雌虫生殖节纵裂至腹基部，雄虫右抱握器细长，棒槌状（章士美等，1995）。

卵 长约0.8mm，香蕉形，卵盖周缘隆起，初产卵乳白色，后变为淡红色，孵化前鲜红色（王连生等，1990）。

若虫 初孵时体红色，随虫龄增大体色逐渐变深，5龄体长2.0 ~ 2.1mm，红黑色。

生活习性

浙江地区1年发生4 ~ 5代，世代重叠，以卵随甘薯藤、叶在土中或杂草中越冬，翌年5月上、中旬越冬卵开始孵化，7月上、中旬田间总虫量达全年高峰，此后至10月上旬均有成虫、若虫发生。10月开始以卵陆续越冬。

甘薯跃盲蝽趋光性弱，适宜在阴凉环境中生活，耐高温能力弱，日平均温度30℃以上时死亡率增高。在浙西南一带以海拔600 ~ 800m山区发生危害较重，林密遮阴之地或阴坡处树少光照强或阳坡处发生较严重，一般山涧附近阴湿薯地虫口密度较高。

成虫昼夜均能羽化。雌虫将卵斜插产入寄主组织内，表面仅留卵盖，产后常以黑色排泄物遮盖。卵散产于寄主叶背组织内，深秋多产于叶柄和茎上，常3 ~ 5粒成行排列。初孵若虫喜群居，聚集于植株下部叶片取食，后随虫龄增长渐分散。成虫、若虫多在叶面吸食汁液，雨天避于叶背，受惊后迅速逃至叶背或弹跳逃逸。

防治方法

（1）**农业防治** 冬、春季结合积肥，清除田间残藤、枯叶及田边杂草，集中烧毁，可减少越冬基数。

（2）**生物防治** 保护和利用天敌，如拟环狼蛛（*Lycosa pseudoannulata*）、斜纹猫蛛（*Oxyopes sertatus*）、平腹小蜂、瓢虫、草蛉等。

（3）**化学防治** 可选用0.5%藜芦碱可溶性液剂1 000 ～ 1 200倍液，或6%吡虫啉乳油3 000 ～ 4 000倍液，或5%啶虫脒乳油6 000 ～ 7 000倍液，或1.2%烟碱乳油800 ～ 1 000倍液，或50%辛硫磷乳油800 ～ 1 000倍液，或2.5%溴氰菊酯乳油3 000 ～ 3 500倍液，或2.5%氯氟氰菊酯乳油3 000 ～ 3 500倍液等化学农药，交替使用，每7 ～ 10d喷一次，连喷2 ～ 3次，防治效果较好。

2.7 黄足束长蝽

分布与危害

黄足束长蝽（*Malcus flavidipes* Stål）属半翅目、长蝽科、束长蝽亚科、束长蝽属，国内分布于广东、广西、海南和云南等省份，国外分布于印度、印度尼西亚、老挝、马来西亚、菲律宾、泰国和越南等国家和地区（Wang，2020）。据报道，该虫危害香蕉（郑乐怡等，1998）以及甘薯。作者观察到该虫为广东全省各地甘薯生产中最常见害虫（图2-33），尤其是菜园种的菜用甘薯极易遭受危害（图2-34），在叶片上形成白斑，外观品质下降，造成严重的经济损失。

危害症状

成虫和若虫吸食叶片、嫩枝的汁液，在叶片上造成白斑（图2-35），后期整个叶片布满白斑呈灰白色（图2-36），随后枯死。严重暴发时，整个田块无

图2-33　危害大田薯苗症状

图2-34　菜用甘薯受害症状

图2-35 叶片受害症状

图2-36 叶片严重受害症状

一片健康的叶片，全田呈灰白色，像是表面洒了石灰水。

形态特征

黄足束长蝽（*M. flavidipes* Stål）属于束长蝽属的模式种，目前国内报道束长蝽属有26个种（Wang，2020），其他种是否危害甘薯有待于进一步研究。黄足束长蝽形态特征如下。

成虫 体长3.0～3.6mm。体短厚而色较深色，褐色至深褐色，略具光泽。头色较深，有较明显的直立毛。眼睛不呈柄状，二单眼共同着生于一瘤状突起上。触角细长，第1节呈亚圆柱状、黑色，第2、3节细长、淡黄褐色，第4节呈梭形、黑色；第1节粗短，宽为第2节的4倍。前胸背板倾斜度较大，小盾片黑褐。革片基半及顶角前方色常淡，顶角结节黑色。前翅革片端部伸长变狭，末端加厚呈结节状。足淡黄褐色。腹部叶状突均较短而外伸，齿较少，第5、6节者末端较尖而微向后弯，呈钩状（图2-37）。

若虫 共5龄，红褐色，腹部背板有刺突。触角1～3节黄褐色，第4节黑色，足全部为黄褐色（图2-38）。

图2-37 黄足束长蝽成虫

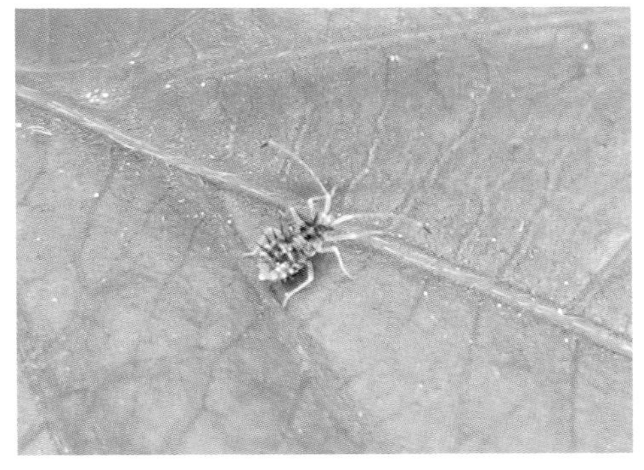

图2-38 黄足束长蝽若虫

生活习性

黄足束长蝽在广东粤西、粤东等冬种甘薯产区不需要越冬，一年四季都可危害，往往在一个叶片上可以同时观察到成虫和若虫（图2-39），世代重叠。一年发生多少代目前未知。编者在整个广东省各个薯区都观察到该虫的危害，该虫一般白天躲藏在甘薯叶片背面，傍晚时比较活跃取食甘薯叶片。取食叶片造成的白斑症状，因与甘薯跳盲蝽和甘薯跃盲蝽造成的危害症状相似而混淆。

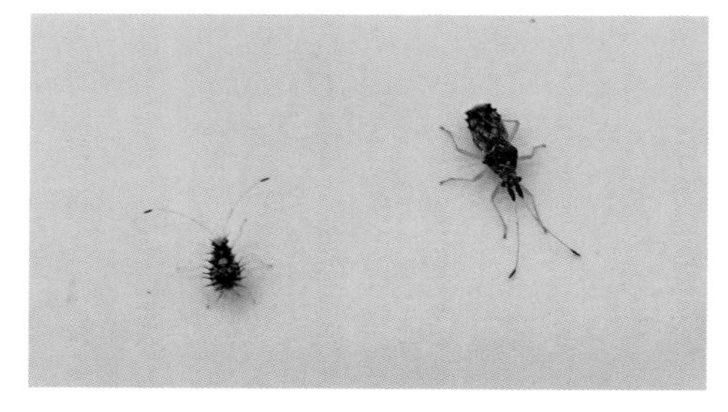
图2-39　黄足束长蝽成虫和幼虫

防治方法

同甘薯跳盲蝽和甘薯跃盲蝽。

2.8　悬铃木方翅网蝽

分布与危害

悬铃木方翅网蝽［*Corythucha ciliata*（Say）］，属半翅目、网蝽科、方翅网蝽属，属于外来入侵物种。原产北美，主要分布于美国和加拿大东部地区。在亚洲，悬铃木方翅网蝽主要分布于中国、韩国和日本。2006年在我国湖北武汉、贵州贵阳发现该虫的入侵，2007年3月国家林业局外来有害生物管理办公室公布该虫为中度危险性林业有害生物。中国的西南、华南、华中、华北的大部分地区均是悬铃木方翅网蝽的适生地。目前，悬铃木方翅网蝽已经入侵上海、杭州、南京、重庆、武汉、宜昌、十堰、襄樊、南昌等地，在长江流域地区呈现出了暴发的趋势（李传仁等，2007；王福莲等，2008）。悬铃木方翅网蝽主要危害悬铃木属植物，其传播范围广、传播速度较快，一旦传播到新的地点，会形成十分稳定的高密度种群，近年在安徽省和江苏省部分地区发现该虫危害甘薯，是甘薯生产上的潜在害虫。

危害症状

成虫和若虫群集叶片背面刺吸汁液，多在刺吸部位形成黄白色褪绿的斑点和叶片失绿，叶背面出现锈色斑，后发展成青铜色，影响到整个叶片，随后叶片逐渐变黄枯萎，最终导致叶片过早凋落，甚至植株死亡。危害时分泌液状排泄物，干后变黑，与若虫蜕下的皮黏在一起，固着在下部叶片的表面，严重抑制叶片光合作用，影响植株生长（图2-40）。此外，该虫还能传播真菌病害，如悬铃木叶枯病菌和甘薯长喙壳菌，造成更大的损失。

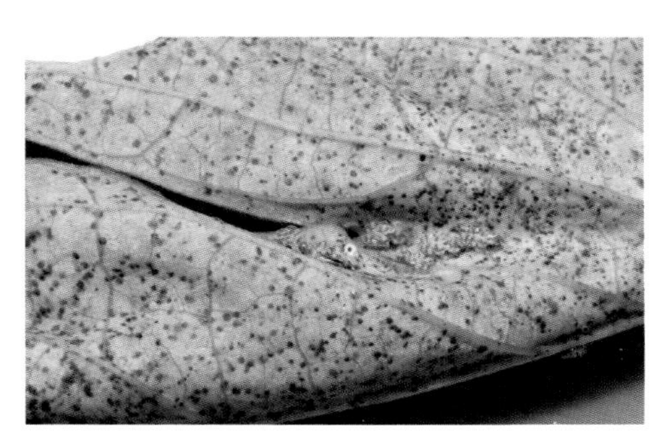

图2-40　悬铃木方翅网蝽危害甘薯叶片症状

形态特征

成虫　整体外观为乳白色，体扁平，长3.2～3.8mm，雄虫比雌虫个体稍小。体腹面黑褐色，足和触角浅黄色，头兜盔状，头兜的高度较中纵脊稍高，头兜、侧背板、中纵脊和前翅表面的网肋上密生小刺，侧背板和前翅前缘的刺列明显；两翅基部隆起处的后方有褐色斑，前胸两侧向外呈异片状翅，其均有网格状纹，后翅透明状膜，翅脉暗褐色。前翅显著超过腹部末端，静止时前翅近长方形（图2-41）（蒋金炜等，2008）。

卵　长椭圆形，乳白色，顶部有椭圆形褐色卵盖。

若虫　体形似成虫，但无翅，共5龄。若虫开始为白色，后逐渐变为深褐色，2～3龄出现翅芽，3龄开始，刺突明显（图2-42）。

图2-41　悬铃木方翅网蝽成虫

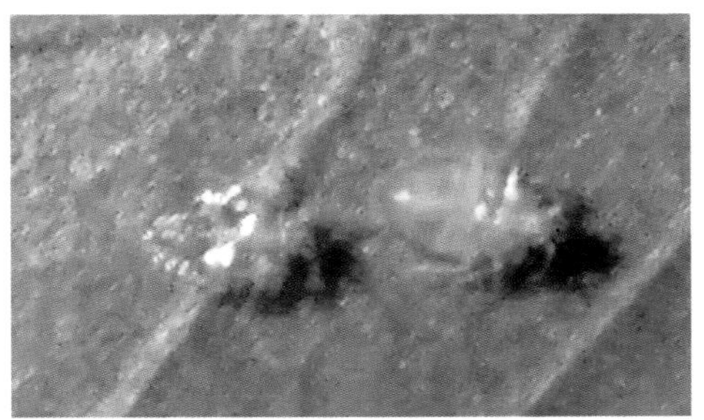

图2-42　悬铃木方翅网蝽若虫

生活习性

悬铃木方翅网蝽1年可发生2～5代，世代重叠严重。9月，悬铃木方翅网蝽成虫开始越冬，越冬场所通常选择悬铃木树冠之下和树皮裂口之中，以及房屋的墙壁缝隙处。越冬成虫大约在翌年4月底或者5月初继续活动，成虫高峰期在7月初、8月初以及9月中旬。雌成虫产卵通常选择在树木叶背的主叶脉旁边，产完卵后分泌褐色黏液覆在卵盖上；虫龄较大的若虫能够转移到其他树叶上危害。成虫具有较强的耐寒性，可以抵御−22.3℃的低温，随着温度升高，生长发育速度变快，开始上树逐渐往树冠方向进行取食危害，同时成虫还具有近距离飞行能力，可凭借风力进行转移危害。

防治方法

（1）**加强检疫和虫情监测**　加强产地检疫和调运检疫，限制从疫区引种调入移植悬铃木属植物；密切监测虫情，发现有危害迹象，于若虫期及早施药压低虫口密度。

（2）**农业防治**　悬铃木方翅网蝽通常在悬铃木的树皮或者是枯枝落叶中隐藏过冬，因此，在冬季刮除树皮，清理和销毁树下枯枝落叶和周围杂草。

（3）**生物防治**　充分保护和利用月形希蛛 *Achaearanea lunata*、斜纹猫蛛 *Oxyopes sertatus*、三突花蛛 *Ebrechtella tricuspidata* 和草蛉 *Chrysoperla carnea* 等天敌，能够对悬铃木方翅网蝽的入侵起到控制和遏制的作用（李峰奇等，2018）。

（4）**化学防治**　溴氰菊酯和吡虫啉对悬铃木方翅网蝽具有非常好的杀虫活性，也可选用1.2%苦烟乳油2 000倍液，或2.5%联苯菊酯乳油3 000倍液，或10%吡虫啉800倍液等在叶片上喷雾（纪锐等，2010）。喷药要喷在叶片的上下两面，叶片的背面要喷药均匀。

2.9　稻 绿 蝽

分布与危害

稻绿蝽［*Nezara viridula*（Linnaeus）］，又名小绿椿象、稻青蝽、绿蝽、青椿象、灰斑绿椿象，属半翅目、蝽科。在我国分布广泛。稻绿蝽的寄主植物种类较多，危害水稻、玉米、花生、棉花、大豆、小麦、南瓜、油菜、芝麻、茄子、甘薯、马铃薯、柑橘、桃、李、梨和苹果等160余种植物（章士美等，1982）。稻绿蝽危害水稻造成秕谷或不实粒，严重时，空粒率达10%以上，使水稻产量损失严重。该虫对甘薯危害较轻，并非甘薯的主要害虫。

危害症状

以成虫、若虫危害，以刺吸式口器吸食植株顶部嫩叶、嫩茎等汁液（图2-43），致使叶片褪绿、萎蔫，随后干枯。

形态特征

成虫　成虫在形态上产生多变，主要有全绿型、黄肩型、点绿型及综合型等表现型，其中全绿型体长12～16mm，宽6.0～8.5mm，长椭圆形，身体、足为青绿色（图2-44），越冬成虫为暗赤褐色。头近三角形，触角5节，基节黄绿色，第3、4、5节末端棕褐色。单眼红色，复眼黑色。前胸背板的角钝圆，稍突出，边缘黄白色，小盾片长三角形，末端狭圆，基缘有3个横列的小白点，两侧角各有1个小黑点。前翅稍长于腹末。足绿色，跗节3节，灰褐色，爪末端黑色。腹下黄绿色或淡绿色，密布黄色斑点（章士美等，1982）。

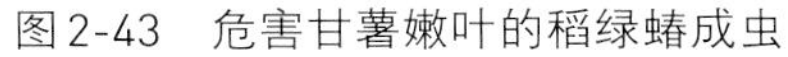

图2-43　危害甘薯嫩叶的稻绿蝽成虫

图2-44　稻绿蝽成虫

卵　长约1.1mm，宽约0.7mm，呈杯形，初产时为淡黄白色，逐渐变成红褐色，顶端有盖，周缘白色，精孔突起呈环状，约24 ～ 30个。

若虫　共5龄，初孵时为橘黄色，后逐渐变成黄褐色；3龄若虫体长4.0 ～ 4.2mm，头前方有2条黄色竖线，第1、2腹节背面有4个长形的横向白斑，第3腹节至末节背板两侧各具6个，中央两侧各具4个对称的白斑，中胸背板后缘出现翅芽（图2-45）；4龄若虫体长5.2 ～ 7.0mm，头部有倒T形黑斑，翅芽明显，比3龄长；5龄若虫体长7.5 ～ 12mm，绿色为主，少部分为黑色，触角4节，单眼出现，翅芽伸达第3腹节，前胸与翅芽散生黑色斑点，外缘橙红色，腹部边缘具半圆形红斑，中央也具红斑，足赤褐色，跗节黑色（图2-46）。

图2-45　稻绿蝽若虫

图2-46　稻绿蝽5龄若虫

生活习性

稻绿蝽一年发生2 ~ 4代，以成虫聚集在杂草根部、田埂松土、瓦片堆中或背风荫蔽处越冬。成虫一般在4月上旬开始从越冬场所迁飞到附近的作物上取食、交配和产卵。卵多产在叶面，卵粒排列成块，卵初产时为米黄色，孵化前变成黄褐色，初孵若虫聚集在卵壳周围，2龄后活动范围逐渐扩大，食量随龄期的增长而加大。第1代成虫出现在6—7月，第2代成虫出现在8—9月，第3代成虫于10—11月出现，世代重叠。成虫具有趋光性和假死性，阳光强烈时多栖息于叶片背部和嫩头，阴雨天气在叶面活动，暴风雨对其有冲刷作用，成虫一般不飞移或飞移距离较短。

防治方法

目前该虫在甘薯上危害不甚严重，一般不需专门防治，个别地块发生较多时，可以在防治其他叶面害虫的同时兼防该害虫。

（1）**农业防治** 随时清除作物田及周边枯枝、落叶、杂草，破坏栖息和越冬场所，减少越冬虫源；避免混栽套作，同一作物尽量集中连片种植，减少稻绿蝽的转移危害；采取措施尽量避免双季稻和中稻插花种植。

（2）**生物防治** 成虫、若虫可被田间蜘蛛、鸟、鸡和鸭捕食，同时稻绿蝽卵可被稻蝽小黑卵蜂、绿蝽沟卵蜂和绿椿象卵寄生蜂等寄生，对稻绿蝽的发生危害有一定的抑制作用，应加以保护利用。

（3）**物理防治** 利用成虫在早晨和傍晚飞翔活动能力差的特点，进行人工捕杀；利用低龄若虫的聚集性，在若虫群集在卵壳附近时人工抹除低龄若虫和卵块，以减少虫源数量。

（4）**化学防治** 在若虫盛发高峰期，群集在卵壳附近尚未分散时采用内吸、高效、广谱型杀虫剂进行防治，可选用90%晶体敌百虫500 ~ 1 000倍液，或80%敌敌畏800倍液，或25%亚胺硫磷700倍液，或2.5%溴氰菊酯乳油2 000倍液，或2.5%氯氟氰菊酯乳油2 000倍液，或10%吡虫啉可湿性粉剂1 500倍液等药剂喷雾。

2.10 瘤缘蝽

分布与危害

瘤缘蝽［*Acanthocoris scaber*（Linnaeus），异名*A. clavipes*（Fabricius）］，又称辣椒瘤缘蝽，属半翅目、缘蝽科、缘蝽亚科、瘤缘蝽属，在我国主要分布于广东、海南、广西、云南、福建、江西、江苏、安徽、浙江、湖南、湖北、山东等省区，在印度、马来西亚等国家和地区危害严重。主要危害甘薯、辣椒、马铃薯、番茄、茄子、蚕豆等作物（陈振耀，1983）。常聚集性危害，虫口密度大，一株作物上常聚集成百上千头若虫和成虫，严重时会导致整株枯死，若防治不及时，会导致辣椒等蔬菜严重减产，甚至绝收。该害虫为广东省甘薯田常见害虫，危害不甚严重。

危害症状

成虫、若虫常常聚集于甘薯叶的背面和枝条的上部，取食嫩茎、嫩梢、嫩叶、叶柄等部位汁液（图2-47），危害部位有变色的斑点，受害叶片失绿、穿孔（图2-48），严重危害导致枝叶萎蔫，甚至整株枯死。

图2-47　瘤缘蝽若虫聚集危害甘薯

图2-48　瘤缘蝽成虫危害甘薯叶片

形态特征

瘤缘蝽属不完全变态昆虫，分为卵、若虫、成虫三个发育阶段。

成虫　体长12.0 ~ 14.5mm，宽4.5 ~ 6.0mm，体色为黑褐色，被白色绒毛；触角具硬粗毛，4节，黑褐色；复眼突出，棕褐色；前胸背板及后足腿节具显著的瘤突，前胸背板侧缘稍向内弯曲，侧角突出，稍向上翘，侧缘具数个齿状突；小盾片小三角形；前翅革片黑褐色，膜片黑色，不透明，胫节近基端有一浅色环斑；前、中足股节具有2列齿突，后足股节膨大（图2-49）。雌雄腹末构造不同。

卵　长1.4 ~ 1.6mm，底中部宽0.8 ~ 1.0mm，卵初生时为棕黄色，卵孵化前呈红褐色，长椭圆形，底部平坦，背部呈弓形隆起，卵壳表面光亮，多产于叶片背面，呈卵块，不规则稀疏排列，由数粒到几十粒组成（图2-50）。

若虫　共5龄，初孵若虫头、胸、足与触角粉红色，后变褐色，腹部青黄色。低龄若虫头、胸、腹及胸足腿节乳白色，复眼红褐色，腹部背面有2个近圆形的褐色斑。高龄若虫与成虫相似，胸腹部背面呈黑褐色，有白色绒毛，翅芽黑褐色，前胸背板及各足腿节有许多刺突，复眼红褐色，触角4节，第3 ~ 4腹节间及第4 ~ 5腹节间背面各有1个近圆形斑（图2-51，图2-52）。

图2-49　瘤缘蝽成虫

图2-50　瘤缘蝽卵

图2-51　瘤缘蝽若虫

图2-52　停栖叶背的瘤缘蝽若虫

生活习性

南方地区一年发生1 ~ 2代，以2代为主，在田地周围的枯枝、落叶、土缝、树缝、杂草丛等处以成虫越冬。越冬代成虫于4月中下旬开始在田间活动，第1代若虫于5月中旬至9月中旬孵出，7月上旬至9月下旬羽化。第2代若虫于7月中旬至10月上旬孵出。8月下旬至10月中旬羽化，10月下旬后成虫停止取食，进入越冬场所越冬。世代重叠，成虫可多次产卵，田间可同时存在卵、各龄若虫、成虫3种虫态，全年以6—10月受害较重。成虫寿命很长，越冬成虫寿命8 ~ 9个月，非越冬成虫寿命1 ~ 3个月。

该虫适应性强，适合其生长发育的温度为20 ~ 33℃，在40℃以上或者15℃以下影响其存活和繁殖。成虫、若虫常群集在作物地上绿色部分危害。成虫在白天，尤其中午活跃频繁，夜晚及雨天栖息在叶片背面或者枝条上。成虫具有假死性和聚集性，受惊后迅速坠落。初孵若虫群集于卵壳附近，3龄后开始转移到寄主幼嫩茎枝部位取食，4龄后扩散危害，但常数头群集。

防治方法

（1）**农业防治**　清除田块及周边枯枝、落叶、杂草，破坏栖息和越冬场所；科学施肥，尤其磷、钾肥，促进植株生长；合理安排种植密度，实行轮作。

（2）**物理防治**　利用群集危害特点，人工捕杀成虫及高龄若虫或抹除低龄若虫及卵块；利用瘤缘蝽的假死性，摇动植株，收集后杀死。

（3）**化学防治**　在若虫孵化盛期进行施药，选用高效、低毒、低残留农药喷雾防治，间隔10d左右视虫情进行第2次施药。可选用40%辛硫磷乳油1 000倍液，或4.5%高效氯氰菊酯乳油1 500倍液，或2.5%氯氟氰菊酯乳油2 000倍液，或10%虫螨腈悬浮剂2 000倍液，或80%敌敌畏乳油1 000倍液等药剂喷雾防治。

2.11 甘薯蜂

分布与危害

甘薯蜂［*Physomerus grossipes*（Fabricius）］，又称菲缘蝽，属半翅目、缘蝽科，分布于菲律宾、缅甸、印度、斯里兰卡、马来西亚等南亚和东南亚国家和地区，以及我国广东、海南、广西、云南等省区，寄主包括甘薯、蕹菜、三裂叶薯、荔枝、龙眼、倒吊笔、五加、乌桕树和久树等植物。甘薯蜂是菲律宾甘薯生产上重要的害虫之一，在我国目前没有严重危害甘薯的报道。

危害症状

成虫和若虫群集在甘薯叶片和茎枝上危害，刺吸汁液，叶片受害后呈现白色小斑点，严重时导致甘薯植株萎蔫，延缓发育。

形态特征

成虫　体长17 ～ 21mm，体形较窄长，褐黄色，被黄褐色细硬短毛，前胸背板及后足腿节有深褐色斑纹。头部正中线为1条淡红褐色宽纵纹，并后延直达小盾片后缘（图2-53）。头部黑色，复眼深褐色，单眼红色，触角4节长约13mm。前胸背板两侧近平直，领后有4条深褐色粗纵纹，每侧2条在胝区相连，向后止于小盾片基部；前胸背板后缘向外圆弧形弯曲，侧角不突出。小盾片基部有1个深褐色半圆形纹斑。前翅革片在脉间有棕色斑，爪片色深；膜片棕黑色，达于腹末端。侧接缘无斑纹。中足腿节散生深色斑点数个，胫节腹面近端处有2列小刺，后腿节粗大，散生粗黑瘤点，腹面近端处有2列小刺瘤；后胫节近中部边缘有2大刺，近端的1个较小，两刺末端色深。腹下胸侧板、后胸腹板及各节腹板散生黑色瘤点（图2-54）。

图2-53　停栖在叶片的甘薯蝽

图2-54　甘薯蝽成虫

卵　长约3mm，宽1.4mm。褐色，表面光亮，长椭圆近纺锤形。

若虫　共5龄，初孵若虫的头部为浅橙色，胸部浅棕色，腹部橙色，并有红色斑点，腿绿色至黑色。高龄若虫体色灰色至黑色，头部黑色，腿黑色，腹部橄榄绿色，腹部有周缘褐红色的黑色大斑点和大量褐红色的小斑点，从眼睛到腹部有1条明显的类似字母“Y”的线。老熟若虫长10 ～ 15mm。

生活习性

我国云南西双版纳地区一年发生2代，以成虫越冬。成虫危害盛期为5—8月，群聚在叶背。每年5月上中旬成虫即开始活动交尾，下旬开始产卵，卵产于枝梢较通风透光处的叶背，从叶柄基部开始，成排密集产下，或者产于茎枝上。雌虫平均产卵200 ～ 250粒。卵期约10 ～ 12d，若虫5龄，龄期6d（1龄）至19d（5龄）不等。6月中旬开始孵化，初孵时若虫群栖于卵壳表面，经一段时间后才开始活动。7月上旬大部分羽化为成虫。一个世代历期雄性为74 ～ 96d，雌性76 ～ 99d。

防治方法

（1）**农业防治**　根据害虫群集危害习性，人工集中清理。

（2）**生物防治**　利用姬小蜂科生物寄生甘薯蝽的卵。

（3）**化学防治**　同瘤缘蝽。

2.12 黑带红腺长蝽

分布与危害

黑带红腺长蝽［*Graptostethus servus*（Fabricius）］，又称红腺长椿象，属半翅目、长蝽科、红腺长蝽属，国内分布于广东、广西、海南、西藏、香港、云南、台湾等地，国外分布于日本、缅甸、越南、菲律宾、印度尼西亚、印度、斯里兰卡、马来西亚、美国夏威夷、澳大利亚，以及欧洲、非洲等国家和地区。据报道，该虫在旋花科植物上生存，危害旋花科虎掌藤属木玫瑰，还可危害棉属、高粱和芒果等寄主植物（Suzaki et al.，2016；高翠青，2010），编者观察到该虫为广东甘薯生产田常见害虫，但尚未见大规模暴发危害。

危害症状

成虫和若虫吸食叶片、嫩枝的汁液，形成褐色小点，发生严重时，可致受害薯苗生长发育停滞，叶片枯死。

形态特征

成虫　体长8.0～12.0mm，体背橙褐色，前胸背板前缘有1条黑色横斑，左右有2枚黑色斑点与下方的黑色纵斑相连呈三角状，下端宽大，小盾板黑色，革质翅中央有2对黑色斑，上列斜向较长，下列较短，膜质翅黑色（图2-55）。雄虫的个体瘦小，前胸背板左右为2枚小黑点，下面各有一条黑色的横斑（图2-56）。

图2-55　黑带红腺长蝽雌虫

图2-56　黑带红腺长蝽雄虫

生活习性

于日本冈山市饲养（不包括产卵前期），一年发生4代，实际一年可能少于4代。在20 ～ 30℃温度范围内，孵化率和若虫存活率随温度的升高而增加，发育期随着温度增加而缩短，可能增加其发生代数。温度高时，成虫个体增大。全世代发育起点温度为（16.3±1.0）℃，有效积温为（373.6±9.3）℃（Suzaki et al.，2016）。

防治方法

同瘤缘蝽和甘薯蝽。

2.13 长肩棘缘蝽

分布与危害

长肩棘缘蝽［*Cletus trigonus*（Thunberg）］，属半翅目、缘蝽科，国内主要分布于江苏、河南、云南、贵州、四川、重庆、湖北、湖南、安徽、浙江、广东、海南等省份。危害苋菜、甘薯、水稻、草莓、玉米、大豆、油茶、荔枝、龙眼等植物，是一些蔬菜的重要害虫，也是甘薯田常见害虫，但危害不甚严重。

危害症状

成虫和若虫刺吸危害嫩茎、嫩芽和嫩叶，导致嫩茎、嫩叶变黄（图2-57）。

图2-57　长肩棘缘蝽危害症状

形态特征

成虫　体长7.5 ～ 8.8mm，宽4.0 ～ 5.0mm，触角第1节略短于第3节，少数个体等长，为深褐色，第4节为黑褐色，触角末端红褐色。前胸背板前半部色浅，侧角为黑色，呈细刺状向两侧伸出，不向上翘，革片内角翅室有清晰的白斑（图2-58，图2-59）。小盾片刻点粗，前足、中足基节各具2个小黑点，后足基节1个，体下色浅，腹部有4个小黑点。

卵　近菱形，初产时为乳白色，后逐渐变黄，半透明。

若虫　末龄若虫为黄褐色，腹部背面有小黑纹，前胸背板侧角向后偏外

图2-58 停栖在叶片的长肩棘缘蝽

图2-59 长肩棘缘蝽成虫

延伸成针状，翅芽达第3腹节后缘。

生活习性

长肩棘缘蝽一年发生2～3代，以成虫在枯枝落叶或枯草丛中越冬，在3—4月开始交尾产卵，交尾多在上午进行，卵多产于叶柄、叶背，少数产在叶面和嫩茎上。初孵若虫聚集在卵壳周围，半天后开始扩散取食。成虫和若虫早晨和傍晚稍迟钝，白天极为活泼，具有趋光性，阳光强烈时多栖息于寄主植物叶背。

防治方法

（1）**农业防治** 清理作物田及周边枯枝、落叶、杂草，破坏长肩棘缘蝽的栖息场所。

（2）**化学防治** 在成虫、若虫危害盛期，可选用50%马拉硫磷乳油1 000倍液，或2.5%高效氯氟氰菊酯乳油2 000～5 000倍液，或2.5%溴氰菊酯乳油2 000倍液，或10%吡虫啉可湿性粉剂1 500倍液等药剂喷雾防治。

2.14 二 星 蝽

分布与危害

二星蝽［*Eysarcoris guttiger*（Thunberg），异名*Stollia guttiger* (Thunberg)］，属半翅目、蝽科，主要分布于欧洲、亚洲、非洲及澳洲等地，国内分布范围广泛，北至黑龙江，南至海南，西至宁夏、甘肃，但在浙江、江苏、福建、广东、广西、湖北、四川、陕西、山西等地分布较多。该属的二星蝽*E. guttiger*（Thunberg）、广二星蝽*E. ventralis*（Westwood），北二星蝽*E. aeneus*（Walker）

危害水稻、小麦、棉花、大豆、甘薯、胡麻、高粱、玉米和茄子等作物，其中二星蝽和广二星蝽是甘薯田常见害虫（图2-60，图2-61），往往同时危害，发生密度大时，可造成一定程度的危害。

图2-60　甘薯叶上的二星蝽

图2-61　甘薯叶上的广二星蝽

危害症状

成虫和若虫吸食甘薯的嫩枝、幼茎和叶片的汁液，受害处呈现黄褐色小点，严重时叶片枯黄，嫩茎枯萎，导致植株死亡，造成减产减收。

形态特征

二星蝽*E. guttiger*的形态特征

成虫　体长4.5 ~ 5.6mm，卵圆形，黄褐色或黑褐色，全身密被黑色刻点。头部黑色，触角黄褐色，共5节，复眼突出，喙黄褐色，长达后胸端部。胸部布满黑色小刻点，前胸背板侧角稍凸出，末端圆钝。小盾片舌状，长达腹末前端，两基角处各有1个黄白色或玉白色的光滑小圆斑（图2-62）。两翅几乎全盖腹侧。足黄褐色，有黑点。腹背污黑色，侧接缘外侧黑白相间。腹部腹面漆黑发亮，侧区稍淡黄，密布黑色小刻点，其淡黄部分面积大小不一。

卵　长宽为0.7mm左右，椭圆形，初产时淡黄色，近孵化时转为红褐色。卵壳是六角形网状纹，密被淡黑褐色刚毛，但卵盖中央无刚毛，卵盖周缘具20 ~ 23枚白色小突出。

若虫　共有5龄，第1龄近似圆形，触角有4节。头部前胸背板褐色，其余部位为黄绿色。3龄起，翅芽渐显现，4龄翅芽达第1可见腹节的后缘，5龄则达第3可见腹节的前缘。

广二星蝽*E. ventralis*的形态特征（章士美等，1981）

成虫　体长4.8 ~ 6.3mm，卵形，黄褐色，密被黑色刻点。头部黑色或黑褐色。前胸背板侧角不突出，黑色，背板前半部刻点稍稀，侧缘有略卷起的黄白色狭边。小盾片舌状，基角处有黄白色小点（图2-63），端缘常有3个小黑点斑。翅长于腹末，几乎全盖腹侧。足黄褐色，具黑点。腹部背面污黑，侧接缘内、外侧黄白色，中间黑色，节间后角上具黑点。

图2-62　二星蝽成虫

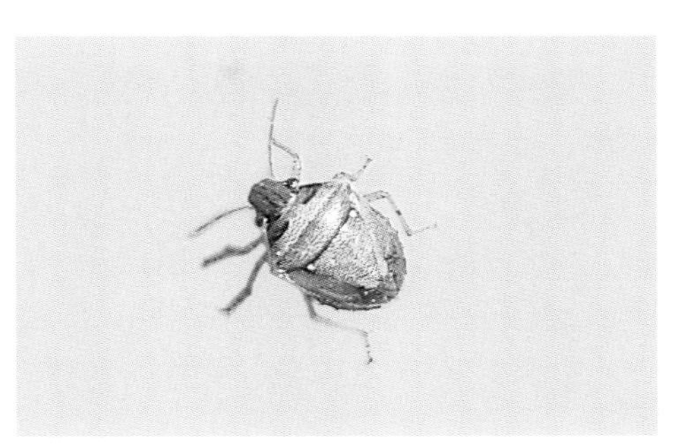

图2-63　广二星蝽成虫

卵　形状、大小、色泽亦与二星蝽极似，但本种卵的中部和卵盖周缘黑色刚毛较少，色亦较淡，似腰带状且其卵盖周缘常有1个粗长的胶质刺突。

若虫　体形同成虫相似，可通过体形的长宽比、前胸背板侧角的伸出与否，以及小盾片两基角上白斑点的明显程度比较辨别。

相比二星蝽，广二星蝽体形偏长，长度明显小于宽度；前胸背板两侧角几乎完全不伸出；小盾片两基角的白斑点，更小且不显著，有时竟不易见。

生活习性

二星蝽和广二星蝽生活习性相似，二星蝽在浙江嘉兴和江西南昌一年发生4代，广二星蝽江西南昌饲养观察，一年亦发生4代。两种害虫均重叠发生，均以成虫在杂草丛中、枯枝落叶下越冬。成虫翌年4月开始活动危害，4—11月均能见到成虫，11月中旬开始蛰伏越冬。卵多产于寄主叶背。成虫和若虫性喜荫蔽，多栖息在嫩茎或浓密的叶丛间，遇惊即落地面。成虫具有弱趋光性。

防治方法

（1）**农业防治**　成虫产卵盛期人工摘除卵块或若虫团，收获后及时清除田间杂草和枯枝落叶，消灭部分越冬成虫。

（2）**物理防治**　成虫具有弱趋光性和假死性，可用黑光灯诱杀成虫。

（3）**化学防治**　可选用5%氯氰菊酯乳油1 000倍液等广谱性杀虫剂喷雾防治（刘华，2020）。

2.15 蓝　　蝽

分布与危害

蓝蝽［*Zicrona caerulea*（Linnaeus）］，又名兰蝽、纯蓝蝽、蓝盾蝽、琉璃椿象，属半翅目、蝽科、益蝽亚科。在国内主要分布在广东、云南和新疆等23个省市区（David et al.，2002），国外广泛分布于俄罗斯、日本、朝鲜、蒙古、阿富汗、巴基斯坦、越南、缅甸、印度、马来西亚、印尼、伊朗、加拿大、美国、欧洲等国家和地区。其食性较杂，寄主植物包括水稻、玉米、甘薯、高粱、豇豆、大豆、花生、白桦、帚石楠、大戟、甘草、毛薄荷、多枝白蕊草、一年蓬等（舒敏等，2012），此外还捕食蛾蝶类幼虫、叶甲幼虫、马铃薯甲虫等害虫。该害虫为甘薯田常见害虫，但危害不甚严重。

危害症状

成虫和若虫以口针刺吸寄主植株叶片、嫩茎的汁液，形成白色小点，严重危害会抑制植物的正常生长，造成减产（图2-64）。

图2-64　蓝蝽若虫及其危害症状

形态特征

成虫　体长6 ~ 9mm，宽3.5 ~ 5mm，呈椭圆形。全身上下颜色都是纯色，为蓝色、蓝黑色或者紫黑色，具有光泽，密布刻点（图2-65）。头略呈梯形，中叶与侧叶等长。触角5节，棒状，蓝黑色，有细毛。喙4节，末端伸达中足基节后缘；前盾片侧角稍饱满，前角微有突起；小盾片为稍长的三角形，末端达腹部的中央，狭而圆（图2-66）；翅稍长过腹末，棕色不能全盖腹侧；触角及翅上膜质部，全为蓝中带黑而稍呈荧光。雌虫腹板较粗糙，雄虫则较光滑。

卵　圆柱形，蓝色有光泽。卵盖周围有一圈放射状突出物，卵盖与卵体界限明显，孵化前卵颜色发红。

若虫　共5龄，腹部主要为红色，腹部腹板正面有4个蓝色或黑色横斑，腹部侧板也有蓝色或黑色横斑，每一侧板1个，每侧各6个，腹部末端蓝色。若虫初孵和每次蜕皮后，初期颜色均为橘红色，随后虫体大部逐渐变成红紫色，再过渡到蓝紫色，最后变成蓝色（图2-64，图2-67）。

图2-65 停栖状态下的蓝蝽

图2-66 蓝蝽成虫

图2-67 蓝蝽若虫

生活习性

在浙江杭州地区一年发生3代，以成虫在田地周围的枯枝、落叶、土缝、树缝、杂草丛越冬。越冬代成虫于4月开始在田间活动，5月中旬开始产卵，从4—11月，田间可同时有卵、各龄若虫、成虫各种虫态，世代重叠。

防治方法

蓝蝽既可以危害多种农作物，又能捕食蛾蝶幼虫和叶甲幼虫等，但总体上蓝蝽益少害多，仍需防治。

（1）**农业防治** 随时清除作物田及周边枯枝、落叶、杂草；应加强肥水管理，提高作物抗虫能力，减少落叶，减少危害。

（2）**物理防治** 利用黄色的频振式杀虫灯或黄色杀虫板进行诱杀。

（3）**化学防治** 加强监测，虫量上升时，可选用高效、低毒、低残留农药喷雾防治，同时提倡轮换用药 。

2.16 蓟 马

分布与危害

蓟马为缨翅目昆虫通称，是一类具有重要经济意义的小型昆虫。蓟马科是缨翅目第二大科，目前已知2 100余种，多数为植食性，其中较多种类是农作物的重要害虫，通常以刺吸式口器刺穿植物表皮，吸取植物汁液，导致叶面产生银斑或褪色，并造成叶、花、果实表面和植物组织的变形。同时，蓟马还是植物病菌和病毒的重要介体，可以传播番茄斑萎病毒。报道危害甘薯的蓟马包括：首花蓟马*Frankliniella cephalica*，褐花蓟马*Frankliniella fusca*，大豆蓟马*Neohydatothrips variabilis*，东方花蓟马*Frankliniella tritici*，端带蓟马*Taeniothrips distalis*，黄蓟马*Thrips flavidus*，黄胸蓟马*Thrips hawaiiensis*，旋花蓟马*Dendrothrips ipomeae*，茶黄硬蓟马*Scirtothrips dorsalis*，西印花蓟马*Frankliniella insularis*，旋花背刺蓟马*Dendrothripoides innoxius*，黑角巴蓟马*Bathrips melanicornis*等，近年来在广东省湛江甘薯产区造成了较大的危害，需要重视其防控。

危害症状

成虫和若虫锉吸甘薯植株幼嫩叶片和顶梢的汁液，导致叶面产生褪色点，植株顶梢无顶芽（图2-68），叶片叶缘卷曲不能伸展，呈波纹状扭曲（图2-69，图2-70），叶脉淡黄绿色，叶片呈现坏死斑、干枯，还可在茎秆上造成锉吸伤（图2-71）。严重时生长点受抑制，出现顶芽萎缩，影响甘薯光合作用，甚至植

图2-68　蓟马危害甘薯叶片穿孔症状

图2-69　蓟马危害甘薯叶片扭曲症状

图2-70　受害叶片背面蓟马若虫

图2-71　蓟马危害甘薯茎秆症状

株死亡，导致甘薯产量下降。蓟马可以传播植物病毒，在一些作物上传播病毒所造成的危害远远大于其直接取食带来的危害，目前尚未见蓟马传播甘薯病毒的报道。

形态特征

蓟马属过渐变态发育，分为卵、若虫、预蛹期、蛹期和成虫5个阶段。

成虫　身体细长，长0.5～1.5mm，黑色、褐色或黄色；头略呈后口式，口器锉吸式，触角5～9节，线状，略呈念珠状，通常端部1或2节较细，形成节“芒”。第3节背面和第4节腹面端部有叉状感觉锥，各节通常有刚毛及微毛。下颚须2～3节，下唇须2节。具有4个翅，翅狭长，边缘长有整齐的缘毛，脉纹最多有2条纵脉，横脉通常退化。足的末端有泡状的中垫，爪退化（图2-72）。雌性腹部末端圆锥形，腹面有锯齿状产卵器，腹向弯曲。

卵　白色、黄色或深色，一般锯尾亚目卵为肾形，管尾亚目卵为长桶形。

若虫　一般包括2个龄期，表皮膜状，黄色或白色，与成虫形体相似，缺少翅膀（图2-73）。

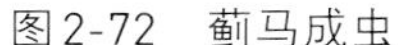

图2-72　蓟马成虫

图2-73　蓟马若虫

蛹　分为预蛹和蛹，被有光滑、膜质、无色且非硬化的表皮，其上常有长鬃，不动、不食、不活跃。

近年贸易交流频繁，尤其要重视一些检疫害虫入侵我国，其中首花蓟马[*F. cephalica*（Crawford），异名*Euthrips cephalicus*（Crawford）] 就是一种重要的入侵害虫，其起源于加勒比海地区，2008年在我国广东省首次发现。该害虫具有很强的生存能力，食性杂，寄主范围广，且能传播番茄斑萎病毒，广东省常年种植30万～40万hm^2甘薯，因此，对于该害虫的防控不得丝毫松懈，在此特介绍首花蓟马成虫的形态特征。

雌虫体长约1.3mm，雄虫体形较小，体色从黄色至棕褐色，触角8节。具三角形单眼3个，复眼发达。单眼间鬃发达，几乎等长于复眼后鬃。前胸背板具4对长鬃，前角鬃稍长于前缘鬃。中胸背板布满横线状纹。后胸背板有纵向纹、网状纹，后部中央具1对圆形鬃孔。翅发达，前翅上脉鬃22根，下脉鬃18根，各脉鬃等距排列。腹部共10节，末端呈圆锥状，有发达而下弯腹向的锯齿状产卵器。

生活习性

蓟马多数种类为一年发生数代甚至几十代，世代重叠，完成一个世代历期因种类及环境因素影响而异，一般为10d到1年不等。在北方地区，蓟马通常以若虫或成虫在土中或者以成虫在低植被、植物落叶或树皮上越冬，少数种类以蛹越冬。在广东、海南等大田甘薯生产区蓟马一年四季都可危害。

雌成虫主要进行孤雌生殖，偶有两性生殖，但极难见到雄虫。雌虫通常产于叶肉组织内，初孵幼虫吸食组织液，导致甘薯叶片扭曲。若虫在叶背取食到高龄末期停止取食，落入表土化蛹。成虫极活跃，善飞能跳。成虫怕强光，多在背光场所集中危害，阴天、早晨、傍晚和夜间才在寄主表面活动。蓟马喜欢温暖、干旱的天气，发育适温为23～28℃，适宜空气湿度为40%～70%。雨水对蓟马有不同程度上的冲刷和致死作用。

防治方法

（1）**农业防治** 早春需对田间杂草和枯枝残叶进行清除，集中烧毁或深埋处理，从而消灭越冬成虫和若虫。同时加强肥水管理，促使植株生长健壮以减轻危害。加强非疫区检疫，选用无虫种薯种苗。

（2）**物理防治** 繁苗网室应采用60目以上的防虫网。利用蓟马趋蓝色、黄色的习性，在田间设置蓝色或者黄色粘板，将粘板高度与作物持平以诱杀成虫。

（3）**化学防治** 可选用25%噻虫嗪水分散粒剂，或50%辛硫磷乳油，或25%吡虫啉可湿性粉剂，或0.6%苦参碱水剂，或7.5%鱼藤酮乳油，或20%呋虫胺可溶性粒剂等药剂防治。

2.17 扶桑绵粉蚧

分布与危害

扶桑绵粉蚧［*Phenacoccus solenopsis*（Tinsley）］，又称棉花粉蚧，属半翅目、蚧总科、粉蚧科、绵粉蚧属，原产北美大陆，该虫广泛分布于热带、亚热带和温带地区，是一种寄主范围广、食性杂、繁殖力强的外来入侵害虫。2008年在我国广东广州扶桑树上首次发现报道，2009年农业部、国家质检总局将其列入《中华人民共和国进境植物检疫性有害生物名录》。目前，福建、海南、广西、湖南、浙江、江西、四川、云南等地区均有发现，可危害棉花、甘薯、玉米、南瓜、枸杞、太阳花、胭脂花、刺儿菜、小飞蓬等上百种植物。扶桑绵粉蚧是广东和浙江甘薯田常见害虫，对我国甘薯产业的潜在威胁十分巨大，务必予以高度重视。

此外，橘臀纹粉蚧*Planococcus citri*（Risso）、橘小粉蚧*Pseudococcus citriculus* Green、鳞粉蚧*Nipaecoccus nipae*（Maskell）、腺刺粉蚧*Ferrisia virgata* Cockerell、菠萝洁粉蚧*Dysmicoccus brevipes* Cockerell、角蜡蚧*Ceroplastes ceriferus* Anderson、康氏粉蚧*Pseudococcus comstocki* Kuwana、双条拂粉蚧*Ferrisia virgata*（Cockerell）等多种粉蚧亦会危害甘薯（图2-74至图2-79）。

图2-74 扶桑绵粉蚧危害甘薯植株症状

图2-75 粉蚧危害甘薯叶片症状

（左：背面；右：正面）

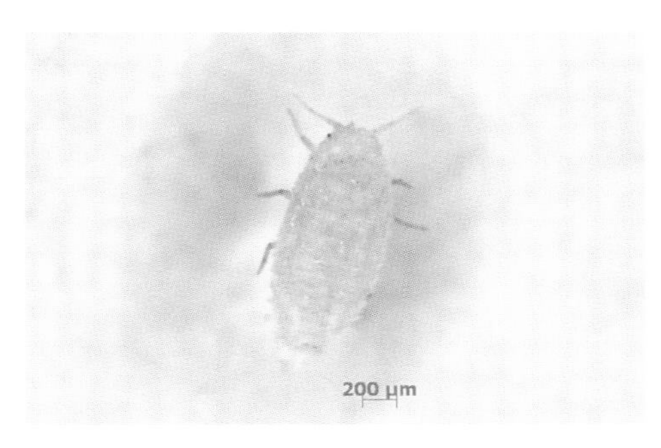

图2-76 粉蚧幼虫

图2-77 粉蚧雌虫

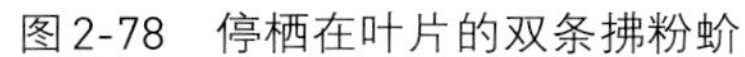
图2-78　停栖在叶片的双条拂粉蚧

图2-79　双条拂粉蚧

危害症状

粉蚧雌成虫和若虫群集于叶背、茎秆等处取食甘薯幼嫩部位危害（图2-74），以针状口针刺入吸食汁液，影响植株正常生长。危害严重时，整个茎枝密集分布白色雌成虫或雄虫白色絮状蛹壳，覆盖植株表皮，受害植株长势衰弱，枝梢萎蔫，植株扭曲变形，生长缓慢或停止，失水干枯（图2-80）。此外，粉蚧分泌的蜜露常常诱发煤污病。

形态特征

扶桑绵粉蚧属于不完全变态昆虫，两性个体的变态特征有差异。雌虫生活史包括卵、1龄若虫、2龄若虫、3龄若虫和成虫；雄虫生活史包括卵、1龄若虫、2龄若虫、预蛹、蛹和成虫（图2-80）。

雌成虫　呈卵圆形，体长（2.77 ± 0.28）mm，宽（1.30 ± 0.14）mm，浅绿色，背面的黑色斑纹在蜡质层的覆盖下呈成对黑色斑点状，其中腹部可见3对，胸部可见1对。体缘有放射状蜡突，其中腹部末端2 ~ 3对较长（图2-81）。

雄成虫　红褐色，体长（1.24 ± 0.09）mm，宽（0.30 ± 0.03）mm。触角丝状10节，每节上均有数根短毛。腹部末端具有2对白色长蜡丝，交配器突

图2-80　扶桑绵粉蚧

图2-81　扶桑绵粉蚧雌虫

出呈锥状。有1对发达透明前翅，附着一层薄薄的白色蜡粉，后翅退化为平衡棒，顶端有1根钩状毛。足细长、发达。

卵 长椭圆形，橙黄色，略微透明，长（0.33±0.01）mm，宽（0.17±0.01）mm，集生于雌成虫生殖孔处产生的棉絮状的卵囊中。

若虫 1龄若虫体长（0.43±0.03）mm，宽（0.19±0.01）mm。初孵时体表平滑，黄绿色，随后体表逐渐覆盖一层薄蜡粉呈乳白色。该龄期若虫行动活泼，从卵囊爬出后短时间内即可取食危害。2龄若虫体长（0.80±0.09）mm，宽（0.38±0.04）mm。椭圆形，体缘出现明显齿状突起，尾瓣突出，体表被蜡粉覆盖，体背的有黑色条状斑纹。雄虫体表蜡粉层较雌虫厚，观察不到体背黑斑，分泌棉絮状蜡丝包裹自身。3龄若虫体长（1.32±0.08）mm，宽（0.63±0.05）mm，仅限于雌虫，在前、中胸背面亚中区和腹部1～4节背面亚中区均清晰可见2条黑斑，体缘现粗短蜡突。

蛹 仅限雄虫，体长（1.41±0.02）mm，宽（0.58 ±0.06）mm。分为预蛹期和蛹期，预蛹初期亮黄棕色，后期体色逐渐变深，呈浅棕色或棕绿色，分泌柔软的丝状物包裹身体。蛹包裹于松软的白色丝茧中，离蛹，浅棕褐色，单眼发达，头、胸、腹区分明显，在中胸背板近边缘区可见1对细长翅芽。

生活习性

扶桑绵粉蚧成虫每年可繁殖10～15代，世代重叠。在冷凉地区，以卵在卵囊中或以低龄若虫在植物上或土壤中越冬，热带地区可周年活动和生殖。繁殖能力强，营有性生殖和孤雌生殖。雌虫产卵于卵囊中，每个卵囊包含150～600粒卵。绝大部分卵最终发育为雌虫。卵历期为3～9d，若虫历期22～25d。常温下世代长25～30d。雌虫寿命明显长于雄虫。

最适发育温度为26～28℃、相对湿度为65%～75%，一定的高温条件有利于扶桑绵粉蚧大发生，但连续35℃以上高温和长期多雨低温条件不利于其繁殖发育。低龄若虫可随风、雨、鸟类、覆盖物、机械等传播到健康植株，若虫也可从染虫的植株转移到健康植株。长距离的传播主要依靠染虫植物及其产品的调运。

防治方法

（1）**植物检疫** 加强国外输入扶桑绵粉蚧的寄主植物的检疫；重视国内扶桑绵粉蚧发生区寄主植物的调运检疫。

（2）**农业防治** 人工摘除和集中处理带虫寄主的叶片、茎枝和植株，以及杂草、植物枯叶和枯枝；深耕冬灌，消灭越冬若虫和蛹。

（3）**物理防治** 可采用灯光诱杀、色板诱杀，以及纱网阻隔、土表覆膜等。

（4）**生物防治** 利用孟氏隐唇瓢虫（*Cryptolaemus montrouzieri* Mulsant）、班氏跳小蜂（*Aenasius bambawalei* Hayat）、异色瓢虫［*Harmonia axyridis*(Pallas)］等天敌。

（5）**化学防治** 可选用1%苦参碱水剂500倍液，或2.5%高效氯氟氰菊酯水乳剂750倍液，或90%敌敌畏乳油300倍液，或10%吡虫啉水分散粒剂1 000倍液，或20%啶虫脒可溶粉剂3 000倍液，或25%吡蚜酮悬浮剂1 000倍液等药剂，隔7 ~ 10d喷1次，连喷2 ~ 3次。

2.18 甘薯叶螨

分布与危害

甘薯叶螨，俗称火龙、大龙、砂龙、红蜘蛛等，属蛛形纲、蜱螨目、叶螨科，危害导致叶片表面出现许多灰白色的小点，失绿（图2-82），后期叶片大部分呈现失绿状态，严重时植物叶片似火烧状（图2-83）。甘薯上常见的叶螨有朱砂叶螨*Tetranychus cinnabarinus*（bioduval）、二斑叶螨*Tetranychus urticae* Koch、截形叶螨*Tetranychus truncatus* Ehara、皮氏叶螨*Tetranychus piercei* McGregor和卢氏叶螨 *Tetranychus ludeni* Zacher等，其中我国以朱砂叶螨、二斑叶螨和截形叶螨为主，全国各地均有分布，食性杂，可危害茄科、豆科、旋花科、瓜类等蔬菜和作物。近年来，在甘薯大田、苗圃、温室危害越来越重，防治容不得丝毫松懈。

危害症状

为成螨、若螨和幼螨以刺吸式口器刺吸甘薯叶片、嫩芽和嫩茎汁液，被害叶片表面呈黄白色斑点、斑块（图2-84），严重时整个叶片除叶脉外全部变黄，呈现失绿状态，叶片逐渐脱落（图2-85），影响光合作用和生长。危害严

图2-82 红蜘蛛危害甘薯植株症状

图2-83 红蜘蛛危害大田甘薯症状

图2-84　受害甘薯叶片症状

图2-85　受害甘薯植株症状

重时，甘薯田间呈锈色状如火烧，叶片早衰、易脱落，产量降低。一般是下部叶片受害，逐渐向上蔓延。

形态特征

我国甘薯最常见的朱砂叶螨与二斑叶螨常混合发生，二者外部形态极为相似，原属同一个复合种，后单独成为独立种，特在此介绍二者的形态特征。

图2-86　朱砂叶螨
（引自Ekman et al.，2015）

（1）朱砂叶螨*T. cinnabarinus*的形态特征（图2-86）

成螨　雌螨体长0.42～0.52mm，椭圆形，体色变化大，一般为红色或锈红色，体背两侧各有黑长斑1块，体两侧有黑斑。雄螨比雌螨小，体长0.26～0.36mm，呈梨圆形；头胸部前端近圆形，背面菱形，腹末略尖。

卵　圆球形，光滑，直径约0.13mm，初产时无色透明，后变为淡黄色或深黄色，孵化前出现红色眼点。

幼螨　近圆形，长约0.15mm，宽约0.12mm，眼红色，足3对，越冬代幼螨红色，非越冬代幼螨黄色，取食后体色变暗绿色。

若螨　体形及体色与成螨相似，但体型小，长约0.21mm，宽约0.15mm。足4对，体侧有明显的块状色素。

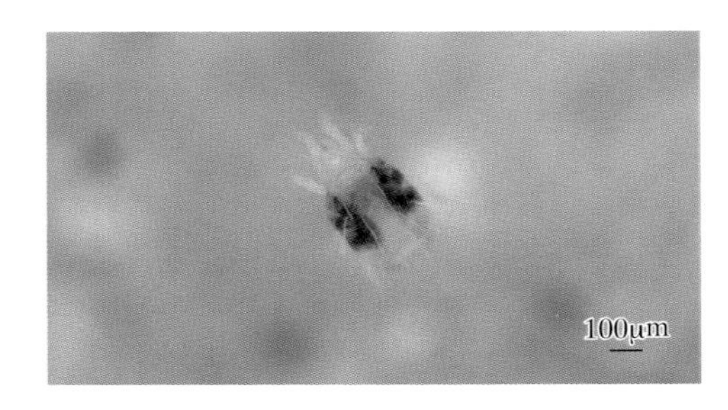

图2-87　二斑叶螨

（2）二斑叶螨*T. urticae*的形态特征（图2-87）

成螨　雌螨体长0.41～0.54mm，

椭圆形，生长季节淡黄色或黄绿色，取食后呈浓绿色或褐绿色。体背两侧各具1块暗红色或暗绿色长斑，体背有6横排24根刚毛，足4对。密度大或种群迁移前体色变为橙黄色，越冬代滞育个体呈橙红色或橘红色，背部斑点消失。雄螨略小，长0.35 ~ 0.42mm，背毛13对，最后1对是从腹面移向背面的肛后毛，阳茎的端锤十分微小，两侧的突起尖利。

卵 圆球形，直径0.12 ~ 0.14mm，有光泽，初产时乳白色略透明，后变成淡黄色，孵化前出现2个红色眼点。

幼螨 近半圆形，长0.15 ~ 0.21mm，透明，取食后体色淡黄绿，体两侧出现深色斑块，眼红色，足3对。

若螨 椭圆形，淡橙黄色或深绿色，眼红色，足4对，体背两侧深绿色或暗红色圆形斑，形态与成螨相似。

朱砂叶螨和二斑叶螨外部形态区别（匡海源等，1990）：朱砂叶螨非越冬型雌、雄成螨为红色；而二斑叶螨为黄绿色或淡黄绿色。朱砂叶螨雄成螨阳茎端锤大，近侧突起钝圆，远侧突起尖利，端锤背面靠近远侧突起约1/3处凸出而形成一钝角；二斑叶螨雄成螨阳茎端锤较小，端锤近侧突起和远侧突起均较尖利，端锤背缘近中部凸出而形成一钝角。

生活习性

朱砂叶螨和二斑叶螨常混合发生，其生活习性相一致。年发生代数因地理纬度不同而异，在我国北方地区一年发生12 ~ 15代，在长江中下游地区一年发生18 ~ 20代，华南地区一年发生20代以上，各代常重叠发生。以雌成螨在枯枝落叶、杂草根际、甘薯蒂蔓、薯块和树木缝隙内潜伏越冬，借助风雨或人、畜、昆虫活动传播。繁殖方式主要为两性生殖，但也营孤雌生殖。在两性生殖中，雌雄交配的后代为两性，孤雌生殖后代全部为雄性。雌成螨一般将卵散产在叶背面和网丝上，每头成螨产卵量高达百粒以上，卵孵化后在叶背面取食危害。

翌年春季温度10℃以上时成虫开始活动，首先在田边的杂草取食、生活，并繁殖1 ~ 2代，然后由杂草上陆续迁往菜田中危害。后期若螨活泼贪食，有向上爬的习性。先危害下部叶片，而后向上蔓延。二斑叶螨习性活泼，爬行迅速，并有明显的趋嫩性和结网习性，当虫量大时，堆集在叶片边缘或叶中央，并在叶面、叶柄及枝条间拉网穿行，借风力扩散。两种叶螨的发生与温湿度密切相关，最适温度为25 ~ 30℃，最适相对湿度为35% ~ 55%，因此，高温低湿的条件下危害严重，尤其干旱且气温高年份易于大发生。

防治方法

（1）**农业防治** 清除田埂、路边、田间杂草和枯枝落叶；深翻土壤，冬耕冬灌，水旱轮作；天气干旱时，注意及时浇水、追肥，促使植株健壮生长，提高抗虫能力；摘除田间虫叶、红叶、老叶，带出田外，减少田间发生基数。

（2）**物理防治** 三色板尤其是蓝板对防治叶螨有一定效果。

（3）**生物防治** 保护利用中华草蛉、小花蝽、大眼蝉长蝽、食螨瓢虫和捕食螨类等天敌。

（4）**化学防治** 叶螨具有生活史短、繁殖能力强、孤雌生殖等特点，条件适宜时短期内能迅速危害，若长期不科学、不合理进行化学防治，反而加快叶螨抗药性。因此，需轮换施用高效、低毒的杀螨剂，但不得用药次数太过频繁，以避免产生抗性。可选用20%四螨嗪可湿性粉剂2 000倍液，或20%哒螨灵可湿性粉剂，或5%噻螨酮乳油1 000倍液，或20%甲氰菊酯乳油2 000～3 000倍液，或1.8%阿维菌素乳油2 000倍液等药剂喷雾。每隔7～10d左右喷一次，连续2～3次，喷药要均匀，一定要喷到叶背面，对田边杂草等寄主植物也需要喷施。

2.19 甘薯瘿螨

分布与危害

甘薯瘿螨［*Eriophyes gastrotrichus*（Nalepa）］，属蛛形纲、瘿螨科，主要分布于菲律宾、印度尼西亚和巴布亚新几内亚等国家和地区。该瘿螨除了危害甘薯外，还可危害海南薯等旋花科植物。Indiati 等（2017）研究表明，种植带有虫瘿的薯苗比健康种苗减产27.7%左右。目前，我国尚无此瘿螨的危害报道，因此，今后要对来自疫区甘薯的调运和分销加强监管，以防止该螨入侵我国。

危害症状

成螨、若螨以刺吸式口器吸食甘薯植株叶片和茎秆汁液，取食时机械损伤或者分泌物诱导增加了植物激素的合成，进而引起植株局部细胞增大和数量增多，从而形成虫瘿（图2-88，图2-89）。受害植株的叶片、叶柄和茎上畸变形成大量的不规则大小和形状的虫瘿，虫瘿长2～10mm，宽1～5mm（图2-90，图2-91）。虫瘿阻断水分和营养输送，导致了薯块产量降低。

图2-88　甘薯瘿螨早期危害症状

图2-89　茎蔓受害症状

图2-90　叶柄和叶片上的虫瘿

图2-91　受害严重的茎蔓症状

形态特征

成虫　长148～160μm，宽46μm，极其微小，一般肉眼看不到，呈白色，蠕虫状，圆柱形，后端较窄。前腿呈弓形弯曲，后腿似前爪，腹部密生环状细纹，腹部大约有67个环。末端有长毛状伪足1对（图2-92）。

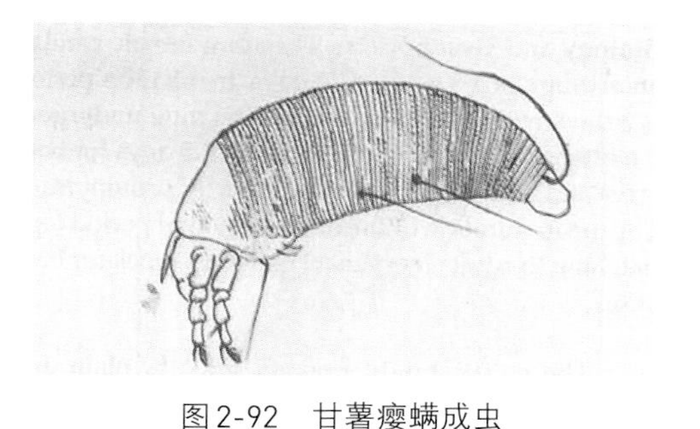
图2-92　甘薯瘿螨成虫

（引自Amalin等，1993）

卵　圆球形，淡黄色，半透明，光滑，产在虫瘿内。

幼虫　若螨似成螨，体略小，体色由灰白色、半透明渐变为浅黄色，腹部环纹不明显，在虫瘿内生长发育。

生活习性

成螨或若螨在虫瘿中越冬，世代重叠，成螨、若螨生活在同一个虫瘿内。目前该瘿螨的研究报道非常少，对于该瘿螨的生活习性不甚了解。

防治方法

（1）**加强检疫** 加强植物检疫，防止从国外疫区通过种薯、薯苗进入我国。建议将甘薯瘿螨列入我国检疫对象并采取积极措施控制其危害和蔓延。

（2）**农业防治** 种薯种苗可以传播甘薯瘿螨，应种植健康种苗；及时剪除和清理被害植株，集中烧毁；加强田间水肥管理，合理轮作。

（3）**生物防治** 保护和利用自然界中的捕食螨等天敌，对控制瘿螨发生数量具有积极作用。

（4）**化学防治** 虫瘿发生严重时，需进行化学防治，喷药的时间务必在甘薯瘿螨最初开始活动时期，即在虫瘿形成之前，一旦虫瘿形成，防治效果较差。

参考文献

彩万志，李虎，2015. 中国昆虫图鉴[M]. 太原：山西科学技术出版社.
蔡春轶，朱绍文，潘彦平，2018. 北京汉石桥湿地昆虫图鉴[M]. 北京：科学出版社.
陈景耀，陈孝宽，李开本，等，1985. 甘薯丛枝病的传病试验报告[J]. 福建农业科技(1): 6-8.
陈其瑚，1993. 浙江植物病虫志昆虫篇（第二集）[M]. 上海：上海科学技术出版社.
陈振耀，1983. 辣椒的新害虫——瘤缘蝽[J]. 昆虫知识(3): 115-116.
褚栋，毕玉平，张友军，等，2005. 烟粉虱生物型研究进展[J]. 生态学报(12): 3398-3405.
褚栋，张友军，2018. 近10年我国烟粉虱发生危害及防治研究进展[J]. 植物保护，44(5): 51-55.
邓笑陀，1985. 甘薯红蜘蛛的发生及防治[J]. 农业科技通讯(7): 20.
杜凤珍，司升云，周利琳，等，2014. 瘤缘蝽识别与防控技术口诀[J]. 长江蔬菜(17): 42-43, 58.
高翠青，2010. 长蝽总科十个科中国种类修订及形态学和系统发育研究（半翅目：异翅亚目）[D]. 天津：南开大学.
葛钟麟，1966. 中国经济昆虫志（第十册，同翅目：叶蝉科）[M]. 北京：科学出版社.
宫亚军，魏书军，康总江，等，2013. 二斑叶螨的识别与防治[J]. 中国蔬菜(1): 30-31.
桂炳中，张军海，贾强，2010. 甘薯跃盲蝽危害草坪草和白三叶初步观察[J]. 中国植保导刊，30(8): 39.
洪海林，刘雄，余安安，2012. 辣椒害虫瘤缘蝽的发生与防治[J]. 植物医生，25(6): 20-21.
胡庆玲，2013. 中国蓟马科系统分类研究（缨翅目：锯尾亚目）[D]. 咸阳：西北农林科技大学.
黄成裕，齐石成，黄邦侃，等，1992. 福建省甘薯害虫名录[J]. 华东昆虫报(1): 22-34.
黄建华，李信申，兰孟焦，等，2021. 甘薯地上害虫发生动态及品种抗虫性差异[J]. 中国植保导刊，41(2): 59-62, 66.
纪锐，肖玉涛，骆芳，等，2010. 九种药剂防治悬铃木方翅网蝽的药效试验[J]. 昆虫知识，47(3): 543-546.
姜王森，1986. 甘薯害虫——花生跳盲蝽观察初报[J]. 温州农业科技(1): 25-26.

蒋金炜，丁识伯，2008. 外来害虫悬铃木方翅网蝽的发生与危害[J]. 植物检疫 (6): 374-376.
康芝仙，路红，伊伯仁，等，1996. 大青叶蝉生物学特性的研究[J]. 吉林农业大学学报 (3): 23-30.
匡海源，程立生，1990. 关于区分朱砂叶螨和二斑叶螨两个近似种的研究[J]. 昆虫学报 (1): 109-116.
李传仁，夏文胜，王福莲，2007. 悬铃木方翅网蝽在中国的首次发现[J]. 动物分类学报 (4): 944-946.
李峰奇，付宁宁，张连忠，等，2018. 悬铃木方翅网蝽生物学、化学生态学及防治研究进展[J]. 昆虫学报，61(9): 1076-1086.
李清西，赵莉，张军，等，1997. 温室白粉虱 *Trialeurodes vaporariorium* Westwood 生物学及其防治[J]. 新疆农业大学学报 (2): 24-30.
李荣荣，2017. 二星蝽属几何形态学及生物多样性研究（半翅目：蝽科）[D]. 太原：山西农业大学.
刘华，2020. 玉米田二星蝽和斑须蝽的发生及防治[J]. 现代农村科技 (2): 45.
刘梁昕，2019. 广东省缨翅目昆虫多样性与区系分析[D]. 广州：华南农业大学.
刘淑绮，郭远安，王进璧，等，1980. 茶小绿叶蝉在广东的发生情况及其防治[J]. 广东农业科学 (2): 39-40, 43-44.
龙胜锦，1999. 稻绿蝽防治措施[J]. 农村经济与技术 (8): 19.
陆永跃，曾玲，王琳，等，2008. 警惕一种危险性绵粉蚧入侵中国[J]. 环境昆虫学报，30 (4): 386-387.
马骏，胡学难，刘海军，等，2009. 广州扶桑上发现扶桑绵粉蚧[J]. 植物检疫，23 (2): 35-36, 65.
石勇强，惠伟，陈川，等，2002. 国内温室白粉虱的生物学习性与防治研究综述[J]. 陕西农业科学 (9): 19-21, 32.
舒敏，克尤木·维勒木，罗庆怀，等，2012. 蓝蝽对马铃薯甲虫低龄幼虫的捕食潜能初探[J]. 环境昆虫学报，34 (1): 38-44.
司升云，吴仁锋，望勇，等，2007. 瘤缘蝽的识别与防治[J]. 长江蔬菜 (2): 27, 67.
司升云，张宏军，冯夏，等，2017. 中国蔬菜害虫原色图谱[M]. 北京：中国大百科全书出版社.
唐颢，唐劲驰，黎健龙，等，2011. 茶小绿叶蝉无公害防治技术概述[J]. 广东农业科学，38 (11): 92-94, 106.
童晓立，吕要斌，2013. 中国大陆新发现一种外来入侵物种——首花蓟马[J]. 应用昆虫学报，50 (2): 496-499.
童雪松，王连生，1987. 甘薯跳盲蝽的生物学及防治[J]. 昆虫学报，30 (1): 113-115.
王福莲，李传仁，刘万学，等，2008. 新入侵物种悬铃木方翅网蝽的生物学特性与防治技术研究进展[J]. 林业科学 (6): 137-142.
王慧，孔维娜，马瑞燕，2005. 烟粉虱生物防治研究进展[J]. 山西农业大学学报（自然科学版）(4): 420-424.
王连生，童雪松，1986. 夏、秋大豆田甘薯跳盲蝽的发生与防治[J]. 中国油料作物学报 (2): 82-83.
王连生，童雪松，1990. 甘薯跃盲蝽的研究[J]. 昆虫知识，27 (2): 88-90.

王玲，韩战敏，赵宗林，等，2014. 甘薯跳盲蝽在玉米田的发生危害及综合防治技术[C]. 华中昆虫研究（第十卷）: 207-208.
王容燕，刘兰服，胡亚亚，等，2020. 不同杀虫剂及施用技术对甘薯烟粉虱的防治效果[J]. 河北农业科学，24 (4): 43-46.
王彦美，戚哲民，2004. 温室白粉虱的生物学特性及防治措施[J]. 滨州师专学报 (2): 31-33.
王泽华，宫亚军，魏书军，等，2013. 朱砂叶螨的识别与防治[J]. 中国蔬菜 (5): 27-28.
翁良宏，翟勤，刘苏，2022. 22%联苯 · 噻虫嗪悬乳剂对烟粉虱和温室白粉虱的防治效果研究[J]. 现代农业科技 (14): 52-54, 58.
邬子惠，王梦馨，潘铖，等，2021. 茶小绿叶蝉发生规律与绿色防控研究进展[J]. 茶叶通讯，48 (2): 200-206, 252.
吴嗣勋，周斌，1992. 稻绿蝽的预测预报及综合防治[J]. 湖北农业科学 (3): 21-24.
武三安，张润志，2009. 威胁棉花生产的外来入侵新害虫——扶桑绵粉蚧[J]. 应用昆虫学报，46 (1): 159-162.
肖利贞，2015. 绿色甘薯病虫害防治技术[J]. 乡村科技 (12): 9.
谢永辉，张宏瑞，刘佳，等，2013. 传毒蓟马种类研究进展（缨翅目，蓟马科）[J]. 应用昆虫学报，50 (6): 1726-1736.
杨惟义，1962. 中国经济昆虫志（第二册 半翅目 蝽科）[M]. 北京: 科学出版社.
俞满根，2001. 瘤缘蝽的生活史及防治简报[J]. 江西植保 (2): 58-57.
张娟，2006. 侵染甘薯的双生病毒的研究[D]. 大连: 大连理工大学.
张启明，汤瑞香，1996. 红蜘蛛在甘薯上的发生危害与防治技术[J]. 植物医生 (3): 10-11, 14.
张昕哲，张敏敏，胡春林，等，2012. 江苏省缘蝽总科昆虫（半翅目: 蝽次目）[J]. 金陵科技学院学报，28 (3): 71-77.
张芝利，陈文良，王军，1980. 京郊温室白粉虱发生的初步观察和防治[J]. 昆虫知识 (4): 158-160.
章士美，郑乐怡，任树芝，等，1995. 中国经济昆虫志（第五十册，半翅目（二））[M]. 北京: 科学出版社.
章士美，1995. 中国经济昆虫志: 第五十册 半翅目（二）[M]. 北京: 科学出版社.
章士美，胡梅操，1981. 二星蝽和广二星蝽的初步考察[J]. 江西农业科技 (5): 20-21.
章士美，胡梅操，1982. 稻绿蝽的研究初报[J]. 江西农业科技 (10): 13-15.
章士美，胡梅操，1982. 关于稻绿蝽的变型问题[J]. 昆虫知识 (4): 47-48.
赵冬香，高景林，卢芙萍，等，2010. 海南岛荔枝、龙眼害虫种类名录[J]. 热带作物学报，31 (10): 1797-1805.
赵清，李敏，孙溪，等，2015. 北二星蝽 *Eysarcoris aeneus* 的DNA分类学研究（半翅目: 蝽科: 二星蝽属）[J]. 山西农业大学学报（自然科学版），35 (3): 241-248.
郑乐怡，刘国卿，1998. 束长蝽科若虫记述及其系统学意义（半翅目: 异翅亚目）[J]. 动物分类学报 (2): 191-197.
周世春，印懋馨，1984. 稻绿蝽的研究[J]. 植物保护学报 (2): 133-136.
周湾，林云彪，许凤仙，等，2010. 浙江省扶桑绵粉蚧分布危害调查[J]. 昆虫知识，47 (6):

1231-1235.
朱艺勇，黄芳，吕要斌，2011. 扶桑绵粉蚧生物学特性研究[J]. 昆虫学报，54 (2): 246-252.
邹文权，徐武，刘小明，等，2009. 大青叶蝉生物学特性及其防治技术[J]. 吉林林业科技，38 (5): 52-53.
Amalin DM, Vasquez EA, 1993. A handbook on Philippine sweet potato pests and their natural enemies[M]. International Potato Center (CIP) , Los Baños, Philippines.
Ames T, Smit N EJM, Braun AR, et al. , 1983. Sweet potato: Major Pests Diseases, Nutritional Disorders[M]. Internacional Potato Center (CIP) . Lima, Peru.
Clark CA, Ferrin DM, Smith TP, et al. , 2013. Compendium of sweetpotato diseases, pests, and disorders[M]. St. Paul: The American Phytopathological Society.
David AR, Zheng LY, 2002. Checklist and nomenclatural notes on the Chinese Pentatomidae (Heteroptera) *I. Asopinae*[M]. Entomotaxonomia, 24 (2): 107-115.
Ekman J, Lovat J, 2015. Pests, Diseases and Disorders of Sweetpotato: A Field Identification Guide[M]. Australia: Horticulture Innovation Australia Limited.
Indiati SW, Rahajeng W, Rahayu M, 2017. Damage Level of Sweet Potato Germplasm to Gall Mites, *Eriophyes gastrotrichus*[C] //Prosiding Seminar Hasil Penelitian Tanaman Aneka Kacang dan Umbi: 632-647.
Ronato SF, Esguerra NM, 1990. Biology of sweetpotato bug, *Physomerus grossipes* Fabr. (Coreidae, Hemiptera) [J]. Annals of Tropical Research: 1-9.
Singh PJ, Jaiswal AK, Monobrullah MD, 2014. New record of insect pests attacking - a commercial host for culturing lac insect, (Kerr) from India[J]. Proceedings of the National Academy of Sciences India, 84 (4): 909-915.
Suzaki Y, Okada K, 2016. Developmental characteristics of the seed bug *Graptostethus servus* (Hemiptera: Lygaeidae) at different temperatures[J], Applied Entomology and Zoology, 51 (4): 555-560.
Vasquez EA, Sajise CE, 1990. Pests of sweet potato: Insects, mites and diseases[M]. Philippine Root Crop Information Service, Philippine Root Crop Research & Training Center.
Wang SJ, Bu WJ, 2020. A key to species of genus *Malcus* Stål, with descriptions of four new species from China (Hemiptera: Heteroptera: Malcidae) [J]. Zootaxa, 4759 (1): 31-48.

第3章 甘薯钻蛀害虫

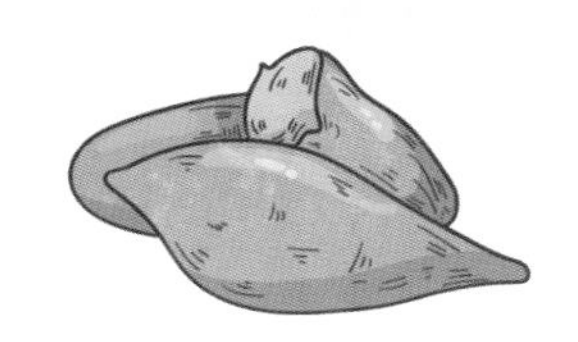

钻蛀害虫是指主要通过幼虫在甘薯块根、茎枝和叶片内部蛀食危害的一类害虫，主要包括鞘翅目象甲科、鳞翅目潜蛾科、鳞翅目螟蛾科和双翅目潜蝇科等种类。象甲科主要包括甘薯小象甲、甘薯大象甲、甘薯西印度象甲、甘薯粗糙象甲、蓝绿象、白缘象甲等21种象甲，危害比较重且多数是检疫害虫，其中甘薯小象甲［*Cylas formicarius*（Fabricius)］、甘薯西印度象甲［*Euscepes postfasciatus*（Fairmaire)］、*Cylas puncticollis*（Boheman）和*Cylas brunneus*（Fabricius）是危害甘薯四大象甲（Seow-Mun and Min-Yang, 2015）。甘薯小象甲分布于中国、印度、东南亚、大洋洲、美国、加勒比地区、日本、朝鲜、韩国等国家和地区，是我国危害甘薯最重的害虫。西印度象甲在全球有广泛的分布，但在我国尚未见报道，为我国重要的对外检疫性害虫。*Cylas puncticollis*（Boheman）和*Cylas brunneus*（Fabricius）只分布于非洲。鳞翅目螟蛾科主要为茎螟，分布于全世界，是我国南方危害甘薯的主要害虫之一。此外，潜蛾科的甘薯潜叶蛾和潜蝇科的潜叶蝇也是甘薯常见害虫，相比象甲和茎螟危害较轻。

象甲类主要以幼虫在薯块表面和内部、茎枝中取食成蛀道，导致薯块失去食用价值，茎基部膨大造成减产；甘薯茎螟以幼虫钻蛀甘薯茎基部内取食内部组织，被害的茎基部逐渐膨大，形成中空的虫瘿，全株折断枯死，影响甘薯产量；潜叶蛾和潜叶蝇幼虫钻入叶片内部，致使叶片内部虫道密布，取食上下表皮之间的叶肉组织，叶肉取食殆尽，失去叶绿素不能进行光合作用，影响甘薯生长，引起减产。钻蛀害虫幼虫除蛀食直接造成的损害外，容易引起次生性害虫及病原物的进一步危害。这类害虫具有隐蔽性强、危害重、防治困难等特点，是影响甘薯产业发展的最重要的一类害虫。南方薯区相比北方薯区钻蛀害虫种类多、危害重，在南方薯区以甘薯小象甲、甘薯大象甲、甘薯茎螟、甘薯潜叶蛾和潜叶蝇等为主，在北方薯区甘薯潜叶蛾和潜叶蝇发生较多。

本章主要介绍危害我国甘薯产业发展的甘薯小象甲、甘薯大象甲、蓝绿象、甘薯茎螟、甘薯潜叶蛾、潜叶蝇6种害虫，此外介绍了甘薯西印度象甲、白缘象甲、甘薯粗糙象甲3种严重危害甘薯的检疫性象甲。3种检疫性象甲在我国尚无分布，中国海关多有截获，这些害虫一旦传入我国，恐对我国的甘薯产业带来毁灭性危害，因此要防患于未然。

3.1 甘薯小象甲

分布与危害

甘薯小象甲［*Cylas formicarius*（Fabricius）］，又名甘薯蚁象、红头娘、沙虫、臭心虫，属鞘翅目、锥象科，是国际与国内重要的检疫性害虫，在我国主要分布在南方甘薯产区，近年来其分布逐渐北扩，目前是南方薯区、长江中下游薯区及西南薯区危害面积最大、对甘薯品质和产量影响最大的害虫。甘薯小象甲起源于印度，目前广泛分布于全世界范围的热带和亚热带甘薯产区。据不完全统计，在我国的广东、福建、广西、浙江、江苏、江西、湖南、贵州、海南、云南、重庆、四川和台湾等13个省区均有分布，其中在广东、福建和浙江等省危害猖獗。已知甘薯小象甲有30个野生寄主，大部分寄主属于旋花科甘薯属植物，该属中唯一的栽培种甘薯是其最适合的寄主。另外，旋花科的小牵牛属、山牵牛属、菟丝子属、鱼黄草属、马蹄金属、打碗花属和腺叶藤属等都是其野生寄主。在我国南方薯区，该虫危害造成薯块产量损失5%～20%，严重地区达30%～50%，个别田块可高达100%。

危害症状

成虫咬食藤头、老蔓、叶脉、叶柄和薯块，致使植株发黄，影响生长。在薯块表皮上造成许多小孔，直接影响甘薯的品质和产量，导致商品性降低（图3-1）。幼虫在薯块中取食成蛀道，且排泄物充斥于蛀道中，蛀道呈黑色（图3-2，图3-3）。幼虫危害藤头，导致藤头增粗，内部多蛀道和虫粪（图3-4）。幼虫的取食能诱导薯块产生萜类和酚类物质，使薯块变苦，即使轻微危害，也不能食用或饲用。幼虫除蛀食直接造成的损害外，也间接促进了土传病原菌的侵染。天气干燥，土表裂开，薯块外露，小象甲危害加重。甘薯的受害程度与甘薯小象甲的密度呈正相关。密度过大，成虫咬食可导致甘薯幼嫩的植株死亡。

形态特征

卵　长约0.6mm，卵乳白色至黄白色，椭圆形，壳薄，表面具小凹点（图3-5）。

图3-1　甘薯小象甲危害薯块表面症状

图3-2　甘薯小象甲危害薯块内部症状

图3-3　幼虫危害薯块的蛀道

图3-4　藤头变粗里面多蛀道和虫粪

幼虫　幼虫共5龄。末龄幼虫体长5 ~ 8.5mm，头部浅褐色，呈圆筒形，两端略小，略弯向腹侧，胸部、腹部乳白色有稀疏白细毛，胸足退化（图3-6）。

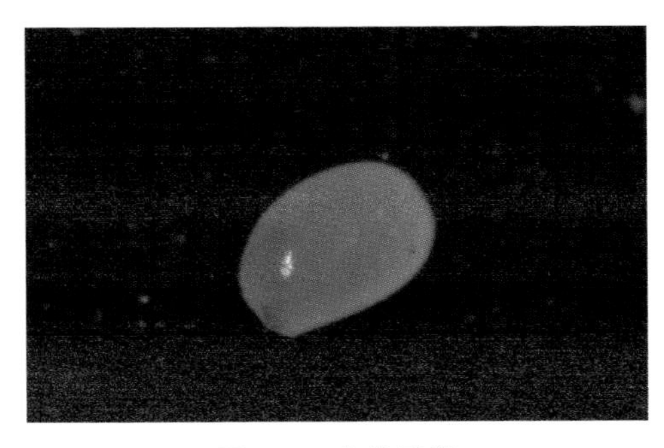

图3-5　小象甲卵

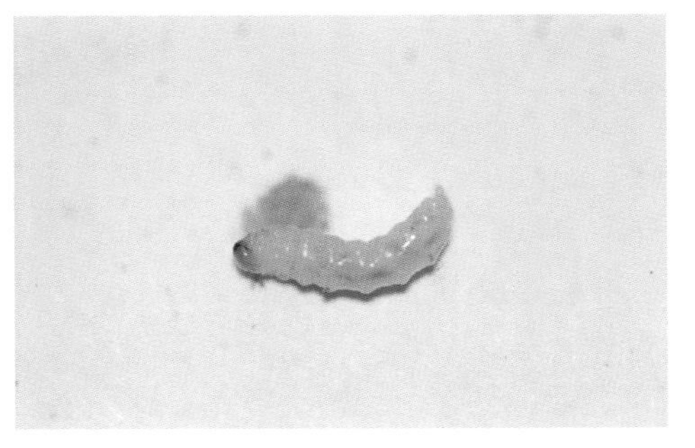

图3-6　小象甲幼虫

蛹　体长4.7 ~ 5.8mm，宽1.5 ~ 2.0mm，长卵形，初灰白色，变成成虫以前，复眼、翅芽和足为棕色，身体其他部位为淡黄色，最末腹节有1对刺突（图3-7）。

成虫　体长5 ~ 8mm，体形细长如蚁，触角末节、前胸、足为红褐色至橘红色，其他部分呈蓝黑色，具金属光泽，头部延伸成细长的喙，状如象鼻，咀嚼式口器着生于喙的末端，复眼半球形略突，黑色（图3-8）。触角10节，雄虫触角末节呈棍棒状，雌虫则呈长卵状（图3-9）。

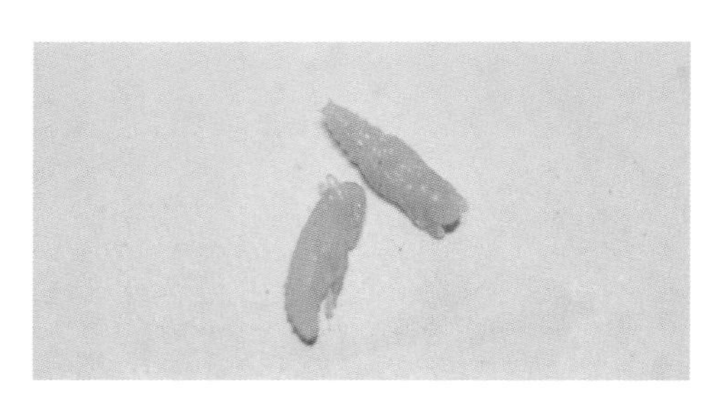

图3-7　小象甲蛹

生活习性

在我国自南向北年发生代数递减，云南地区一年发生9代，台湾、广东地区一年发生6 ~ 8代，福建、广西地区一年发生5 ~ 6代，浙江地区一年发生3 ~ 4代，春末夏初成虫较多，秋冬幼虫和蛹居多，无明显生理滞育期，只要条件合适，全年均可发生。卵期5 ~ 6d，最长12 ~ 14d。幼虫期17 ~ 24d，最长31d，越冬代长达32 ~ 39d。蛹期6 ~ 7.5d，最长14d，越冬代23 ~ 25d。成虫寿命一般17 ~ 60d，最长308 ~ 514d。每一世代的长短因地区气候而不同。完整的生活史历经1 ~ 2个月，通常在夏季为35 ~ 40d，世代重叠，如果存在适合的寄主，4个阶段的形态均能够见到。多以成、幼虫、蛹越冬，成虫多在薯块、薯梗、枯叶、杂草、土缝中越冬，幼虫、蛹则在薯块、藤蔓中越冬，广州地区无越冬现象，虫昼夜均可活动或取食。雌虫在薯块表皮咬成小孔，将卵产入孔中，一孔一粒，每雌虫产卵80 ~ 253粒。初孵幼虫蛀食薯块或藤头，有时一个薯块内幼虫多达数十只，少则几只，通常每条蛀道居1只幼虫。气候干燥炎热、土壤龟裂、薯块裸露对成虫取食、产卵有利，易酿成猖獗危害。

图3-8　小象甲成虫

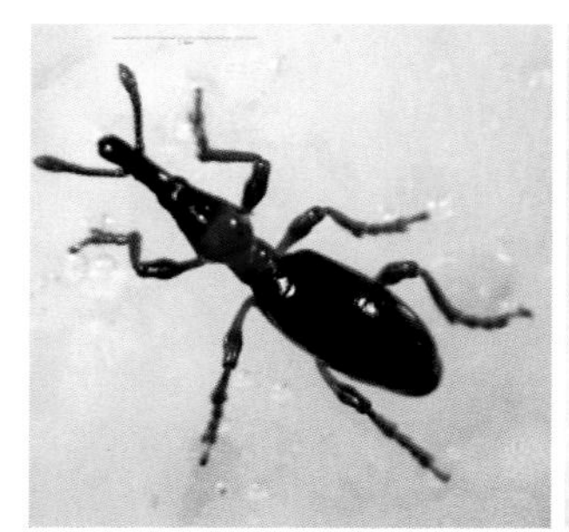

图3-9　甘薯小象甲雌虫（左）和雄虫（右）
（滑金锋提供）

防治方法

目前甘薯小象甲的防治措施主要包括监管种薯种苗调运、农业防治、化学防治和生物防治。由于幼虫隐蔽的钻蛀取食习性和成虫夜间活动的规律，致使单一的防治方式效果很不理想，因此必须采取综合防治策略，将所有防治方法有效地结合起来。加强非疫区种苗和商品薯调运检疫，重视农业防治措施，合理使用化学药剂，积极推进生物防治。

（1）**农业防治** 加强种薯种苗调运监管；选用无虫种薯；该虫寄主范围窄，主要为旋花科植物，将甘薯与其他作物轮作或水旱轮作，抑虫效果显著；中耕松土和及时灌溉能有效防止土地龟裂而造成的薯块露出土表；甘薯成熟后立即收获；收获后，清洁田园，可降低翌年的虫口密度等。

（2）**生物防治** 甘薯小象甲的生物防治主要包括利用天敌控制、性诱剂诱捕和昆虫不育技术。天敌主要有昆虫病原线虫、昆虫病原真菌和寄生蜂类等，其中白僵菌是世界上研究最多、商业化应用最广的一种虫生真菌。性诱剂诱捕法是生物防治的一大亮点，是利用性诱剂诱捕雄虫干扰交配，降低害虫的种群密度，从而来防治小象甲繁殖和扩散蔓延（图3-10）。甘薯小象甲性信息素首先是由Heath等于1986年合成，通过田间试验证明了该信息素对小象虫雄性成虫具有很强的引诱活性。在国内，刘建峰等于1992—1998年期间在广东省农业科学院作物研究所甘薯田对性诱剂的诱捕效果和防治效果进行了试验，结果表明，该防治方法简单易行、经济实用，可在生产上推广应用，并针对南方薯区小象甲的危害特性提出了放置性诱剂具体时间。目前，在我国性诱剂诱捕法广泛应用于有机或绿色甘薯生产中，但是防治效果有限。

（3）**化学防治** 生产上多用敌百虫、联苯菊酯、高效氯氟氰菊酯、噻虫胺、噻虫嗪和辛硫磷等化学药剂进行防治。林泗海测定了毒死蜱和辛硫磷等3种药剂9个组合的田间甘薯小象甲防治效果，结果表明，锐劲特对甘薯小象甲有较好的防治效果，与毒死蜱或辛硫磷混合使用，防治效果更好。王容燕等研究表明，辛硫磷、毒死蜱、高效氯氟氰菊酯、甲氨基阿维菌素苯甲酸盐和吡虫啉对植株具有较好保护效果，其中吡虫啉和高效氯氟氰菊酯对植株保护作用的持效期最长。Smith等研究表明除虫菊酯、氟氯氰菊酯和联苯菊酯对路易斯安那州和得克萨斯州两个甘薯小象甲群体具有较好的毒性。

图3-10 甘薯小象甲诱捕器

3.2 甘薯大象甲

分布与危害

甘薯大象甲［*Sternuchopsis waltoni*（Bohewan），异名*Alcidodes waltoni*（Boheman）或*Alcidodes roelofsi*（Lewis）］，别名甘薯大象虫、甘薯长足象，成虫俗称猢狲蜩、硬壳蜩、薯猴、铁马、斧头虫，幼虫俗称空心虫、空藤虫、蛀节虫、食节虫、大肚虫等，属鞘翅目、象甲科、长足象属，是一种杂食性害虫（图3-11，图3-12）。成虫可危害甘薯、马铃薯、蕹菜、大豆、桃、柑橘等10科25种植物，但幼虫仅在甘薯、蕹菜、月光花等植物上危害。在我国广东、广西、福建、江西、贵州、四川、云南、浙江、湖南、陕西、辽宁和台湾等省区均有发生（江苏省农业科学院等，1984；张君明等，2021）。国外主要分布在日本、越南、缅甸、斯里兰卡（赵养昌等，1980）等国家和地区。主要危害甘薯，甘薯植株被害率一般为5%～18%，发生严重者可达45%，造成减产，且近年来有逐年加重的趋势。

图3-11　甘薯大象甲栖息于叶背

图3-12　甘薯大象甲成虫

危害症状

成虫、幼虫均可危害。成虫取食嫩梢、嫩茎、叶柄呈纵沟状，使之折断枯死，也可将嫩叶食成小孔洞或缺刻，有时将叶背中脉食成纵行伤痕，偶尔啃食外露薯块，呈纵伤痕。幼虫在薯藤基部蛀入茎内危害，主茎受害影响产量。幼虫孵出后即向茎部或叶柄移动蛀食（图3-13），直达茎节中心为止，被害部逐渐膨大形成虫瘿，使地上部水分和营养的输送受阻，影响正常生长和结薯。苗期受害，幼虫一般仅寄生茎基部，虫瘿位于藤头，导致藤蔓易折并枯死。每茎内有虫1～2头，幼虫可在茎内上下移动，3～5d向外咬一小孔排泄粪便和碎屑，可继续向下蛀入薯块危害。受害薯块有腥味，不能食用，并可诱发软腐病、黑斑病等。

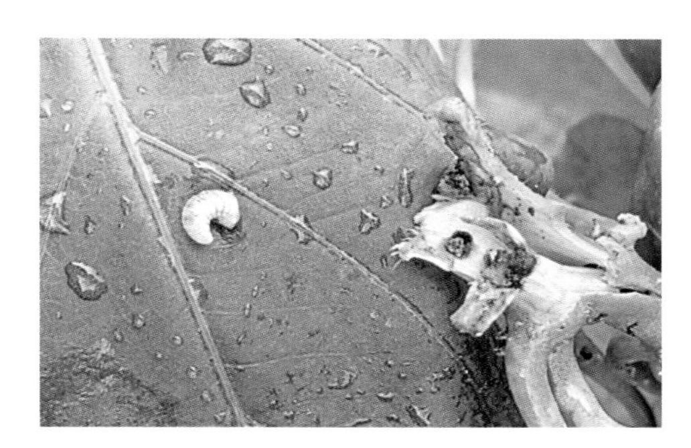

图3-13　甘薯大象甲幼虫及其危害症状
（董锋渠提供）

形态特征

成虫　体长（包括喙）11.9 ～ 14.1mm，近长卵形，体黑色或黑褐色（少数红褐色）（图3-11，图3-12）。体表被灰褐色、灰色、土黄色或红棕色鳞毛，腹面鳞片白色（图3-14，图3-15）。触角膝状，12节，末端4节膨大。前胸背板宽大于长，且前狭后宽，后缘中部向后突出，镶入两鞘翅基部中央，背板密布颗粒，中央有一个由鳞片构成的纵纹；每个鞘翅上有10条纵沟，沟内有显著刻点；头部较小，延长的管状喙管稍弯曲。雄虫腹部基部中间洼，端部中间两侧各有长毛1簇，雌虫腹部基部无洼，端部后缘散布长毛。

图3-14　甘薯大象甲成虫

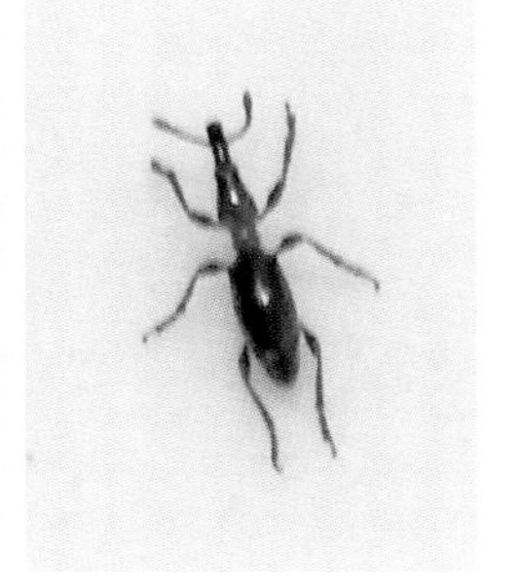

图3-15　甘薯大象甲和小象甲

卵　卵圆形，长1.5 ～ 1.8mm，淡黄色，卵壳稍柔软，表面光滑。

幼虫　末龄幼虫体长1.45 ～ 1.65mm，肥壮且向腹面弯曲（图3-13），多皱，着金黄色细毛。胸腹部初为淡紫色，2 ～ 3龄后乳白色，胸足退化消失，仅有小足突6个，上有细毛。

蛹　长7.8 ～ 10.9mm，近长卵形，初乳白色，后变淡黄色或淡黄褐色，体被密生金黄色细毛，头顶具褐色乳状突1对。

生活习性

甘薯大象甲一年发生的代数及生活习性因地区、栽培方式不同而有差异，在福建和贵州等省份一年发生1～3代，以成虫在岩石下、土壤裂缝内、树皮缝隙或越冬薯内以及附近杂草上越冬，少数以老熟幼虫在冬薯的虫瘿或薯藤内越冬。卵期3.5～7d，幼虫共4龄，幼虫期25～35d，蛹期4～15d，成虫期50～370d。越冬成虫于翌年4月上旬开始活动，5月中下旬产卵，6月上旬至7月下旬为第1代幼虫期，7月上旬至8月中旬为第1代成虫期，7月下旬至9月中旬为第2代幼虫期，9月下旬第2代成虫羽化，并于12月中旬进入越冬期。冬季和早春温暖，6—9月少雨干旱，有利于大象甲发生危害。

成虫爬行力颇强，少飞翔而善伪死，日中尤甚，受惊扰即缩足下坠。耐饥力强。雌成虫产卵的主要寄主为甘薯，其次是蕹菜，极少数产于牵牛花和月光花上，卵多产于植株茎的近节处，且多选择茎粗的品种。一般每雌虫产卵7～75粒。幼虫孵出后即向茎部或叶柄移动蛀食，直达茎节中心为止，被害部逐渐膨大形成虫瘿。每茎内有虫1～2头，幼虫在茎内可上下活动，幼虫越冬时，老熟幼虫则在越冬前用粪便和碎屑塞紧通向外界的孔口。

防治方法

（1）**农业防治** 甘薯收获后及时清除田间残留藤蔓、薯块及周围旋花科杂草；甘薯与其他作物轮作，有条件的地方应推行水旱轮作或与非寄主作物轮作，尽量避免连作；清晨日出前或日落前后，成虫在茎端或叶面活动时，用人工振落捕杀；初春种植少量春大豆，或保留部分旋花科杂草，诱集越冬成虫集中灭杀。

（2）**生物防治** 白僵菌0.5～1.5kg拌细沙制成菌土，施药前先灌透水，然后均匀撒施于畦面上，在气温16～30℃，相对湿度80%以上时易侵入虫体，干旱时不适宜其寄生繁衍。

（3）**化学防治** 药液浸苗，可在薯苗扦插前用90%晶体敌百虫800倍液浸苗，晾干扦插。冬春季诱杀，可采用经50%辛硫磷乳油800倍液或90%晶体敌百虫600倍液浸过的小薯块布穴，每亩20穴。夏秋季用90%晶体敌百虫600倍液或40%辛硫磷乳油800倍液浇灌或喷淋藤头，或结合破垄施夹边肥施药，注意施药后必须立即覆土合垄。此外，可用0.5%苦参碱水剂1 000～1 500倍液，或用1.8%阿维菌素乳油2 000～3 000倍液喷雾防治成虫（张君明等，2021）。

3.3 绿鳞象甲

分布与危害

绿鳞象甲［*Hypomeces Squamosus*（Fabricius）］，又称为蓝绿象、绿绒象甲、大绿象甲、棉叶象鼻虫等，属鞘翅目、象甲科。据CABI（国际应用生物科学中心）统计主要分布于我国的云南、河南、江苏、安徽、浙江、湖北、贵州、江西、湖南、福建、广东、广西、四川、云南等省区以及文莱、印度、缅甸、爪哇、老挝、泰国、柬埔寨、越南、印度尼西亚、新加坡、巴基斯坦、菲律宾等国家和地区（赵养昌等，1980；云南省林业厅和中国科学院动物研究所，1987）。绿鳞象甲寄主范围广，已知可危害咖啡、芒果、柑橘、柚子、荔枝等果树以及甘薯、甘蔗、茶、棉花、桑树、大豆、花生、玉米、烟、麻、橡胶、降香黄檀等多种植物。中国科学院调查发现该虫的数量非常突出，也非常普遍，为我国象甲的优势种。以成虫危害为主，主要取食嫩枝、嫩梢、芽、叶，在成虫大面积发生且虫口率极高时，能食尽叶片，严重时导致全株枯死，例如滇刺枣受害率达59.3%～100%，甚至3m多高的树也被食光叶片仅留枝干（黄茵等，1988）。目前该虫对甘薯危害不甚严重，仅在局部小环境危害。

危害症状

绿鳞象甲以成虫危害为主，成虫取食甘薯植株幼嫩的茎枝和叶片，主要从边缘向内取食嫩叶，留下锯齿状或扇形边缘。在老叶上，通常取食叶脉间较软的叶肉，常造成叶片缺刻、孔洞或残缺不全，甚至咬断嫩茎（图3-16），影响甘薯生长，造成产量降低。靠近山边、果园、茶园、杂草、荒地边的甘薯田受害较重。幼虫孵化后钻入土壤深处取食甘薯和杂草根部。成虫比幼虫的危害更为严重。

形态特征

成虫 体壁黑色，身体肥而扁，略呈梭形。表面密被均一的蓝绿色鳞片（图3-16，图3-17），颜色往往因观察角度不同而显示蓝色或绿色，鳞片表面常附有橙黄色粉末而呈黄绿色，有些个体密被灰色、褐色或者暗铜色鳞片，个别为蓝色。触角短粗，头管背面扁平，有5条纵沟，复眼突出。前胸宽大于长，

图3-16 绿鳞象甲成虫及其危害症状
（洪成佳提供）

图3-17 绿鳞象甲成虫
（洪成佳提供）

背面具有宽深的中沟以及不规则的刻痕。鞘翅上各具10行刻点。雄虫体长12.8 ~ 14.6mm，体宽4.8 ~ 5.9mm，鳞片间散布银灰色直立柔毛，前足基节后的2个尖状突起较明显，腹板末节端部钝圆；雌虫体长14.3 ~ 15.1mm，体宽5.6 ~ 6.0mm，散布鳞片状毛，前足基节后的2个尖状突起不大明显，腹板末节端部尖。

卵　长约1mm，卵形，浅黄白色，在孵化前为暗黑色。

幼虫　末龄幼虫体长15 ~ 17mm，无足，乳白色或者黄白色，体肥，大多具有皱褶。

蛹　长约14mm，黄白色。

生活习性

一年发生1 ~ 2代，一般以成虫或老熟幼虫在土中越冬。4 ~ 6月成虫盛发。广东省终年可见成虫危害。浙江4月下旬可见成虫活动，7月上旬为成虫盛发期。安徽地区多以幼虫越冬，6月成虫盛发，8月成虫开始入土产卵。云南西双版纳地区6月进入羽化盛期；福建福州地区6月中、下旬进入盛发期，8月中旬成虫明显减少，10月羽化的成虫在土室内蛰伏越冬（洪仁辉等，2013）。

成虫有群集性和假死性，受惊后迅速坠落。气温20℃以下时，活动性差，多白天活动，夜间在土缝及根际等处栖息。气温25℃以上时，活泼善飞，遇惊即起飞逃逸，日夜在树上栖息。成虫出土后爬至枝梢危害嫩叶，取食数日后便可交配产卵，能交配多次。卵大多单粒散产在叶片上，分泌黏液将两叶片粘合，以保护卵粒。幼虫孵化后钻入土中深处10 ~ 13cm，在地下取食植株和杂草根系，幼虫期80 ~ 200d。幼虫老熟后在6 ~ 10cm土中化蛹，蛹期17d。

防治方法

以农业防治为基础，改变绿鳞象甲栖息环境，破坏其越冬场所。利用其聚集性和假死性进行物理防治。根据气温高逃逸极快的特性，选择速效而又特效的药剂加以适时防治。

（1）**农业防治**　春秋结合中耕松土，破坏成虫的栖息环境以及幼虫在土中的生存环境，冬季深耕破坏成虫的越冬场所。

（2）**物理防治**　在早、晚温度较低时，摇动植株，集中收集捕杀；于成虫盛发期，堆放4 ~ 5堆新鲜青草诱杀成虫。

（3）**化学防治**　在成虫大发生盛期之前喷药，采用90%晶体敌百虫1 000倍液，或50%敌敌畏乳油1 000倍液，或50%辛硫磷乳油1 000倍液，或44%氯氰·丙溴磷乳油2 000倍液，防治效果可达74.36%以上（张丽霞等，1999）。

此外，可采用1.8%阿维菌素乳油1 500倍，或20%啶虫脒可湿性粉剂2 000倍液，防治效果达90%以上（张伟等，2016）。

3.4 西印度甘薯象甲

分布与危害

西印度甘薯象甲［*Euscepes postfasciatus*（Fairmaire）］，属鞘翅目、象甲科。主要分布于热带和亚热带地区，亚洲的日本琉球群岛，欧洲的葡萄牙马德拉群岛，北美洲的美国加利福尼亚和夏威夷，中美洲及加勒比海地区的古巴、百慕大群岛、海地、牙买加和波多黎各等地，南美洲的巴西、巴拉圭、秘鲁和委内瑞拉等地，大洋洲的贝劳、库克群岛、密克罗尼西亚联邦、斐济、新西兰、巴布亚新几内亚等地区（国际应用生物科学中心CABI，2021）。主要取食甘薯，以及蕹菜、牵牛等旋花科植物，以幼虫钻蛀薯块和茎蔓危害，产生特殊的恶臭和苦辣味，人畜不堪食用。西印度甘薯象甲是世界上臭名昭著的入侵害虫和检疫害虫，也是我国进口植物产品的检疫性害虫，因此，有必要了解该虫形态特征、危害特点和生活习性等，要加强海关检疫查验，避免侵入我国。

危害症状

西印度甘薯象甲危害症状与甘薯小象甲相似，成虫咬食叶片、茎蔓和块根形成孔洞，雌虫在薯块和茎蔓表面咬食形成小洞，将卵产于其中，并用排泄物封住。孵化的幼虫在茎蔓和薯块内取食形成隧道，并将粪便排泄于其中（图3-18）。受害部位表面为黑褐色并向下凹陷，产生特殊的恶臭和苦辣味，薯块重量降低，呈海绵状疏松，受影响的甘薯不耐贮藏，人畜不堪食用。严重时，薯块表面密布凹陷的孔洞及排泄物。除蛀食直接造成的损害外，也间接促进了病原菌的侵染。成年象甲喜聚集性进食，干旱的天气发生严重（周贤等，2010）。

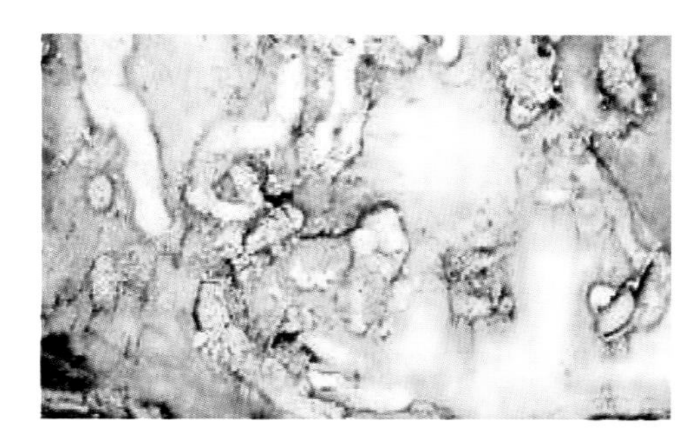

图3-18　幼虫取食形成的蛀道
（Ekman et al.，2015）

形态特征

成虫　体长约3.2～4.0mm，红棕色至灰黑色，比甘薯小象甲略小。头部有2个黑斑，鞘翅端部具明显的横向棒带。身体被短而硬、直立的刚毛和鳞片

（图3-19）。雄虫后胸腹板密被半直立的椭圆形鳞片，雌虫后胸腹板扁平，鳞片比雄虫的稀疏。

图3-19 西印度甘薯象甲成虫
（Ames et al.，1996）

卵 呈灰黄色至黄色，球形，表面具有刻纹。

幼虫 长达10mm，共5龄。老熟幼虫头黄褐色，口缘和上颚黑色，体白色，细长，略呈锥形。

蛹 白色，表皮光滑，体长约5mm。瘤上刚毛棕黑色。喙短，腿节端部具2个刚毛。中胸背板和后胸背板各具2对刚毛。各腹节背部均具有4个刚毛。

生活习性

西印度甘薯象甲1年可发生4代，世代重叠。雌虫产卵量大，产卵期长达4～6个月，平均每月产卵106粒。卵主要产于甘薯茎蔓和薯块表面咬食形成的小孔洞中，并用排泄物封住。孵化的幼虫在茎蔓和薯块内取食，蛀成孔道。蛹和成虫羽化均在蛹室内进行。刚羽化的成虫尚未性成熟，在植物体内停留10d左右方从寄主植物体内爬出。在实验室条件下，成虫可以存活6个月，具有发达的翅，不能飞行，以爬行方式进行扩散。24～27℃条件下，卵期7～9d，幼虫期18～30d，蛹期7～10d，产卵前期9～13d（周贤等，2010）。

防治方法

甘薯西印度象甲能够以卵、幼虫、蛹、成虫等各种虫态随寄主植物的贸易往来、土壤基质及运输工具等进行长距离扩散。由于该虫是内部取食，肉眼难以直接观察，到达新的领地后，一旦条件适合，种群迅速扩大，对甘薯造成重大的危害。

（1）**厉行植物检疫** 作为国际贸易和我国进口植物产品的检疫性害虫，对于该虫的防控最主要的是做好植物检疫，即从疫区进口或者途经疫区的种薯种苗和鲜食甘薯都必须厉行植物检疫，守住国门，严防侵入我国。

（2）**农业防治** 在收获后及时清除田间受感染的甘薯藤和储存根并集中销毁；保持环境卫生，种植未受感染的繁殖材料或者使用早熟品种和深根品种；实行轮作，有条件的地方施行水旱轮作；土壤因干旱产生裂缝，根系更容易受到危害，应避开干旱期进行收获；及时填平由于薯块膨大造成的土壤缝隙；充分灌溉防止土壤裂缝。

（3）**生物防治** 可利用甘薯西印度象甲的天敌——白僵菌、线虫等进行生物防治；释放不育成虫也可有效防治该虫繁衍。

（4）**物理防治** 利用150Gy的最低吸收剂量进行甘薯辐射处理，能有效阻止成虫发育。

（5）**化学防治** 薯苗栽培前用二嗪磷的水溶液冲淋进行预防。

3.5 白缘象甲

分布与危害

白缘象甲［*Naupactus leucoloma*（Boheman）］，属鞘翅目、象甲科、短喙象亚科，原产于南美洲，现主要分布于南非、澳大利亚、新西兰、美国、秘鲁、巴西、智利、阿根廷、乌拉圭等国家和地区。白缘象甲以幼虫取食危害为主，据报道，至少取食41科385种植物的根，寄主范围非常广泛，特别喜食阔叶的豆科植物，如大豆、花生、天鹅绒豆、紫花苜蓿等，此外也是甘薯、玉米、烟草、甘蔗、棉花等作物的重要害虫。目前，作为我国重要的检疫性害虫，在江苏、湖北等口岸已有截获，由于该虫寄主广泛，可以通过携带各种虫态的土壤、寄主植物调运和各种交通运输工具而进行人为远距离传播，防控白缘象甲侵入我国的检疫尤为重要。

危害症状

白缘象甲成虫取食叶片，不会造成太大损害。主要是以幼虫取食危害根部，幼虫一般多在根系外部和块根表面取食危害，也可钻蛀危害甘薯，在远离薯块末端处啃食，造成浅的、连通的凹槽（图3-20），或者钻蛀形成孔洞，影响品质及甘薯商品性。春天大量幼虫聚集危害幼嫩植株的茎基部、根部外层和内部柔软组织，并可切断主根造成植株变黄、枯萎或死亡。

图3-20 白缘象甲幼虫及其危害症状
（Clark et al.，2013）

形态特征

白缘象甲泛指*Naupactus*属的几个种，有*N. leucoloma*（Boh.）、*N. Peregrinus*（Buchanan）、*N. fecundus*（Buchanan）

和*N. minor*（Buchanan）。其中*N. leucoloma*（Boh.）是重要经济种，具体形态特征如下。

成虫　长8 ～ 13mm，宽3.4 ～ 6mm，身体灰色或灰褐色。触角呈膝状共有11节，索节的第2节较长。头部和前胸背板两则各有两条纵行白色条纹，头部的两条1条位于复眼上方，另1条位于复眼下方（图3-21）。鞘翅基部一半较宽，向鞘翅端部逐渐窄缩，沿鞘翅边缘具1条浅白色阔条纹，故称为“白缘象甲”。身体密被稠密短毛，接近鞘翅末端的毛较长（图3-22）。鞘翅与中胸背板相连，后翅不发达，因此成虫不能飞翔，但可爬行较远。雌虫孤雌生殖。

图3-21　白缘象甲成虫

（Clark et al.，2013）

卵　椭圆形，初产为乳白色，4 ～ 5d后变成浅黄褐色。

幼虫　13mm左右，低龄幼虫乳白色，老龄幼虫淡黄色，头部颜色稍暗，部分地缩入身体，上颚粗壮，黑色，身体可拱起，虫体向上，无足，身体上有稀疏的短毛。

蛹　大小近于成虫。

生活习性

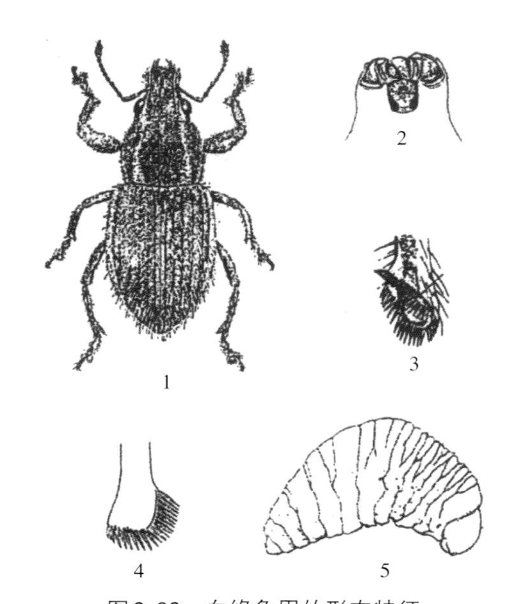

图3-22　白缘象甲的形态特征

1.成虫　2.成虫上颚腹面观　3.后足胫节
4.后足胫节端侧观　5.幼虫

（蔡悦等，2004）

白缘象甲一年发生1代，一般是以老龄幼虫在地表下23 ～ 30mm深的植株根部或根部周围越冬，也可以卵越冬。3—4月间幼虫从土壤深处向上移动，形成蛹室，化蛹通常发生在5—7月。成虫在5月初至8月中旬羽化，爬到附近植物上取食。一般在羽化后10 ～ 12d开始产大量的卵，报道记载的最多产卵量为3 258粒。白缘象甲可在多种寄主植物的各个部位产卵，但多产在植株与土壤接触的茎基部。卵产在胶状物中，因此它们可以黏附在枯枝、石块、植物茎的基部或靠近地面的其他物体上。仲夏卵经两周孵化。孵化的幼虫在地下取食许多种植物的茎秆和主根。白缘象甲孤雌生殖。雌虫寿命平均为2～3个月。成虫两个鞘翅连在一起不能飞翔，主要通过携带各种虫态的土壤、寄主和工具远距离传播，其繁殖能力也非常强，只要环境条件适宜，很快就可建立新的种群进行危害。

防治方法

（1）**加强检验检疫** 白缘象甲在我国属于重要的检疫性害虫，要严格禁止转运土壤、带土植物和寄主植物。

（2）**农业防治** 清除田间杂草和作物残渣；合理安排种植密度，实行轮作，在受害严重的地块种植燕麦或其他矮小的谷类作物，3～4年轮作一次花生、大豆等其他豆类作物，可减轻危害。

（3）**物理防治** 利用白缘象甲成虫不能飞翔的特点，在田边挖宽约25cm、深25cm的沟，沟壁保持直立平滑，可有效防止其迁移，沟底可以设洞诱捕并用煤油杀灭，可有效阻止其近距离蔓延。

（4）**化学防治** 在土壤中施用毒死蜱，喷粉、撒颗粒剂或喷雾，并在种植前用机械深耕入土约10cm，可有效杀死土壤中的幼虫和蛹，降低其虫口密度。利用威百亩熏蒸处理土壤、寄主材料及其包装物等，也有较好的防治效果。

3.6 粗糙甘薯象甲

分布与危害

粗糙甘薯象甲（*Blosyrus* sp.），又称粗糙甘薯象鼻虫，是象甲科、圆腹象属统称，该属主要分布于非洲和亚洲的印度次大陆、中国、日本、马来半岛等国家和地区（赵养昌等，1980）。已知危害甘薯的圆腹象至少包括宽肩圆腹象 *B. asellus* Olivier、卵圆圆腹象 *B. herthus* Herbst和 *B. obliquatus* 等3个种，其中宽肩圆腹象和卵圆圆腹象，国内分布于广东、福建、广西、海南、云南、江苏、台湾，国外分布于越南、柬埔寨、缅甸、泰国、新加坡、马来西亚、印度尼西亚、印度次大陆、菲律宾和夏威夷等国家和地区，*B. obliquatus* 分布于肯尼亚、坦桑尼亚、乌干达、南非和赞比亚等国家和地区（赵养昌等，1980）。象甲成虫以甘薯叶片为食，幼虫通常生活在地下，危害甘薯地下块根，严重影响甘薯的商品价值，2010年台湾省新北市发生卵圆圆腹象危害，2hm^2甘薯80%以上块根损坏，几乎无收成。

危害症状

象甲成虫以叶片为食，在叶片表面形成凹型缺口或者网孔（图3-23）。与成虫相比，幼虫的危害性更大，幼虫生活于地下，与金龟子幼虫蛴螬危害的类型相似，在土壤与块根的交接处咬食薯块表皮，受害块根表皮形成隧道状沟槽（图3-24，图3-25），老熟幼虫取食量大，常直接钻蛀进入薯块形成孔洞，并躲藏于内继续危害并露出尾部，严重影响薯块商品价值。

图3-23　卵圆圆腹象成虫取食叶片（庄国鸿等，2018）

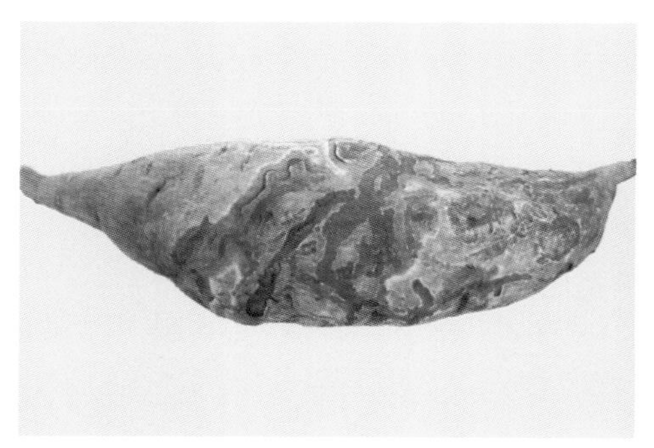

图3-24　宽肩圆腹象幼虫危害薯块症状（Heu et al.，2014）

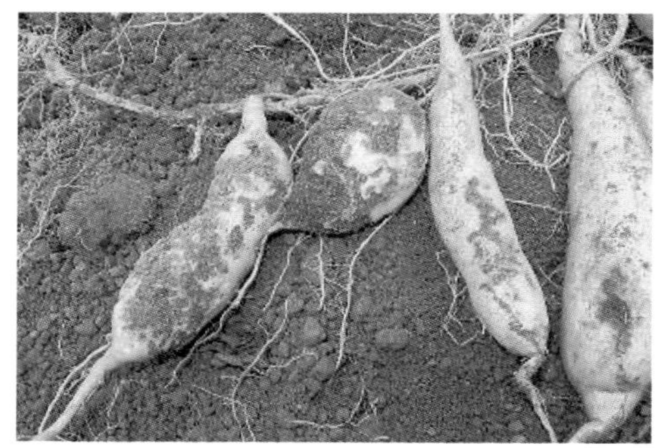

图3-25　卵圆圆腹象幼虫危害薯块形成隧道状食痕（庄国鸿等，2018）

形态特征

圆腹象属中危害甘薯的至少包括宽肩圆腹象*B. asellus* Olivier、卵圆圆腹象*B. herthus* Herbst和*B. obliquatus* 3个种，现介绍在我国发生的两个种。

卵圆圆腹象［*B. herthus*（Herbst），异名*B. chinensis*（Bohman）］（图3-26，图3-27）。成虫灰黑色，雄虫体长7.4 ～ 8.9mm，体宽3.8 ～ 4.2mm；雌虫体长8.3 ～ 8.8mm，体宽4.1 ～ 4.4mm（赵养昌等，1980），然而庄国鸿等（2018）报道，危害台湾甘薯的卵圆圆腹象雌虫体长12 ～ 16mm，雄虫体长10 ～ 13mm，体长明显大一些，具体原因有待研究者进一步确认。成虫体壁被覆褐色和白色发红的鳞片，鳞片密集处往往形成灰白色斑点或条纹，前胸中间和近两侧的鳞片形成纵纹，鞘翅中部之后有1条依稀可辨的弓形带，行间5端部有

图3-26 卵圆圆腹象成虫
（庄国鸿等，2018）

图3-27 卵圆圆腹象幼虫
（庄国鸿等，2018）

时有1个白斑。头散布粗颗粒，头和喙的两侧密被白色鳞片，额有3条深的纵沟；喙和额被1条深的横沟分开，横沟延长至眼；前胸宽略大于长，均匀散布圆颗粒。鞘翅卵形或球形，肩部不突出，行间散布颗粒。雌虫行间5端部和近端部有2个小瘤状突起，而雄虫仅在端部有1个不明显的小瘤；足粗壮，密被鳞片和鳞片状毛。雄虫腹部末节的端部中间有1个浅洼；雌虫无。

宽肩圆腹象［*B. asellus*（Olivier）］（图3-28，图3-29），体长5.7 ~ 7.5mm，体宽2.9 ~ 3.8mm，呈棕色或略带黑色，前翅呈脊状且很粗糙。鞘翅有2个带，被覆白色鳞片。头有1个深的中沟，每侧各有1个浅沟；前胸宽略大于长，两端略呈截断形，散布深刻点。鞘翅略呈方形，肩部宽，猛烈突出成1个尖锐的角但没有真正的肩，行间无颗粒。行间5末端有1个小瘤，行间3、5、7在翅坡之前也各形成1个瘤状突起。足密被褐色鳞片和倒伏浅色毛。作为番茄的重要害虫，在海南地区，成虫多出现在3—8月（赵养昌等，1980）。

图3-28 宽肩圆腹象成虫
（Mcquate et al.，2016）

图3-29 宽肩圆腹象幼虫
（Heu et al.，2014）

生活习性

近年来，在广东省6月不时发现卵圆圆腹象成虫危害甘薯叶片（图3-30，图3-31），但是对于该虫的生活习性没有详细的研究报道。云南省成虫主要出现于5月初至12月初。台湾地区成虫于田间或边坡上残存薯蔓及薯块上取食越冬，春作甘薯定植后，越冬成虫由田边入侵本田，开始取食叶片并产卵，于7月出现成虫高峰，为第1世代羽化成虫。成虫以咀嚼式口器取食甘薯叶片，白天在叶片及薯蔓间活动及交尾，受到惊吓随即缩足假死落入土中，雌虫将卵产于甘薯叶叶缘，并将叶缘折起以黏液黏住叶片保护卵，卵黄色，呈线状分布。老熟幼虫危害薯块，并于薯块周围作土茧化蛹。25℃定温饲育，卵发育至成虫总天数约55 ～ 82d，平均67.3d。雌虫平均产卵数1 721粒。卵圆圆腹象成虫仅取食旋花科植物，包括甘薯、空心菜、槭叶牵牛、白花牵牛及茑萝（庄国鸿等，2013）。

图3-30　卵圆圆腹象危害叶片症状

图3-31　广东发现的卵圆圆腹象

防治方法

（1）**农业防治**　采用健康无虫种苗；在中国台湾地区成虫可在田间或田边残存的薯蔓和薯块上取食越冬，因此，采收后应彻底清除残存薯蔓、块根及旋花科中间寄主植物，避免成虫栖息越冬；种植前农田先淹水后再翻土暴晒，减少土中残存幼虫及蛹；与水稻、茭白等作物水旱轮作。

（2）**物理防治**　采用带有甘薯根或者叶片诱剂的绿光灯可以诱集粗糙甘薯象甲（Mcquate et al.，2016）。

（3）**化学防治**　整地起垄时施用氰氮化钙可降低虫口，或者利用20%呋虫胺可溶粒剂3 000倍液，或50%杀螟丹可湿性粉剂1 000倍液喷施，对成虫防治效果较好（庄国鸿等，2018）。甲萘威（Sevin）和噻虫胺（Belay）能有效防治粗糙象甲，甲萘威和噻虫胺分别在种植后3个月内使用，效果较好（Pulakkatu-Thodi et al.，2016）。

3.7 甘薯茎螟

分布与危害

甘薯茎螟［*Omphisa anastomosalis*（Guenée），异名*O. illisallis*（Walker）］，又称甘薯蠹野螟、甘薯根螟，俗称甘薯藤头虫、甘薯蛀心虫、管母虫和甘薯蠹蛾，属鳞翅目、螟蛾科、蠹野螟属。分布于南美洲、北美洲、澳大利亚、非洲、夏威夷群岛、斯里兰卡、印度、菲律宾、印度尼西亚、缅甸等国家和地区（王平远，1980）。国内主要分布在福建、台湾、海南、广东、广西等南方甘薯种植区，在其他薯区报道较少，1997年魏远斌和林彩美报道，在福建省平潭县甘薯苗地被害率12%～15%，严重者达40%～50%，大田株一般被害率为20%～30%，严重者达50%～60%，对甘薯产量影响极大。近年来，在广东省云浮、阳江等地危害较重。除了甘薯，还可以危害砂藤及旋花科植物（林伯欣，1959）。

危害症状

茎螟多以幼虫从叶柄、腋芽或茎基部蛀入，亦可通过吐丝下垂随风飘扬至他株，钻入茎基部内蛀食危害，被害处因受刺激而逐渐膨大形成中空的虫瘿（图3-32）。幼虫在虫瘿内可上下活动，并在近地面处向外咬一小孔，将虫粪推出积于虫孔外。虫粪初为乳白色，不久变成黄褐色和暗褐色。老熟幼虫先在虫瘿壁上咬一稍大的羽化孔，并吐丝堵住，然后做一白色薄茧化蛹其中。被害的甘薯植株基部质地硬脆，提蔓或大风吹刮容易折断（图3-33），全株折断枯死，未断植株也因养分的运输和累积受限而不能正常生长，影响甘薯产量。部分幼

图3-32 甘薯茎基部膨大和茎螟羽化孔

图3-33 受害甘薯植株易折断

虫通过外露的薯块或从薯蒂侵入薯块，蛀食成隧道，影响薯块生长。

形态特征

成虫 体长14 ~ 16mm，翅展34 ~ 36mm，银灰色。头、胸和腹部淡红色，腹部背面有成对的浅斑（图3-34）。翅底色白色，边缘波纹状，前翅基部到中脉以下有不规则的红褐色斑纹，翅中室中央及末端有白色透明的一大两小斑纹，二者之间有1个深褐色边缘的红褐色斑点，中室外侧有1个较大的褐色斑，外缘锯齿状，外缘浅赭色，各翅脉淡褐色，缘毛白色。后翅基部顶角及后角有不规则的褐色斑，中室端脉斑褐色不规则有黑边与内缘连接。后翅外缘有两条不规则的弯曲褐色条纹。后翅翅顶及臀角和外缘线有深褐色波纹状线条，外缘线波纹状，缘毛白色（图3-35）（黄成裕，1953；王平远，1980）。

图3-34　白天潜伏在叶片背面的甘薯茎螟

图3-35　甘薯茎螟成虫

卵 淡绿色，呈直径约1mm的稍扁椭圆形。

幼虫 头部棕褐色，胸部乳白色或稍带淡紫色，13节，各节着生多个暗褐色疣状斑点；除第3节背面四点排成一列，尾节仅具有1个较大斑点，其余各节背面均具四角形的四点，且前方两点比后方两点大。在胸部侧面，除第12节及尾节仅具一点，第2 ~ 4节均具三点，第5 ~ 11节均具四点，围住气孔。具胸足3对，腹足4对，位于胸部第6 ~ 9节上，尾足1对。成熟幼虫体长约28mm，体宽约4mm（图3-36，图3-37）。

蛹 初蛹化时，淡乳白色（图3-38），后逐渐呈红褐色（图3-39）。头部突出，翅尖伸到第4腹节末。体长平均约16mm，体宽约3mm。胸背中央纵隆起，腹部末端钝圆，有细钩状毛8根。

生活习性

甘薯茎螟全年可发生3 ~ 5代，老熟幼虫在冬薯或在田间的薯块、藤蔓、越冬苗（薯）的茎内越冬。成虫昼伏夜出，具趋光性，羽化后成虫当天晚上就

图3-36 甘薯茎螟幼虫

图3-37 甘薯茎螟幼虫与蛀空的茎

图3-38 甘薯茎螟初化乳白色蛹

图3-39 甘薯茎螟红褐色蛹

能交尾、产卵。卵散生，多产于茎部与叶柄交叉处，室内观察每头雌虫一生产卵16 ～ 305粒，平均在115.3粒。卵经6 ～ 7d后孵化，孵化后在茎叶上爬行或吐丝下坠随风飘移，1 ～ 3龄的幼虫仅能取食表皮组织，3龄之后开始钻入茎内蛀食。被害处因受刺激而逐渐膨大形成中空的虫瘿。幼虫在虫瘿内可上下活动并在近地面处向外咬一小孔，把乳白色的虫粪推出积于虫孔外，排出的粪便不久颜色变为黄褐色，最后为暗褐色。老熟幼虫先在虫瘿壁上咬一稍大的羽化孔，并吐丝堵住，然后做一白色薄茧化蛹其中。化蛹位置多在羽化孔下方2 ～ 8cm处（黄成裕，1953；魏远斌等，1997）。

防治方法

（1）**农业防治** 茎螟食性较专一，轮作可有效减少该虫危害；人工用小刀划破甘薯茎，杀死茎内幼虫；收获后，及时彻底地清理薯田及其周围的薯藤、坏薯，可减少越冬虫口基数。

（2）**物理防治** 利用黑光灯诱杀；把1 ～ 2头未受精的雌蛾装在诱虫器中，于成虫盛发期有效诱杀雄虫；利用鱼藤精注射防治。

（3）**生物防治** 保护利用寄生蝇；释放红蚂蚁，可捕食虫瘿内茎螟幼虫，效果显著。

（4）**化学防治** 地上部可在3龄幼虫期前用90%晶体敌百虫600 ～ 800倍液，或10%氯氰菊酯乳油1 000倍液，或80%敌敌畏乳油800倍液等进行喷雾。地下部可用5%辛硫磷颗粒剂1.5 ～ 2.5kg混干细沙土25kg作毒土，撒施甘薯藤周围并覆盖薄土。

3.8 一点缀螟

分布与危害

一点缀螟［*Paralipsa gularis*（Zeller）］，又称一点螟、翼子虫、一点谷蛾、一点蛾、一点谷螟，属螟蛾科、缀螟属，是一种重要的仓储害虫，幼虫喜食糙米，其次危害小麦、大麦、大米、大豆、面粉、米粉、荞麦面、干果和茶叶等。国外分布于朝鲜、印度、日本、英国和美国等国家和地区，国内分布于河北、河南、江苏、浙江、江西、四川、福建、云南等省份（王平远，1980）。近年来，广州市发现该虫危害储藏的甘薯，造成了一定损失（图3-40，图3-41）。

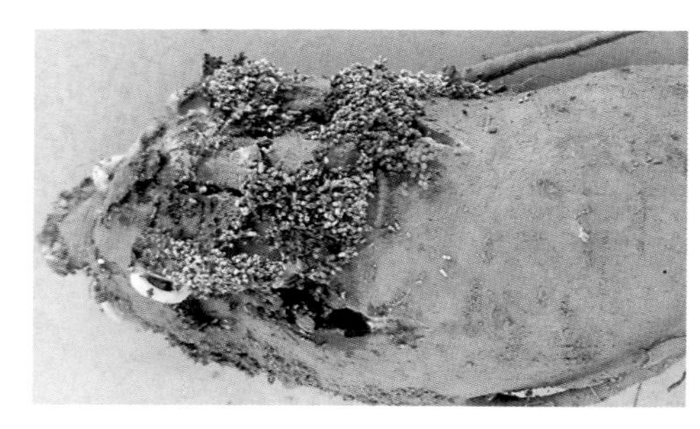

图3-40 一点缀螟危害薯块症状

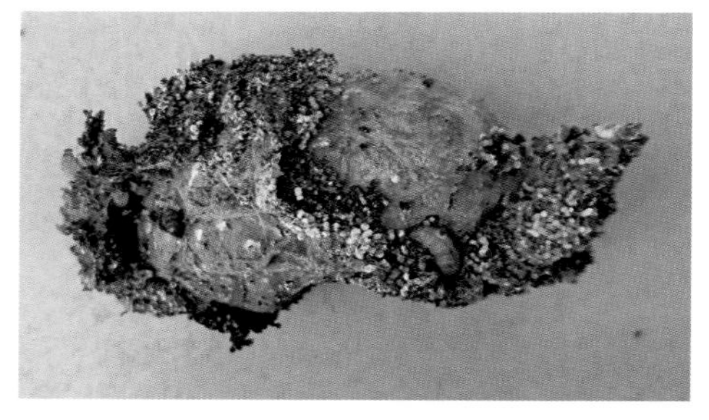

图3-41 一点缀螟危害薯块后期症状

危害症状

通过幼虫钻蛀薯块进行危害，幼虫一边蛀食薯块一边吐丝将虫粪缀合在薯块表面（图3-40），幼虫躲在缀合的大量颗粒状的虫粪包中，随着幼虫取食薯肉并不断将新的虫粪缀合起来，直至整个薯块被蛀食殆尽，表面堆积厚厚的虫粪（图3-41）。一般情况，老熟幼虫爬到墙角作茧化蛹，但有些幼虫在薯块内部进行做茧。幼虫除蛀食直接对甘薯造成损害外，也间接促进了储藏性病害的侵染。

形态特征

成虫 翅展24.5 ～ 28.8mm，斑纹雌雄互异（图3-42，图3-43），头部褐

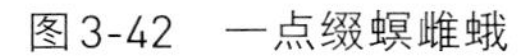

图3-42 一点缀螟雌蛾

图3-43 一点缀螟雄蛾

色，前额较基部鳞片扁平，触角淡褐色，雄蛾下唇须细小向上翘起，雌蛾下唇须粗大向下弯曲，身体暗褐色，雌蛾前翅狭长，内横线与外横线皆赤褐色，前翅中央有1个浓黑扁圆斑。雄蛾前翅青灰色，内横线与外横线之间有黄褐色分歧呈叉状的斑纹，斑纹末端有2个黑色小圆点，叉状纹下方鳞片红色，但后翅缘毛色泽稍浅。

卵 黄乳白色。

幼虫 幼虫有8龄，头部呈黄褐色，背部和腹部两侧有黑色斑点，周身有细小的绒毛（图3-44，图3-45）。高龄幼虫在墙角和薯块内作茧，茧内为黄色幼虫（图3-46，图3-47）。

蛹 长纺锤形，初为黄褐色，渐变为淡黑色。

图3-44 一点缀螟幼虫及其危害薯块症状

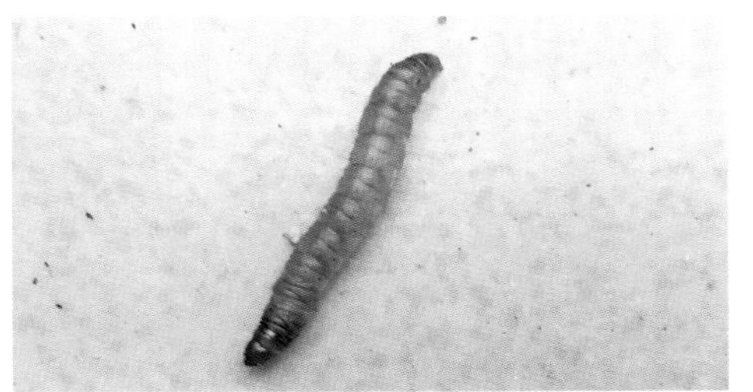

图3-45 一点缀螟幼虫

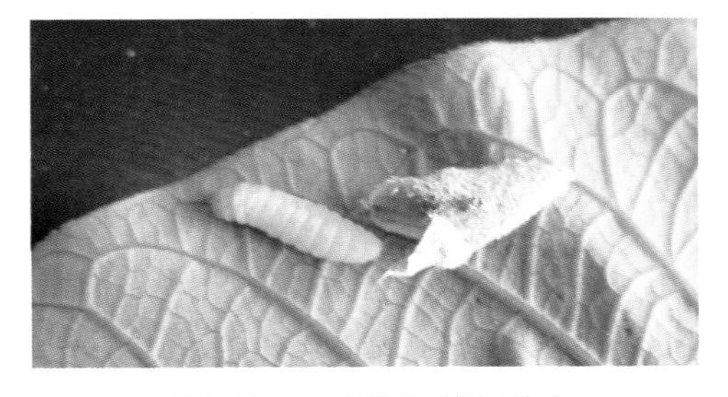

图3-46 一点缀螟茧与幼虫

图3-47 一点缀螟茧内黄色幼虫

生活习性

每年发生1代，少数有2代，以幼虫越冬，翌年4月上旬到5月中旬化蛹，4月下旬到6月下旬羽化第1代成虫，7月下旬到9月上旬羽化第2代成虫。孵化后即觅食，在36h内得不到食物则饿死。初孵化的幼虫喜食成虫尸体或同类的卵，如无这类食物则啃食谷粒胚乳。1 ~ 2龄幼虫身体细小，群聚生活，长大之后则分散。幼虫选择阴暗处经过1 ~ 2个月后老熟，时间主要集中在7月上旬到8月下旬，以7月中旬最多。幼虫一般蜕皮7次，营养不良次数增加。蜕皮6次以后离开薯块，爬到仓库顶棚天花板寻找有裂缝的地方或者天花板缝内结茧（图3-48，图3-49）。越冬幼虫到翌年3月下旬或4月下旬于茧顶端咬一穿孔，另结一层薄茧化蛹。成虫羽化后白天不活动，夜晚飞翔，寻找配偶交配，翌日产卵，产卵场所选择谷类或包装物的下凹处。环境适宜，每处产卵几十粒，通常每处一粒或几粒。成虫寿命一般为雌蛾11 ~ 12d，雄蛾15d左右。

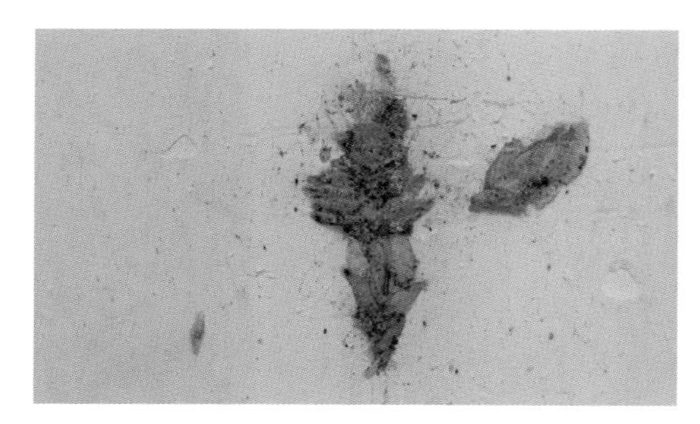
图3-48　仓库墙面上结茧

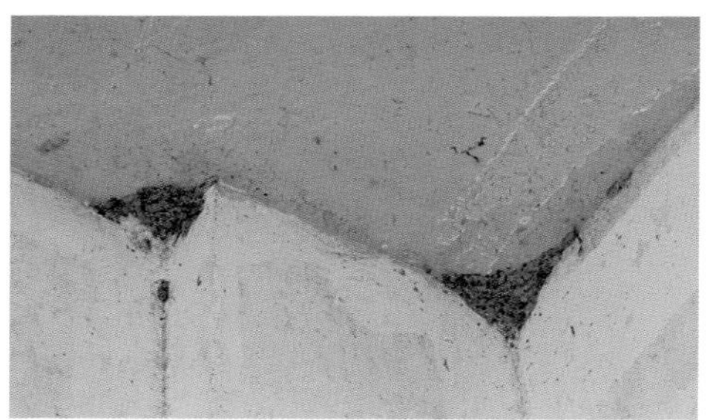
图3-49　一点缀螟在墙角结茧

防治方法

（1）**农业防治**　冬季削下虫茧用火焚烧；建筑物保持严密无缝隙，使幼虫无法作茧，可杜绝危害。

（2）**生物防治**　利用袋形虱螨寄生幼虫及蛹。

（3）**化学防治**　于幼虫作茧前用二硫化碳或氯化苦熏蒸。储藏前，采用高锰酸钾和甲醛混合熏蒸仓库具有较好的效果。

3.9　甘薯潜叶蛾

分布与危害

甘薯潜叶蛾［*Bedellia somnulentella*（Zeller）］，又称甘薯潜蛾、旋花潜蛾

和甘薯飞丝虫等，属鳞翅目、潜蛾科（林伯欣，1984）。分布于亚洲、欧洲、大洋洲、非洲、北美洲和南美洲等地区（Dos et al.，2018），国内多发生华南和华东沿海及近海各地（蔡家彬等，1994），近年来，常见于广东、海南、江西、浙江、福建和山东等省甘薯产区的温室、苗圃和田间，相比斜纹夜蛾、甘薯烦夜蛾和甘薯麦蛾等食叶害虫，危害较小，因此受关注较少。被害植株叶片提早脱落，影响光合作用和营养物质运输，致使产量下降，另外由于其排泄物留在叶片，易于形成细菌或真菌性病害。该虫主要危害甘薯，此外也可危害蕹菜、五爪金龙、三裂叶藤、砂藤、牵牛花和月光花等旋花科植物（林伯欣，1984；Dos et al.，2018）。

危害症状

以幼虫危害为主，幼虫潜入甘薯的新叶和老叶内蛀食叶肉。低龄幼虫钻蛀往往形成不规则的细线形潜道，并将颗粒状黑色虫粪留在潜道中（图3-50，图3-51）。3龄以后幼虫将叶片蛀成以稍微粗大叶脉为界的大小不等的浅黄色或半透明斑块（图3-52，图3-53）。大龄幼虫往往钻出叶片排虫粪，多数排在叶片背面，因此，斑块中一般不见虫粪。危害导致的斑块只残留薄而透明的

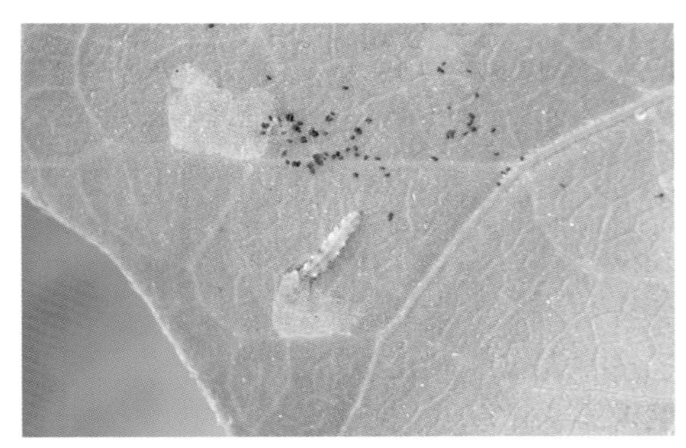

图3-50 甘薯潜叶蛾幼虫危害叶片

图3-51 叶片透明斑和悬挂的虫蛹

图3-52 叶片透明斑症状

图3-53 紫色叶片细线形潜道与透明斑

完好无损的上下两层表皮，有时枯干脱落，致被害处呈一小穿孔，影响植株光合作用和营养物质运输，严重则叶片易失水枯焦，最终落叶，使大田薯块产量下降（图3-54，图3-55），甚至可导致苗圃和苗床出苗率锐减，在温室内则阻碍开花或花而不实或结实而不饱满，影响甘薯杂交育种（林伯欣，1984；Dos et al.，2018）。

图3-54　叶片上透明斑连片、失水枯焦

图3-55　叶片背面大量黑色的虫粪

形态特征

成虫　小型蛾，长3.5～4.0mm，灰白色至淡黄色。相比雌蛾，雄蛾体短颜色深。头部短小，头顶生两丛向前伸出的灰黄色毛丛。触角细长，线形，基部具一丛鳞毛遮盖半个复眼。足细长。翅展约4.0mm，翅上面布满了淡棕色的斑驳，静止时前翅覆盖后翅。成虫通常栖息叶尖（图3-56，图3-57）。

卵　扁椭圆形，乳白色或淡黄色半透明，平铺在叶片边缘或叶脉附近。

幼虫　有5个龄期，初孵化时黄白色，取食后变为黄绿色，体背具红褐色斑点。3龄以后，呈深绿色，胴部有紫酱色和白色斑块。成熟幼虫体长4～6mm。第1对腹足较短小，行走如尺蠖。

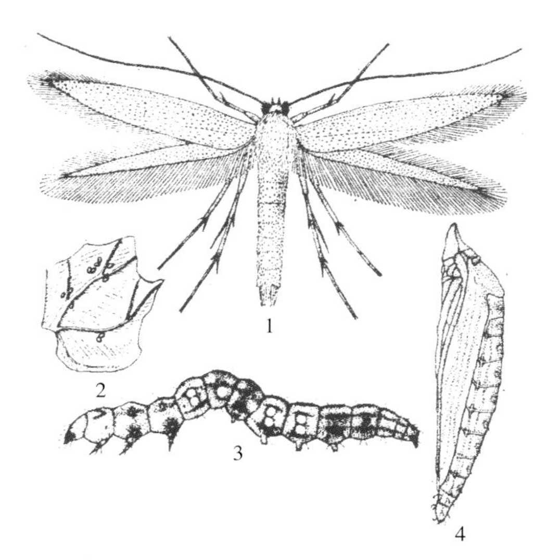

图3-56　甘薯潜叶蛾
1.成虫　2.卵粒及位置　3.老龄幼虫　4.蛹
（引自林伯欣，1984）

蛹　两端尖而体背隆起，初时淡绿色，将羽化时变为淡灰褐色（图3-58）。

图3-57　静止状甘薯潜叶蛾成虫

图3-58　甘薯潜叶蛾蛹

生活习性

该虫在浙江省一年发生4～6代，福建省6～8代，世代重叠。以成虫在田间冬薯的茎叶间或枯叶、杂草中越冬。在冬季无严寒处以及温网室内均无越冬现象。天气回暖后，越冬的成虫开始活动，先在苗地或其他旋花科植物上生息、增殖，随后侵入甘薯田。在浙江省和福建省，通常田间到6月下旬始见其害，至8—10月，气温升高，湿度合适，危害加重（林伯欣，1984）。

成虫大都昼伏夜动，白天多藏匿于植株下部的茎叶荫蔽处，日落前后活动。喜爱湿热环境，忌风吹拂。当停息时，触角多弯向体背，前后足亦常弯缩起，单靠中足支撑体躯（图3-57）。成虫寿命2～10d。一般在夜间或傍晚交配，雌虫一生产卵20～94粒。初孵幼虫不久就钻进叶内取食叶肉成一褐色潜道。潜道中的幼虫白天钻出叶外吐丝织网停息，并排出虫粪，日落后又从原孔或重新蛀孔钻入叶内取食。老熟幼虫爬出叶片吐丝，悬挂在丝网中化蛹。幼虫多从叶片背面侵入，丝网亦多织在叶片背面，被害叶多向背面卷缩（林伯欣，1984；蔡家彬等，1994）。

防治方法

（1）**生物防治**　释放绒茧蜂进行控制。

（2）**化学防治**　甘薯潜叶蛾抗药力极弱，采用化学防治具有很好的效果。根据幼虫潜入叶片内取食叶肉的危害特点，应选择内吸性较强的农药。采用10%溴氰虫酰胺可分散油悬浮剂或3.2%阿维菌素乳油1 000～2 000倍液对甘薯叶片两面喷施，防治效果可达90%以上。

3.10　潜 叶 蝇

分布与危害

潜叶蝇［*Liriomyza*（Blanchard）］，俗称夹板虫、地图虫，属双翅目、潜蝇科，是潜蝇科昆虫的总称，至今该属已记载有300多个种，约有156种可危害或取食栽培植物和观赏植物。我国广阔和多样化的地理环境为多种潜叶蝇的分布和危害提供了条件，已发现的潜蝇科昆虫在130种以上，目前最具危害性的潜叶蝇类害虫包括美洲斑潜蝇、南美斑潜蝇、三叶草斑潜蝇、番茄斑潜蝇、豌豆彩潜蝇和葱斑潜蝇等，寄主和分布范围都极其广泛（陈景芸，2019）。金辉等（2004）报道，黑龙江省已有14科54种植物受潜叶蝇的危害，受害严重年份株危害率达到100%，叶片危害率达到72%。编者调查表明，潜叶蝇在甘薯上虽有危害，但一般不造成严重损失。

危害症状

以幼虫在甘薯叶片或叶柄内取食。幼虫孵出后钻入叶片组织中，用舐吸式口器在叶片或叶柄内潜食叶肉，形成的线状或弯曲盘绕的不规则灰白色潜道，粪便也排在潜道内，叶片上形成不规则白色条斑（图3-59，图3-60）。虫道随虫龄增长而加宽，幼虫在叶组织潜道中自由进退，潜道彼此串通，一片叶上能有多个虫道，严重时可遍及全叶。叶片上虫道末端形成白色至黄褐色不规则斑块（图3-61，图3-62），严重则叶片脱落，产量降低。

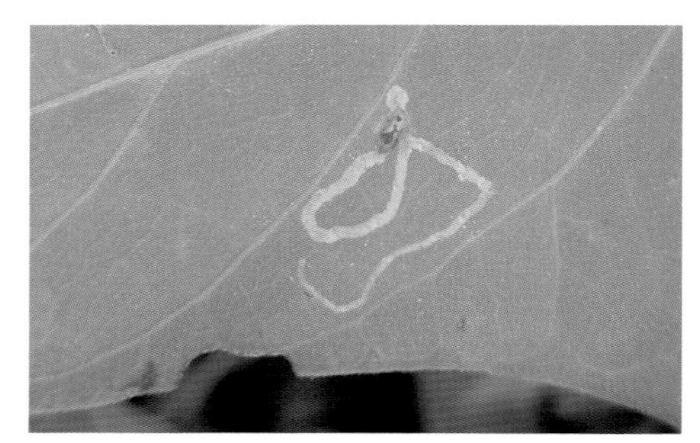
图3-59　叶片上不规则灰白色潜道

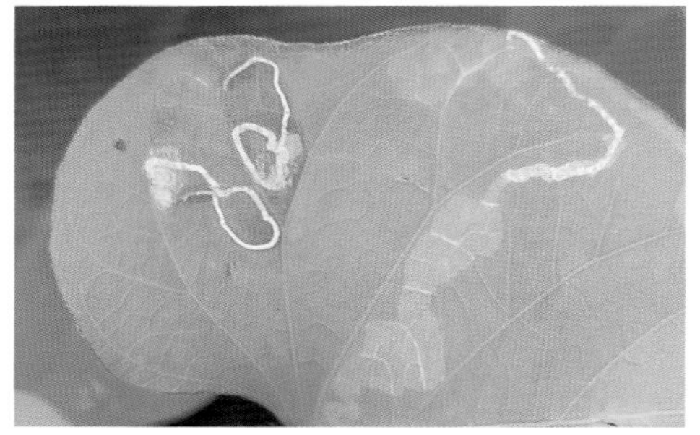
图3-60　叶片典型潜道症状

图3-61　叶片上虫道和斑块

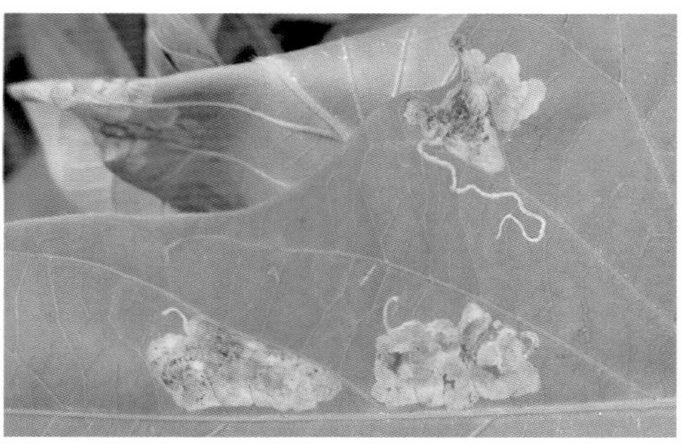
图3-62　叶片上典型斑块症状

形态特征

目前对危害甘薯的潜叶蝇研究报道不多，仅美洲斑潜蝇［*Liriomyza sativae*（Blanchard）］和南美斑潜蝇［*Liriomyza huidobrensis*（Blanchard）］两类。美洲斑潜蝇由Blanchard（1938）于南美阿根廷紫苜蓿上首先发现并命名。该虫分布于南北美洲、大洋洲、亚洲和非洲等地区的40多个国家。1994年初，在我国海南省发现美洲斑潜蝇，目前广泛分布于全国各地，在国内的寄主多达22科110多种（陈景芸，2019）。美洲斑潜蝇的形态特征如下。

成虫 小型蝇类，体长一般2.0mm，前翅具一小中室。头部额、颊及触角为黄色，触角第3节末端圆。头部上眶鬃2根，下眶鬃2根。中胸背板亮黑色，小盾片黄色，中侧片黄色（图3-63）。足基部和腿节鲜黄色，胫节以下较黑，前足黄褐色，后足黑褐色。腹部长圆形，大部黑色，仅背片两侧黄色（康育光等，2013）。

图3-63 美洲斑潜蝇成虫
（司升云等，2017）

卵 很小，米色，椭圆形，半透明。

幼虫 幼虫橙黄色，气门两端式，前气门1对突出于前胸近背中线处，后气门1对腹末节近背中线处，每个后气门呈圆锥状突起，每个气门突各具3个孔。

蛹 长约2mm，椭圆形，初蛹淡黄色，中期黑黄色，末期黑色至银灰色，蛹体末节背面有后气门1对。

生活习性

潜叶蝇一年可发生多代，但世代多少与发生地的气候密切相关，自南向北发生世代数逐渐减少，存在着明显的世代重叠现象。例如美洲斑潜蝇在海南地区一年发生21 ～ 24代，广东地区一年14 ～ 17代，北京地区一年8 ～ 9代。据报道，在番茄上，温度25.2℃、相对湿度47.1%～ 90.8%的条件下，从卵发育到成虫所需的时间为17.74d，卵、幼虫、蛹和成虫的发育时间分别为2.52d、3.80d、9.41d、2.1d。在广东美洲斑潜蝇的发生与气候条件（特别是温度）和作物生长季节关系密切。该虫在广东各地整年均可在嗜食寄主发生及辗转危害。盛发期随着纬度升高逐渐延后，从粤西湛江4月中旬至粤北6月中旬盛发（广东省农业农村厅植保总站等，1997）。美洲斑潜蝇在北纬35°以北地区自然环境下不能越冬。

成虫具有较强的趋光性。雌虫产卵于叶片表皮或部分伤孔表皮下，卵经

2 ~ 5d孵化。幼虫期4 ~ 7d，幼虫在上下表皮间蛀食叶肉，形成弯曲隧道。老龄幼虫咬破隧道的上表皮爬出化蛹，蛹经7 ~ 14d羽化为成虫。幼虫活动和取食最适温度为25 ~ 30℃。当气温超过35℃时，成虫和幼虫均受到抑制。暴雨和湿度过大，对蛹发育极为不利。

防治方法

最有效的防治方式是在农业防治基础上，采取以化学防治为主，物理防治与天敌保护利用为辅的综合防治策略。

(1) **农业防治** 种植前需要清洁田园，清除田内外杂草、残株、败叶，并集中深埋、沤肥或烧毁，减少虫源；水旱轮作，深翻田地，稀疏种植增加田间通透性，可以一定程度上减轻危害；发生高峰期可把瓜类、茄果类、豆类作物与其非嗜食作物进行合理的套种或轮作，以减少传播途径。

(2) **物理防治** 潜叶蝇对色彩有一定的趋向性，可利用黄板诱杀成虫；成虫盛发期可用3%红糖液加0.5%敌百虫溶液制成毒糖液在田间点喷，诱杀成虫，并视虫情每隔3 ~ 5d点喷一次，连喷2 ~ 3次。

(3) **生物防治** 广东初步发现有寄生于潜蝇幼虫的寄生蜂——茧蜂科的潜蝇茧蜂，在农药减量的生境下，寄生蜂寄生率达40% ~ 45%。此外可选用苦参碱、苦皮藤素、印楝素等喷雾处理。

(4) **化学防治** 选用20%灭蝇胺可溶粉剂1 000倍液，或10%虫螨腈悬浮剂1 000倍液，或10%溴氰虫酰胺悬浮剂3 000倍液等药剂喷雾处理，连续2 ~ 3次效果较好（司升云等,2017）。此外，可采用杀螟丹、高效氯氟氰菊酯、高效氯氰菊酯和扑蚜威等药剂，均具有较好的防治效果，目前阿维菌素类是防治美洲斑潜蝇的首选药剂。

参考文献

蔡家彬，徐德坤，孟昭娣，等，1994. 甘薯潜叶蛾的生活习性及防治技术研究[J]. 山东农业科学(4): 40-42.

蔡悦，1993. 白缘象甲[J]. 植物检疫 (5): 349-353.

蔡悦，陈乃中，李冠雄，等，2004. 白缘象甲检疫鉴定方法[S]. SN/T 1348-2004.

陈福如，杨秀娟，张联顺，等，2001. 性诱剂在甘薯小象虫防治上的应用研究[J]. 福建农业学报，16 (1): 16-19.

陈景芸，2019. 五种斑潜蝇形态特征比较研究及重要种的遗传结构分析[D]. 扬州：扬州大学.

戴轩，2010. 贵州茶树害虫种类及地理分布的研究[J]. 贵州茶叶，38 (2): 21-35.

高成，郭书普，1993. 农业病虫草害防治大全[M]. 北京：北京科学技术出版社.
广东省农业厅植保总站，华南农业大学，1997. 广东美洲斑潜蝇的发生危害调查[J]. 广东农业科学 (1): 34-35.
郝丹东，2004. 美洲斑潜蝇生活习性与防治技术研究[D]. 咸阳：西北农林科技大学.
洪仁辉，张伟，杜尚嘉，等，2015. 降香黄檀重要害虫—绿鳞象甲研究进展[J]. 热带林业，43 (3): 36-37, 19.
黄成裕，1953. 福建的甘薯茎螟[J]. 中国农业科学 (9): 582-583.
黄成裕，齐石成，黄邦侃，等，1992. 福建省甘薯害虫名录[J]. 华东昆虫学报 (1): 22-34.
黄立飞，黄实辉，房伯平，等，2011. 甘薯小象甲的防治研究进展[J]. 广东农业科学 (S1): 77-79.
黄龙珠，2005. 甘薯大象甲的发生与防治[J]. 福建农业 (6): 24.
黄茵，余占仁，李立，1988. 绿鳞象甲防治试验[J]. 云南林业科技 (3): 39-41.
江苏省农业科学院，山东省农业科学院，1984. 中国甘薯栽培学[M]. 上海：上海科技出版社.
金辉，王世喜，龙立新，等，2004. 蔬菜潜叶蝇的寄主种类及其发生动态规律初报[J]. 黑龙江农业科学 (6): 18-20.
康育光，秦卓，赵飞，等，2013. 山西省菜田潜叶蝇的种类识别及其生活习性[J]. 山西农业科学，41 (12): 1365-1365.
林伯欣，1959. 福建发现甘薯象虫和甘薯螟虫的另一寄主植物——砂藤[J]. 昆虫知识 (6): 189.
林伯欣，1984. 甘薯潜叶虫的生物学[J]. 昆虫学报，27 (4): 476-477.
林泗海，2005. 锐劲特防治甘薯小象甲田间药效试验[J]. 武夷科学，21 (12): 120-122.
刘建峰，李敦松，刘志诚，等，1999. 利用性外激素诱杀甘薯小象甲试验初报[J]. 广东农业科学 (6): 38, 40.
罗肖南，陈银法，1961. 甘薯茎螟成虫两性引诱作用的初步观察[J]. 昆虫学报，10 (4-6): 482-483.
Metcalf C L, Flint W P, 周永淑，1982. 白缘象甲（在美国）[J]. 植物检疫 (6): 15-16.
司升云，张宏军，冯夏，等，2017. 中国蔬菜害虫原色图谱[M]. 北京：中国大百科全书出版社.
王平远，1980. 中国经济昆虫志（第二十一册 螟蛾科）[M]. 北京：科学出版社.
王容燕，马广源，高波，等，2015. 10种杀虫剂对甘薯蚁象的毒力测定[J]. 农药，54 (10): 773-776.
魏远斌，林彩美，1997. 甘薯蠹野螟生物学特性初步研究[J]. 华东昆虫学报 6 (1): 27-30.
谢逸萍，孙厚俊，邢继英，2009. 中国各大薯区甘薯病虫害分布及危害程度研究[J]. 江西农业学报，21 (8): 121-122.
鄢铮，王正荣，2012. 甘薯大象甲幼虫的空间格局研究[J]. 中国农学通报，28 (15): 194-198.
杨国海，1993. 白缘象甲的形态特征及三个种的检索表[J]. 植物检疫 (5): 357-358.
杨永泉，蒋富坤，陈阳琴，2016. 甘薯长足象的发生与防治[J]. 农技服务，33 (4): 139.
云南省林业厅，中国科学院动物研究所，1987. 云南森林昆虫[M]. 昆明：云南科技出版社.
张君明，虞国跃，王兵，2021 甘薯长足象的识别与防治[J]. 蔬菜 (2): 81-82, 85.
张丽霞，付先惠，1999. 蓝绿象室内有效杀虫剂的筛选[J]. 云南热作科技 (3): 3-5.
张丽霞，管志斌，付先惠，等，2002. 蓝绿象的发生与防治[J]. 植物保护 (1): 59-60.
张伟，陈国德，吴挺佳，等，2016. 五种杀虫剂对绿鳞象甲的生物活性研究[J]. 中国森林病虫

(5): 38-40.

赵养昌，陈元清，1980: 中国经济昆虫志[M]. 北京：科学出版社.

郑俊礼，1966. 利用红蚂蚁防治甘薯茎螟的研究[J]. 昆虫知识 (3): 18-19.

周贤，余慧，严进，2010. 西印度甘薯象甲[J]. 植物检疫，24 (4): 55-57.

庄国鸿，陈巧燕，施锡彬，2014. 粗糙甘薯象鼻虫发生生态与防治研究 (1) 型态、饲养方法、生活习性及寄主植物调查[J]. 植物保护学会会刊，56 (4): 148-149.

庄国鸿，陈巧燕，施锡彬，2018. 北部地区甘薯安全生产之虫害管理[C]. 北部地区甘薯栽培管理技术暨产业辅导研讨会.

Ames T, Smit NEJM, Braun AR, 1996. Sweetpotato: Major Pests, Diseases, and Nutritional Disorders[M]. Lima, Peru : International Potato Center (CIP) .

Clark CA, Ferrin DM, Smith TP, et al. , 2013. Compendium of sweet potato diseases, pests, and disorders [M]. St. Paul: The American Phytopathological Society Press.

Dos S, Alvarenga SM, Da S, et al. , 2018. First record of the sweet potato pest *bedellia somnulentella* (lepidoptera: bedelliidae) in brazil[J]. Florida Entomologist, 101 (2): 315-316.

Ekman J, Lovatt J, 2015. Pests, diseases and disorders of sweetpotato[M]. Australia, Sydney: Horticulture Innovation Australia Limited.

Heath RR, Coffelt JA, Sennett PE, et al. , 1986. Identification of sex pheromone produced by female sweetpotato weevil, *Cylasformicarius elegantulus* (Summers) [J]. Journal of Chemical Ecology, 12: 1489-1503.

Heu RA, Tsuda DM, Fukuda SK, et al. , 2014. A rough sweetpotato weevil, *Blosyrus asellus* (Olivier) (Coleoptera: Curculionidae) . New Pest Advisory No. 09-01, Plant Pest Control Branch, Division of Plant Industry, Hawaii Department of Agriculture.

Loebenstein G, Thottappilly G, 2009. The Sweetpotato[M]. Germany: Springer Science Business Media.

Mcquate GT, Sylva CD, Kumashiro BR, 2016. First Field Collection of the Rough Sweetpotato Weevil, *Blosyrus asellus* (Olivier) (Coleoptera: Curculionidae) , on Hawaii Island, with Notes on Detection Methods[J]. Proceedings of the Hawaiian Entomological Society, 48: 1-8.

Pulakkatu-Thodi I, Motomura S, Miyasaka S, 2016. Evaluation of insecticides for the management of rough sweetpotato weevil, *Blosyrus asellus* (Coleoptera: Curculionidae) in Hawai'i Island[J]. Insect Pests: 1-5

Seow-Mun H, Min-Yang L, 2015. An insight into sweet potato weevils management: a review[J]. Psyche: A Journal of Entomology: 1-11.

Smith T P, Hammond A M, 2006. Comparative susceptibility of sweetpotato weevil (Coleoptera: Brentidae) to selected insecticides[J]. Journal of Economic Entomology, 99 (6): 2024-2029.

Sorensen K A, 2009. Insects: Identification, Biology and Management[C]//. Loebenstein G, Thottappilly G, et al. , The Sweetpotato. Spinger Netherlands: 161-188.

第4章 地下害虫及其他

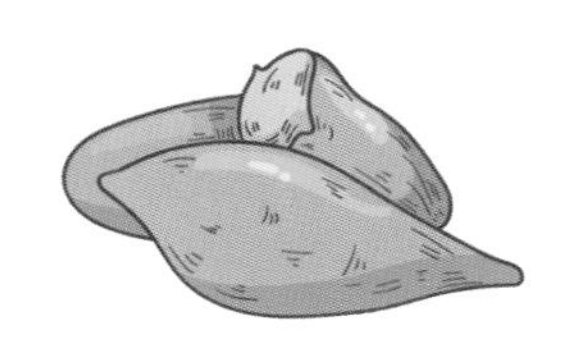

地下害虫是指一生中大部分在土壤中生活，危害植物地下部分或地面附近根茎部的害虫。甘薯主要是以获取地下部块根为目的的作物，其更易受到地下害虫的威胁，尤其是对于鲜食销售的甘薯，一旦受到地下害虫啃食，则会影响薯块美观，导致品质下降，丧失商品价值，而且容易引起病害的发生。地下害虫广泛分布于全国各薯区，但地下害虫的种类和类型具有明显的区域性。例如：北方薯区以蛴螬、金针虫、蝼蛄、地老虎、蟋蟀为主；在南方薯区以小象甲、叶甲、金针虫和蛴螬为主。地下害虫在南方秋冬薯区一年四季都可危害，主要咬食甘薯茎基部以及地下部的块根和纤维根等。苗期受害，可造成缺苗断垄；生长期受害，啃食薯块造成孔洞，降低甘薯产量，影响甘薯品质及商品性，发生严重时植株矮小变黄。

本书将甘薯小象甲归分为钻蛀害虫，但是其对甘薯薯块危害更为严重，是南方薯区最重要的地下害虫。此外，甘薯叶甲被划分为食叶害虫，但其幼虫也是南方薯区主要地下害虫之一，两种害虫前面已做介绍，本章不再赘述。目前，除了甘薯小象甲和甘薯叶甲之外，常见的甘薯地下害虫有蛴螬、金针虫、蝼蛄、地老虎、黄环蚀叶野螟、根蛆、蟋蟀、蠼螋、蚯蚓、蚂蚁、沙潜、蛞蝓、蜗牛和福寿螺等，主要危害甘薯的块根、藤蔓基部，以下分别叙述各害虫的分布与危害、危害特性、形态特征、生活习性和防治方法。

4.1 蛴　　螬

分布与危害

蛴螬，是鞘翅目、金龟甲总科幼虫的统称，又名白地蚕、白土蚕、鸡婳虫，是甘薯生产最主要地下害虫之一，遍布全世界甘薯产区。国内记载的蛴螬种类上千种，按其食性可分为植食性、粪食性和腐食性三类，其中植食性蛴螬

图4-1　蛴螬危害薯块症状

食性分布广泛，危害多种农作物、经济作物和花卉苗木，喜食刚播种的种子、根、块茎以及幼苗。成虫（金龟子）、幼虫（蛴螬）均能危害甘薯（图4-1，图4-2），幼虫在地下啃食根部（图4-3），成虫喜啃食甘薯的幼嫩芽叶，也可取食薯块（图4-4，图4-5），但相较而言幼虫危害造成的损失更大，极大地影响甘薯产量及商品性。在我国北方地区和南方旱地发生比较普遍，水田或者水旱轮作田发生较轻，一般情况下，地区不同其分布种类不同，优势种也有所不同。

图4-2　薯块表面大的圆形孔洞

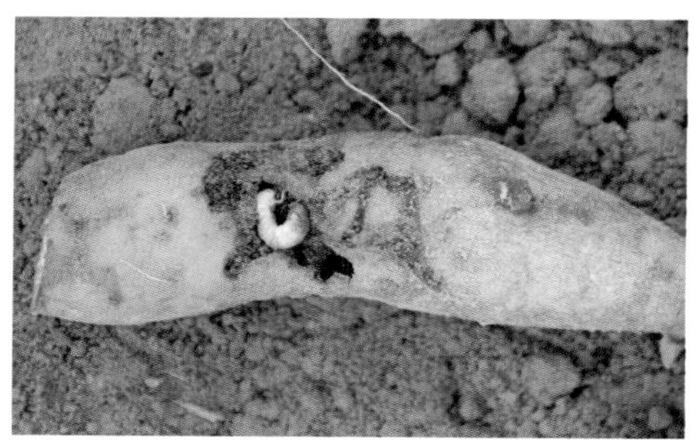
图4-3　危害甘薯薯块的蛴螬

图4-4　危害甘薯薯块的金龟子

图4-5　危害甘薯叶片的金龟子

（邱才学提供）

危害症状

幼虫（蛴螬）和成虫（金龟子）均可危害甘薯，以幼虫危害时间最长。

成虫咬食甘薯的地上部幼嫩茎叶，造成不规则缺刻，严重时食尽叶片，仅剩叶柄（图4-5）。蛴螬危害地下部的块根和纤维根，造成缺株断垄，啃食甘薯薯块造成孔洞（图4-3），形成的伤口致病菌易乘虚而入，加重田间和贮藏腐烂率，降低甘薯产量，影响甘薯品质及商品性。蛴螬发生与危害相对隐蔽，由于甘薯再生能力强，受其危害后通常地上部不形成典型的受侵害症状，待收获时发现为时已晚。

形态特征

已报道危害甘薯的金龟子主要有华北大黑鳃金龟（*Holotrichia oblita* Faldermann）、华南大黑鳃金龟（*Holotrichia sauteri* Moser）、东北大黑鳃金龟（*Holotrichia diomphalia* Bates）、黑皱鳃金龟（*Trematodes tenebrioides* Pallas）、豆形绒金龟（*Maladera ovatula* Fairinaire）、铜绿丽金龟（*Anomala corpulenta* Motschulsky）、黄褐丽金龟（*Anomala exoleta* Faldermant）、暗黑鳃金龟（*Holotrichia parallela* Motschulsk）、阔胫绒金龟（*Maladera verticalis* Fairmaire）、棕色鳃金龟（*Holotrichia titanis* Reitter）、毛黄鳃金龟（*Holotrichia trichophora* Fairmaire）、黑绒鳃金龟（*Maladera orientalis* Motschulsky）、江南大黑鳃金龟（*Holotrichia gaeberi* Faldermann）、红脚丽金龟（*Anomala cupripes* Hope）（图4-6）、大褐鳃金龟（*Exolontha serrulata* Gyllenhal）和浅棕鳃金龟（*Holotrichia ovata* Chang）等50种，在不同的生态区蛴螬的优势种类有很大差异，其中发生普遍、危害严重的以东北大黑鳃金龟、华北大黑鳃金龟、暗黑鳃金龟和铜绿丽金龟尤甚，4种金龟子在国外分布于蒙古、俄罗斯、朝鲜和日本。国内东北大黑鳃金龟主要分布于东北三省及河北地区；华北大黑鳃金龟主要分布于华北、华东和西北等地；暗黑鳃金龟和铜绿丽金龟除新疆和西藏尚无报道外，各地均有发生。近年来，在美国甘蔗金龟（*Euetheola humilis* Burmeister）危害甘薯较为严重，在我国尚无报道，然而编者在广东湛江市甘薯产区发现疑似甘蔗金龟子，需要进一步鉴定。

蛴螬为金龟总科幼虫，主要特征是体型肥大，近圆筒形，体壁较柔软多皱，常弯曲成“C”形（图4-7，图4-8），乳白色至黄褐色，密被棕褐色细毛，尾部颜色较深，头橙黄色或黄褐色，上颚显著，有胸足3对。不同种的成虫（金龟子）、幼虫（蛴螬）和蛹形态特征不同（图4-9至图4-11），分别介绍如下。

图4-6　红脚丽金龟成虫

（周统献提供）

图4-7　危害甘薯的蛴螬
（陈胜勇提供）

图4-8　“C”字形乳白色蛴螬

图4-9　金龟子成虫

图4-10　金龟子蛹

（1）**东北大黑鳃金龟**（*H. diomphalia*）　成虫16 ～ 21mm，宽8 ～ 11mm，黑色或黑褐色，具光泽。鞘翅长椭圆形，每侧上有4条明显纵肋，臀节外漏，雄性臀板较短，顶端中间凹陷明显，呈股沟形（图4-12）。卵初期长椭圆形，后期圆球形，洁白有光泽。3龄幼虫体长35 ～ 45mm，头部前顶刚毛每侧各3根，排成一纵列，腹毛区刚毛散生。蛹为裸蛹，体长21 ～ 24mm，宽11 ～ 12mm。初期白色，后逐渐呈红褐色。

图4-11　不同种的蛴螬

（2）**华北大黑鳃金龟**（*H. oblita*）　又称朝鲜黑金龟子，成虫体长16 ～ 21mm，宽8 ～ 11mm，长椭圆形，体黑色，鞘翅上各3条纵肋，头小，触角黄褐色（图4-13）。卵椭圆形，长3.5mm，宽2mm，孵化时呈黄白色。3龄幼虫体长35mm左右，头部前顶刚毛每侧各3根，成一纵列。肛门孔三裂。腹毛区

图4-12 东北大黑鳃金龟
（姚永祥提供）

图4-13 华北大黑鳃金龟
（曹雅忠等，2017）

有刚毛群。

（3）**暗黑鳃金龟**（*H. parallela*） 成虫体长17 ～ 22mm，宽9 ～ 11.5mm，长椭圆形，体暗黑色或黑褐色，无光泽，鞘翅上有4条纵肋不明显，两翅会合处有较宽的隆起（图4-14）。卵与东北大黑鳃金龟相似。3龄幼虫体长35 ～ 45mm，头部前顶刚毛每侧各1根，位于冠缝两侧。蛹体长20 ～ 25mm，宽10 ～ 12mm，腹部背面具发音器2对。

（4）**铜绿丽金龟**（*A. corpulenta*） 成虫体长19 ～ 21mm，宽10 ～ 11.3mm，头与前胸背板、小盾片和鞘翅铜绿色，有光泽，但头与前胸背板色较深，呈红褐色。两侧边缘处呈黄色，腹部黄褐色。鞘翅两侧有4条纵肋，肩部具疣突。臀板三角形，黄褐色，基部有1个倒三角形的大黑斑，两侧各有小椭圆形黑斑1个（图4-15）。卵初产时椭圆形，乳白色，孵化前呈圆形，表面光滑。3龄幼虫、老熟幼虫体长30 ～ 33mm，头部前顶刚毛每侧各6 ～ 8根，成一纵列。腹毛区的刺毛列由长针状刺毛组成，每列15 ～ 18根。刺毛列的前端远未达到钩状刚毛群的前缘。肛门孔横裂。蛹长椭圆形，腹部背面有6对发音器。

图4-14 暗黑鳃金龟
（曹雅忠等，2017）

图4-15 铜绿丽金龟

生活习性

蛴螬一般为多个种类混杂发生，危害时间长。在同一地区同一地块，常为几种蛴螬混合发生，世代重叠。年发生代数因种因地而异，一般1～2年发生1代，长者5～6年发生1代。成虫交配后10～15d在松软湿润的土壤内产卵，蛴螬共3龄，全部在土中度过，1、2龄期较短，第3龄期最长，危害重。蛴螬有假死性和趋光性，并对未腐熟的粪肥有趋性，白天隐藏在土壤中，晚上进行取食破坏活动。

以幼虫形式在土壤中越冬，蛴螬在春、秋、冬季发生严重，成虫多发生在晚春和夏季，尤其是大雨后。蛴螬横向活动范围较小，主要是随着土温的季节性变化而上下迁移。如华北大黑鳃金龟子幼虫，在10cm地温16℃时，上升至15～20cm处，17.7～20℃时为活动盛期，6—8月地温过高时，多从耕层土壤下移，9—10月温度又下降到20℃左右，又上升表土，地温下降到6℃以下时，移至30～40cm土层越冬。土壤湿度与蛴螬活动关系密切，尤其是连续阴雨天气，春、秋季在表土层活动，夏季多在清晨和夜间到表土层活动，土壤黏重的田块发生相对较重，靠近树林的田块产卵多，受害较重。

防治方法

田间地块多为几种蛴螬混合发生，不同地块优势种不尽相同，世代重叠，发生和危害时期差异大，因此，只有做好预测预报工作，根据蛴螬和成虫种类、密度，以及甘薯栽种方式等，因地因时采取综合防治措施。

（1）**农业防治** 通过改变耕作栽培制度和生态环境条件使蛴螬不适宜生存，保持田园清洁，经常除草；有条件地区进行水旱轮作；深耕翻土，秋冬翻地可把越冬幼虫翻到地表使其风干、冻死或被天敌捕食，机械杀伤；施用充分腐熟的农家肥，防止其对成虫的吸引；种植蓖麻，可毒杀多种金龟子。

（2）**物理防治** 利用黑光灯对部分具趋光性的蛴螬成虫进行诱杀，或利用性信息素进行诱杀，也可利用金龟子的假死性和趋光性，震落捕杀成虫。

（3）**生物防治** 利用昆虫病原真菌如卵孢白僵菌、绿僵菌及特异杀虫活性的苏云金芽孢杆菌进行防控，或者利用昆虫病原线虫及天敌臀钩土蜂等进行防控（魏鸿钧等，1989）。

（4）**化学防治** 采取灌根、浸秧、毒饵、毒土及喷施的方式施用农药。每公顷选用5%二嗪磷颗粒剂75kg，或0.3%的苦参碱水剂2 250mL，或4.5%高效氯氰菊酯乳油750mL，或90%晶体敌百虫1 000～1 500mL，或50%辛硫磷乳油1 000～1 500mL等进行喷雾防治。此外，每公顷用90%晶体敌百虫100 ~ 150g，或30%辛硫磷微胶囊15kg，加水10倍喷于25 ~ 30kg细土上拌匀制成毒土，撒于种沟或地面，随即耕翻。亦可采用50%辛硫磷乳油50 ~ 100mL搭配饵料3 ~ 4kg，撒于种沟中进行诱杀。

4.2 金针虫

分布与危害

金针虫，是鞘翅目、叩头甲科幼虫的统称，俗称铁丝虫、姜虫、钢丝虫、竹根虫、黄蚰蜒和夹板虫等。该虫在我国分布广泛，长期生活于土壤中，食性杂，危害甘薯、马铃薯、小麦、豆类和玉米等作物，咬食播下的种子，伤害胚乳使之不能发芽。咬食幼苗须根、主根或地下茎，使之不能生长甚至枯萎死亡，是一类重要的地下害虫。金针虫作为我国北方薯区的主要虫害，造成平均死苗率达13.4%。编者发现近年来该虫在南方薯区危害越来越严重。

危害症状

以幼虫危害甘薯的地下部分为主（图4-16），受害苗的主根很少被咬断，被害部位不整齐，呈丝状。啃食薯块会造成圆形且细深的孔洞，孔洞大小2mm左右（图4-17），或者钻入薯块取食（图4-18）。取食薯块造成的孔洞易导致致病菌入侵。金针虫危害，对薯块外观品质和商品品质影响较大（图4-16），往往导致严重经济损失。

图4-16 薯块受害症状

图4-17 薯块上圆形细深的孔洞

图4-18 危害薯块的金针虫

形态特征

危害甘薯的包括细胸金针虫（*Agriotes fuscicollis* Miwa）、褐纹金针虫（*Melanotus caudex* Lewis）（图4-19，图4-20）、沟金针虫（*Pleonomus canaliculatus* Faldermann）（图4-21）、宽背金针虫（*Selatosomus latus* Fabricius）等超过20种。在此介绍优势种沟金针虫和褐纹金针虫的形态特征。

图4-19 褐纹金针虫幼虫

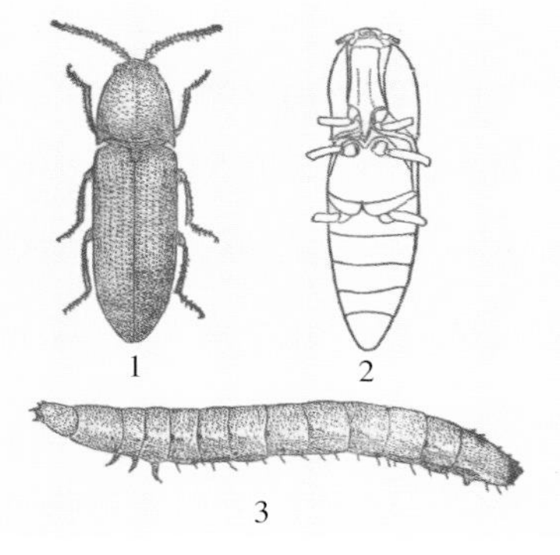

图4-20 褐纹金针虫
1.成虫 2.幼虫 3.成虫腹面
（引自魏鸿钧等，1989）

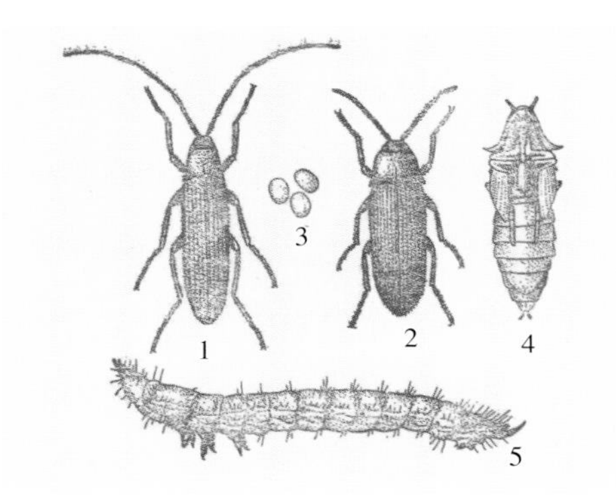

图4-21 沟金针虫
1.雄成虫 2.雌成虫 3.卵 4.蛹 5.幼虫
（引自魏鸿钧等，1989）

（1）沟金针虫

成虫 雌雄差别较大，雌虫体长16 ~ 17mm，宽4 ~ 5mm；雄虫体长14 ~ 18mm，宽约3.5mm，体型较细长。雌虫体扁平，深褐色或棕红色，全身密被金黄色细毛。头部刻点粗密，头顶中央呈三角形低凹。触角雌虫略呈锯齿状，11节，长约前胸的2倍；雄虫则细长，12节，约同体长。雌虫前胸发达，前窄后宽，其上密生刻点，正中部有极细小的纵沟，鞘翅上的纵沟不明显，后翅退化。雄虫狭长，鞘翅上的纵沟较明显。足雌虫粗短，雄虫细长。

卵 乳白色，长约0.7mm，宽约0.6mm，椭圆形。

幼虫 初孵幼虫体乳白色，头及尾部略带黄色，后渐变黄色。老龄幼虫体长20 ~ 30mm，最宽处约4mm。体节宽大于长，从头至第9腹节渐宽。体金黄色，体表有同色细毛，侧部较背面为多。前头、口器暗褐色，头部扁平，上唇三叉状突起。从胸背至第10腹节背面正中有1条细纵沟。尾节背面有近圆形的凹陷且密布较粗刻点，两侧缘隆起，有3对锯齿状突起，尾端分叉，并稍向上弯曲，叉内侧各有1个小齿。

蛹　纺锤形，雌蛹长16 ~ 22mm，宽约4.5mm；雄蛹长15 ~ 19mm，宽约3.5mm。前胸背板隆起呈半圆形，中胸较后胸短，背面中央隆起且有横皱纹，自中胸两侧向腹面伸出，翅端长及第3腹节。足腿节与胫节并叠，后足位于翅芽之下，腹部细长，尾端自中间裂开，有刺状突起。化蛹初期体淡绿色，后色渐深。

（2）褐纹金针虫

成虫　体长8 ~ 10mm，宽约2.7mm，体细长，黑褐色，被灰色短毛。头部凸形黑色，密生较粗刻点。触角、足黑褐色，前胸黑色，点刻较头部小。唇基分裂。触角第2、3节略成球形，第4节稍长于2、3节，第4 ~ 10节锯齿状。前胸背板长明显大于宽，后角尖，向后突出。鞘翅狭长，自中部开始向端部逐渐缢尖，每侧具9列刻点。

卵　长0.6mm，宽约0.4mm，椭圆形。初产时乳白色略带黄。

幼虫　老熟幼虫体长25 ~ 30mm，宽约1.7mm，细长圆筒形，茶褐色，有光泽，第1胸节及第9腹节红褐色。头扁平，梯形，上具纵沟，布小刻点；身体背面中央具细沟及微细刻点。自中胸至腹部第8节各节前缘两侧生有深褐色新月形斑纹。尾节扁平而长，尖端具3个小突起，中间突起尖锐；尾节前缘亦有2个新月形斑，斑后有4条纵线；后半部有皱纹，并密生粗大而深的刻点。

蛹　体长9 ~ 12mm，初蛹乳白色，后变黄色，羽化前棕黄色。前胸背板前缘两侧各斜竖1根尖刺。尾节末端具1根粗大臀棘，着生有斜伸的两对小刺。

生活习性

金针虫生活史很长，世代重叠严重，需2 ~ 5年才能发生1代。幼虫一般有13龄期，田间终年存在不同龄期的大、中、小3类幼虫，以各龄幼虫或成虫在15 ~ 80cm的土层中越冬或越夏。

沟金针虫在旱作区域中有机质较为缺乏而土质较为疏松的粉砂壤土和粉砂黏壤土地带发生较重。一般3年发生1代，少数需2年或4年，以成虫或幼虫在10 ~ 30cm土层中越冬。在华北地区，越冬成虫在春季10cm土温达10℃左右时开始出土活动，10cm土温稳定在10 ~ 15℃时达活动高峰。成虫白天藏躲在表土或田旁杂草和土块下，傍晚爬出土面活动交配。雄虫出土迅速，性活跃，飞翔力较强，仅作短距离飞翔，黎明前成虫潜回土中。雌虫无后翅，不能飞翔，活动范围小，有假死性，无趋光性，有集中发生的特点。交尾后雌虫将卵散产于土中3 ～ 7cm处，单雌产卵量110 ～ 270粒，产卵盛期在4月中旬。卵经20d孵化。幼虫期长达1 150d左右，孵化的幼虫在6月形成一定危害后下移越夏，待秋播开始时，又上升到表土层活动，危害至11月上、中旬，然后下移20 ～ 40cm处越冬；翌年春季越冬幼虫上升活动并开始危害，3月下旬至5月上旬危害最重。随后越夏，秋季危害，然后越冬。第3年春季继续出土危害，直至8—9月在土中化蛹，蛹期12 ～ 20d。9月初开始羽化为成虫，成虫当年不出土而越冬，第4年春才出土交配、产卵。

褐纹金针虫的发生与土壤条件有关，湿润疏松、pH 7.2 ～ 8.2、有机质1%的土壤易于发生。土壤干燥，有机质含量很低的碱土土壤极不适宜发生。褐纹金针虫在陕西关中地区3年发生1代，以成虫或幼虫在20 ～ 40cm土层中越冬。10cm地温20℃、相对湿度60%左右时成虫大量出土，湿度达63% ～ 90%时雄虫活动极为频繁，湿度低于37%很少活动，因此久旱逢雨对其活动极为有利。成虫昼出夜伏，下午活动最盛，夜晚潜伏于土中或土块、枯草下等处，亦有伏在叶背、叶腋或小穗处过夜。成虫具假死性，无趋光性，有叩头弹跳能力。越冬成虫在翌年5月上旬土温17℃、气温7 ～ 16℃开始活动，5月中旬至6月上旬活动最盛。5月底至6月下旬为成虫产卵期，雌虫产卵于植株根际10cm深的土层中，多散产，卵期约16d，孵化整齐。幼虫在4月上中旬地温9 ～ 13℃时开始在耕作层活动并危害幼苗，约1个月后幼虫下潜，9月又上升至耕作层危害秋季秧苗，10cm地温8℃时又下潜至40cm以下越冬。幼虫越冬2次，4月下旬至5月下旬是危害盛期，至第3年7—8月幼虫老熟化蛹，蛹期14 ～ 28d，平均17d。成虫羽化后当年不出土，经越冬后翌年春季才出土。

防治方法

金针虫世代重叠，以成虫或幼虫在土壤中越冬，具有随温度上升和下潜的特点，要在金针虫种群监测的前提下，协调多种控制手段实施综合治理。一般金针虫密度达到1.5头/m^{2}以上的高危地区需要开展金针虫防治工作。

（1）**农业防治**　合理间作或套种、轮作倒茬；深耕翻晒可有效杀死部分幼虫和蛹；在农田中注意搞好田间清洁，有效处理根茬及避免施用未腐熟厩肥，防止金针虫成虫在粪堆产卵；适时灌溉对地下害虫的活动规律可起到暂时缓解的作用。

（2）**物理防治**　利用成虫的趋光性进行灯光诱杀，设置黑灯光诱杀成虫；金针虫对新鲜萎蔫的杂草有极强的趋性，可采用堆草诱杀，也可在田间地头堆放马、牛粪等腐臭物诱杀；可利用性信息素诱杀出土的金针虫成虫；也可用油桐叶、蓖麻叶和牡荆叶的水浸液，或乌药、芫花、马醉木、苦皮藤、臭椿等的茎、根磨成粉用于防治。

（3）**化学防治** 播种前每亩用50%辛硫磷乳油100mL加水0.5kg，或25%辛硫磷微胶囊缓释剂1 ～ 2kg混入过筛的细干土20kg拌匀施用。苗期可用90%晶体敌百虫，或40%辛硫磷500倍液与炒熟的麦麸制成毒饵，于傍晚撒在幼苗基部，利用地下害虫昼伏夜出的习性将其杀死。也可选用50%辛硫磷乳油1 000倍液，或50%杀螟硫磷乳油800倍液，或50%丙溴磷乳油1 000倍液，或25%亚胺硫磷乳油800倍液，或48%毒死蜱乳油1 000 ～ 2 000倍液等药剂灌根防治。

4.3 地 老 虎

分布与危害

地老虎（Agrotis），属鳞翅目、夜蛾科、切根夜蛾亚科，以切根夜蛾属和地夜蛾属最多。地老虎的幼虫称为夜盗虫，俗称切根虫、地蚕、土蚕、抹脖子蛆、麻蛆，是世界性害虫，也是我国的重要地下害虫，其种类多、分布广、数量大、危害重，全国已发现170多种（陈一心，1986），危害甘薯的主要包括小地老虎［*Agrotis ypsilon*（Rottemberg）］、黄地老虎［*Agrotis segetum*（Denis et Schiffermüller）］、八字地老虎［*Xestia cnigrum*（Linnaeus）］和大地老虎（*Agrolis tokionis* Butler）等，其中小地老虎遍及世界各大洲，在我国分布十分广泛，以雨量丰富、气候湿润的长江流域与东南沿海各省发生最多；大地老虎主要分布于日本和俄罗斯以及中国南方地区；黄地老虎分布也相当普遍，分布于欧洲、亚洲和非洲各地。国内以北方各省较多，主要危害地区在雨量较少的草原地带，如新疆、华北、内蒙古部分地区，甘肃河西，以及青海西部常造成严重危害。各地的地老虎一般都是混合发生，但是每个地区存在不同的优势种。地老虎为多食性昆虫，危害寄主十分广泛，包括旱粮类、经济类、蔬菜、烟麻等作物。

危害症状

低龄幼虫在甘薯植株的地上部危害，取食子叶、嫩叶，造成孔洞或缺刻。中老龄幼虫白天躲在浅土穴中，晚上出洞取食植物近土面的嫩茎（图4-22，图4-23），使植株枯死，造成缺苗断垄，甚至毁苗，需重新栽插，直接影响生产。

形态特征

小地老虎遍及世界各大洲，对甘薯危害较重，在此介绍小地老虎的形态特征。

图4-22　地老虎幼虫

图4-23　地老虎咬断甘薯嫩茎

成虫　体长16 ～ 23mm，翅展42 ～ 54mm。灰褐色。触角雌蛾丝状，雄蛾双栉齿状。前翅黑褐色，前缘色较深，亚基线、内横线、外横线及亚缘线均为暗色中间夹白的波状双曲线；在肾形斑外侧有1个明显的尖端向外的楔形黑斑，在亚缘线上有2个尖端向内的黑褐色楔形斑，3斑尖端相对，是其最显著的特征（图4-24）。后翅淡灰白色，外缘及翅脉黑色。

图4-24　小地老虎雌虫
（司升云等，2017）

卵　半球形，直径0.61mm，高0.5mm左右，表面有纵横相交的隆线，初产时乳白色，后渐变为红色斑纹，至孵化前灰黑色。

幼虫　6龄，老熟幼虫体长37 ～ 47mm，头宽3.0 ～ 3.5mm。黄褐色至黑褐色，体表粗糙，密布大小颗粒。头部后唇基等边三角形，颅中沟很短，额区直达颅顶，顶呈单峰。腹部1 ～ 8节，背面各有4个毛片，后2个比前2个大一倍以上。腹末臀板黄褐色，有2条深褐色纵纹。

蛹　体长18 ～ 24mm，红褐色或暗红褐色。腹部第4 ～ 7节基部有一圈刻点，背面的大而色深，腹末具臀棘1对。

生活习性

小地老虎年发生代数随各地气候不同而异，越往南年发生代数越多，一般年发生2 ～ 7代，西北地区2 ～ 3代，南亚热带地区年6 ～ 7代，在生产上造成严重危害的均为第1代幼虫。以雨量充沛、气候湿润的长江中下游和东南沿海及北方的低洼内涝或灌区发生比较严重。南方越冬代成虫2月出现，全国大部分地区羽化盛期在3月下旬至4月上、中旬，在长江以南以蛹及幼虫越冬。卵历期3 ～ 5d；幼虫期14 ～ 38d；前蛹期2 ～ 3d，第1代蛹期平均18 ～ 19d；越冬代历期29 ～ 80d；成虫寿命雌蛾为20 ～ 25d，雄蛾10 ～ 15d，历期随气温而异。

成虫白天潜伏于土缝中、杂草间、屋檐下或其他隐蔽处，夜出活动、取食、交尾、产卵，以晚上19—20时最盛，在春季傍晚气温达8℃时，即开始活动，温度越高，活动的数量与范围亦越大，大风夜晚不活动，成虫具有强烈的趋化性，喜吸食糖蜜等带有酸甜味的汁液，作为补充营养。黑光灯趋性强。卵散产或数粒产生在一起，每一雌蛾通常能产卵1 000粒左右，卵大多产在土块上及地面缝隙内，少部分产于土面的枯草茎、秆上以及杂草和作物幼苗叶片背面，在绿肥田多集中产在鲜草层的下部土面或植物残体上。

喜好温暖潮湿的环境，适宜生存温度为15 ～ 25℃。平均温度高于30℃时，成虫寿命缩短，且不能产卵；冬季如温度低于5℃，幼虫经2h即全部死亡。地势低湿或雨量充沛的地区，土壤含水量在15%～ 20%的地区，危害则较重。凡水旱轮作的地区发生比较轻，旱作地区发生较重；杂草多或蜜源植物多的地区，发生比较严重；砂壤土、壤土等土质疏松、保水性强的地区利于小地老虎发生，而高岗、干旱及黏土、沙土均不利小地老虎发生。

防治方法

（1）**农业防治** 作物收获后及时翻耕；在苗期结合中耕锄草，消灭卵和幼虫；清除田间残枝落叶及杂草，集中销毁或作堆肥；清晨人工扒开缺苗附近的表土捕捉高龄幼虫；实行水旱轮作，或结合苗期灌水，能有效控制该虫的发生。

（2）**物理防治** 黑光灯诱杀成虫；糖醋液诱杀，即糖6份、醋3份、白酒1份、水10份、90%晶体敌百虫1份混合调匀，于成虫盛发期设置诱杀，将糖醋液倒入事先备好的诱捕器内，并用三脚架支撑在离地面1m高处，一般每公顷放1个诱捕器。

（3）**生物防治** 天敌种类丰富，代表种类有广腹螳螂、螟蛉绒茧蜂和广赤眼蜂等。此外，可利用苏云金杆菌、白僵菌、质型多角体病毒（CPV）和核型多角体病毒（NPV）等。

（4）**化学防治** 用50%辛硫磷乳油拌细沙土，在甘薯茎基部开沟撒施药土，并随即覆土；1 ～ 2龄幼虫期，可选用2.5%溴氰菊酯乳油3 000倍液，或90%晶体敌百虫800倍液，或50%辛硫磷乳油800倍液等喷雾防治。3龄后幼虫用90%晶体敌百虫1 000倍液，或50%辛硫磷1 500倍液，进行灌根防治。将鲜嫩青草或菜叶切碎，用50%辛硫磷0.1kg兑水2.0 ～ 2.5kg喷洒在切好的100kg草料上，拌匀后于傍晚分成小堆放置田间，诱集地老虎幼虫取食并毒杀。

4.4 黄环蚀叶野螟

分布与危害

黄环蚀叶野螟［*Lamprosema tampiusalis*（Walker），异名*Nacoleia tampiusalis*（Walker）］，属鳞翅目、草螟科、蚀叶野螟属。国内分布于华北区、华中区和华南区（和桂青等，2013），国外分布于韩国、日本、南亚、东南亚和中美洲。2022—2023年，在广东省廉江市车板镇上千亩甘薯田发生该虫危害（图4-25，图4-26），薯田受害率高达60%～90%，给当地甘薯种植企业带来了严重的经济损失。近来，该虫在广东粤西甘薯产区逐渐蔓延，对其识别与防治尤为重要，防控需要兼顾地上成虫和地下幼虫，否则极易造成巨大的经济损失。

危害症状

幼虫严重危害甘薯薯块，在薯块上钻蛀形成圆形孔洞，孔洞直径2mm左右，与金针虫形成的孔洞直径相似，有时也有一些不规则孔洞（图4-27），但是该幼虫钻蛀进入薯块后，在薯块内咬食形成较大的空腔（图4-28），与金针

图4-25　薯块受害症状

图4-26　薯块上的孔洞

图4-27　幼虫及钻蛀孔洞

图4-28　幼虫蛀入薯块造成空腔

虫造成的深细孔洞症状不同。一个薯块一般钻蛀多个孔洞。

形态特征

成虫　翅展15～17mm。前翅和后翅呈淡灰黄色（Kim et al.，2014）。前翅有3条横线，前翅基部的2条横线与后翅横基线呈相连状，且位于2条横线间、靠近前翅前缘的横线边有褐色圆环。后翅上有1条略带黑色的后内侧线（图4-29，图4-30）。

图4-29　蛰伏于甘薯叶背的成虫

图4-30　室内饲养羽化的成虫

幼虫　头部黄褐色，身体蠕虫状，行动迅速，可倒退蠕动（图4-31）。

图4-31　黄环蚀叶野螟幼虫

（庄平提供）

生活习性

该虫在广东粤西冬种甘薯产区不需要越冬，且对冬薯危害重。其生活史和生活习性目前不甚清楚，该虫一般白天静伏叶片背面或隐蔽的环境内，夜间飞出，有趋光性。蚀叶野螟属所包括的螟蛾种类主要分布南方气温较高的热带地区。幼虫吐丝卷叶，剥食叶面残留网状叶脉，然后取食整片叶，因此称为“蚀叶野螟”。但是黄环蚀叶野螟不同于该属的其他种，其幼虫入土钻蛀薯块危害。

防治方法

参照甘薯茎螟的防治方法，防控不仅仅是考虑地下幼虫，还要重点关注地上部的成虫，该虫在湛江造成的严重危害，编者认为一方面是由于刚开始不清楚是什么害虫，按照常规地下害虫的化学药剂进行防控，防控效果较差，另一方面没有及时对地上部成虫采取防治措施导致其暴发。

4.5 蝼　蛄

分布与危害

蝼蛄，为直翅目、蝼蛄科统称，俗称拉拉蛄、地拉蛄、土狗子等，体型较大，营土栖，几乎危害所有作物以及园林植物，是重要的地下害虫之一。世界范围内已报道64种，我国已报道8种（Ma et al.，2011），其中东方蝼蛄（*Gryllotalpa Orientalis* Burmeister）和华北蝼蛄（*G. unispina* Saussure）分布广、危害重，在我国南方薯区以东方蝼蛄分布最为广泛，北方薯区则以华北蝼蛄为主，长江流域以东方蝼蛄和华北蝼蛄混合发生为主。主要危害作物的种子、幼芽、根茎等，潜行土中，形成隧道，间接造成作物缺水死亡。编者发现在南方薯区蝼蛄危害不甚严重。蝼蛄同时也是一种药用昆虫资源，干燥虫体入药具有利尿、消肿、解毒等功效。

危害症状

蝼蛄成虫和若虫皆可危害，咬食甘薯植株地下部的茎、块根。常咬断薯苗茎部，造成缺苗断垄，薯块被咬伤，甚至被啃食出空洞，影响品质和产量。伤口易受病菌侵入，造成二次危害，可诱发甘薯软腐病，使薯块腐烂变质，不能食用。

形态特征

危害甘薯的蝼蛄主要包括华北蝼蛄［又称单刺蝼蛄（*G. unispina* Saussure）］和东方蝼蛄（*G. Orientialis* Burmeister），其中在我国相当长的一段时间内，将东方蝼蛄误作非洲蝼蛄（*G. africana* Palisot de Beauvois）。在此介绍华北蝼蛄和东方蝼蛄的形态特征。

（1）东方蝼蛄

成虫　较华北蝼蛄小，又称小蝼蛄，雌虫体长31 ～ 35mm，雄虫30 ～ 35mm，体色较华北蝼蛄深，呈淡灰褐色，全身密生细毛，头暗褐色，前翅长约12mm，覆盖腹部达一半；后翅长25 ～ 28mm，超过腹部末端。后足胫节背后内侧有3 ～ 4个刺。腹部近纺锤形。尾毛2根，伸向体外两侧。见图4-32。

卵　椭圆形，初产时长2.8mm，宽1.5mm，孵化前长4mm，宽2.3 mn，初产时为乳白色，有光泽，后变为黄褐色，孵化前呈暗紫色或暗褐色。

若虫　共8 ～ 9龄，初孵若虫，复眼淡红色，数小时后，头胸足逐渐变为

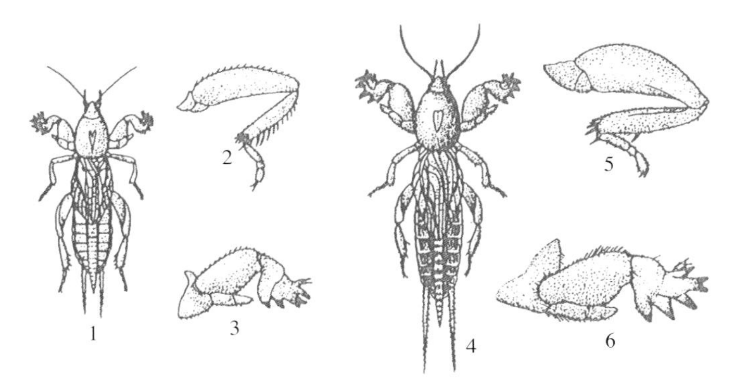

图4-32　东方蝼蛄和华北蝼蛄

东方蝼蛄：1.成虫　2.后足　3.前足　华北蝼蛄：4.成虫　5.后足　6.前足

（浙江农业大学编著，1982）

暗褐色，腹部淡黄色，体长4mm左右，末龄若虫体长25mm左右，后足胫节有棘3 ～ 4个（图4-33，图4-34）。

图4-33　东方蝼蛄若虫

图4-34　田间的东方蝼蛄若虫

（2）华北蝼蛄（又称单刺蝼蛄、大蝼蛄）

成虫　雌成虫体长45 ～ 66mm，雄成虫体长39 ～ 45mm。体黄褐色，身被褐色细毛，头暗褐色，前胸背板中央有1个心形暗红色斑点。前翅长约14mm，平叠于背上，后翅呈折扇状纵折在前翅下，并伸出腹部末端如尾状。后足胫节背侧内缘有棘1个或消失。腹部近圆筒形，背面黑褐色，腹面黄褐色，尾须2根，黄褐色，上有细毛，向后伸长，长约为体长的一半，产卵管不明显。见图4-32。

卵　椭圆形。初产时长1.6 ～ 1.8mm，宽1.1 ～ 1.3mm，孵化前，长2.4 ～ 2.8mm，宽1.5 ～ 1.7mm。初产时黄白色，后变黄褐色，孵化前呈深灰色。

若虫　共13龄，形似成虫，体较小，翅不发达，仅有翅芽。初孵时体乳白色，2龄以后变为黄褐色，5、6龄后基本与成虫同色。

生活习性

华北蝼蛄约3年完成一代，在北京附近地区以成虫和8龄以上若虫在土内越冬，入土可达150mm。成虫有趋光性。成虫产卵长达一个月，单雌最多可产卵533粒。若虫3龄开始分散危害。华北蝼蛄一年中活动规律和危害情况，主要受到土壤温、湿度和作物因素的影响。在黄淮海地区，约3月下旬至4月上旬，当10cm土温回升在8℃左右，蝼蛄从越冬深处开始上升活动，在地面形成长约10mm松土隧道。4月上旬至5月间，温度升高，蝼蛄进入盛发期，危害严重。6—7月成虫产卵盛期，8月新成虫羽化和若虫不断孵化，9月至10月中旬进入危害盛期，10月下旬开始气温降至8℃左右，蝼蛄停止活动，开始越冬。20cm土温在13 ~ 26℃时，蝼蛄多活动于25cm以上土层。一般成虫潜土深度大于若虫，大龄若虫又深于小龄若虫。土壤含水量22% ~ 27%是华北蝼蛄最适合活动湿度范围。

东方蝼蛄在长江以南和安徽、苏北、陕南、山东、河南等地1年发生1代，在陕北、山西、辽宁、甘肃等地2年发生1代，以成虫、若虫在30 ~ 70cm土层越冬，最深可达82cm。在黄淮地区，3月上中旬越冬成虫开始上移至表土层做垂直活动，地面形成一堆松土，4—5月土温上升到14.9 ~ 26.5℃，越冬的成虫和若虫进入危害盛期,6—8月土温达23 ~ 33.5℃，为产卵盛期。8月以后，新羽化的成虫和若虫对作物暴食危害，11月上旬后停止危害进行越冬。

蝼蛄生活史长，当年羽化的成虫少数可产卵，大部分经越冬后才产卵。蝼蛄危害盛期在4—6月，还可能在9—10月形成二次危害高峰。两种蝼蛄均有趋光性、喜湿性，并对新鲜马粪及香甜物质有强趋性，飞翔能力弱。蝼蛄有昼伏夜出的习性，成虫常于夜间21—23时出来活动和危害。华北蝼蛄躲在无植被覆盖、干燥向阳的田埂、路边和松软的油渍状土壤产卵。东方蝼蛄喜湿，多集中在沿河两岸、池塘和沟渠附近产卵。

防治方法

蝼蛄的生活史长，一次防治不能根治，连续防治几年，才能达到理想效果。

（1）**农业防治**　调整播种期，春季适时早播，秋季适时晚播，避开地下害虫危害高峰期；秋翻地可以减少越冬成虫的数量；蝼蛄喜欢在未腐熟的农家肥上产卵，因此，农家肥施用前一定要经过充分腐熟。

（2）**物理防治**　利用蝼蛄趋光性强的习性，晚上用黑光灯或频振式杀虫灯诱杀；根据其趋粪性，可以将粪草放入诱集坑内诱捕。

（3）**化学防治** 用50%辛硫磷乳油800 ～ 1 000倍液，或80%敌百虫可湿性粉剂 800 ～ 1 000倍液灌根，或50%辛硫磷乳油1 000mL拌细土100kg，起垄施入垄心；取80%敌百虫可湿性粉剂60 ～ 100g，加入少量清水，再与炒香的玉米面、棉籽饼或菜籽饼等5 ～ 7kg拌匀至潮湿制成毒饵，在无风的傍晚撒施于田间蝼蛄出没处进行诱杀；每亩取90%敌百虫粉剂50g加入适量清水混匀，喷施鲜草25 ～ 40kg制成毒草，于傍晚撒在薯苗根际地面处进行诱杀。

4.6 根　　蛆

分布与危害

根蛆，是指双翅目、花蝇科蝇（蚊）等幼虫，在土中危害发芽的种子或植物根茎部的种类。已报道危害甘薯的仅有灰地种蝇一种，但编者观察到甘薯田间存在多种不同类型的根蛆，需要进一步鉴定。灰地种蝇［*Delia platura* (Meigen)］，又称灰种蝇、种蝇、菜蛆、种蛆、地蛆等，属双翅目、花蝇科，原产于欧洲，现已遍布全世界，在我国各地均有发生，北方地区较为严重（司升云等，2020）。灰地种蝇主要危害十字花科、百合科、豆科、葫芦科蔬菜等，也可危害玉米、薯类、花生、棉花等多种作物（范滋德，1988）。在潮湿低洼、发生茎基腐病的甘薯地块发生较多，观察到其传播甘薯茎腐病，近年来，甘薯茎腐病发生越来越严重，因此，对于根蛆防治应予以重视。

危害症状

以蛆形幼虫危害甘薯植株茎基部和薯块，蛀入薯块内部，导致薯块腐烂，并在内大量繁殖（图4-35，图4-36，图4-37），部分根蛆在薯块内部取食形成较大虫道（图4-38，图4-39），蛀入茎基部，可在茎内化蛹（图4-40）。根蛆危害多伴随着甘薯茎腐病的发生，茎腐病腐烂的茎枝和薯块上常常可以观察到种蝇卵（图4-41，图4-42）。

图4-35　根蛆危害薯块症状

图4-36　根蛆从薯块表面蛀入

图4-37　薯块表面蛀入的根蛆

图4-38　根蛆钻蛀危害薯块症状

图4-39　钻蛀危害薯块的根蛆

图4-40　根蛆蛀入茎基部危害与化蛹

图4-41　茎腐病腐烂植株上的卵粒

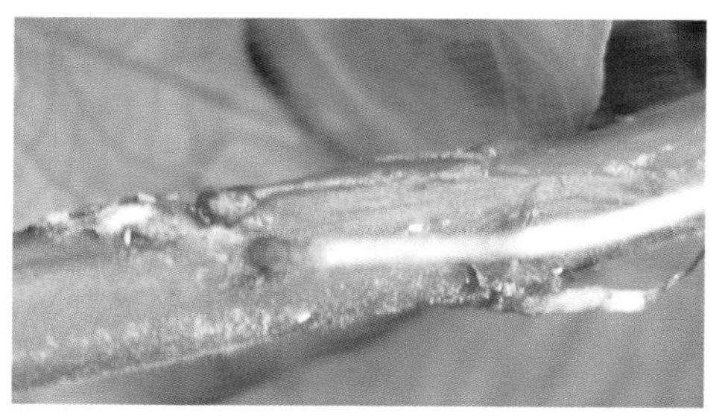
图4-42　长椭圆形白色的卵粒

形态特征

成虫　体长4 ～ 6mm。雄虫头部银灰色，复眼大，暗褐色，两复眼几乎相接。触角黑色，芒状，共3节。翅颜色稍暗，翅脉暗褐色，平衡棒黄色。胸部背面具黑纵纹3条，有的个体不明显。足黑色，后足腿节前内侧的前半部生有长毛，后内侧生有3 ～ 6根细毛。后足胫节的后内侧全部生有稠密而末端弯曲的等长细毛，外侧有3根长毛，前外侧及前内侧疏生短毛。腹部长卵形，稍扁平，灰黄色，中央有黑色纵线。雌虫体色稍浅，两复眼间的距离为头宽的1/3，中足胫节的前外侧有1根刚毛（图4-43A）。

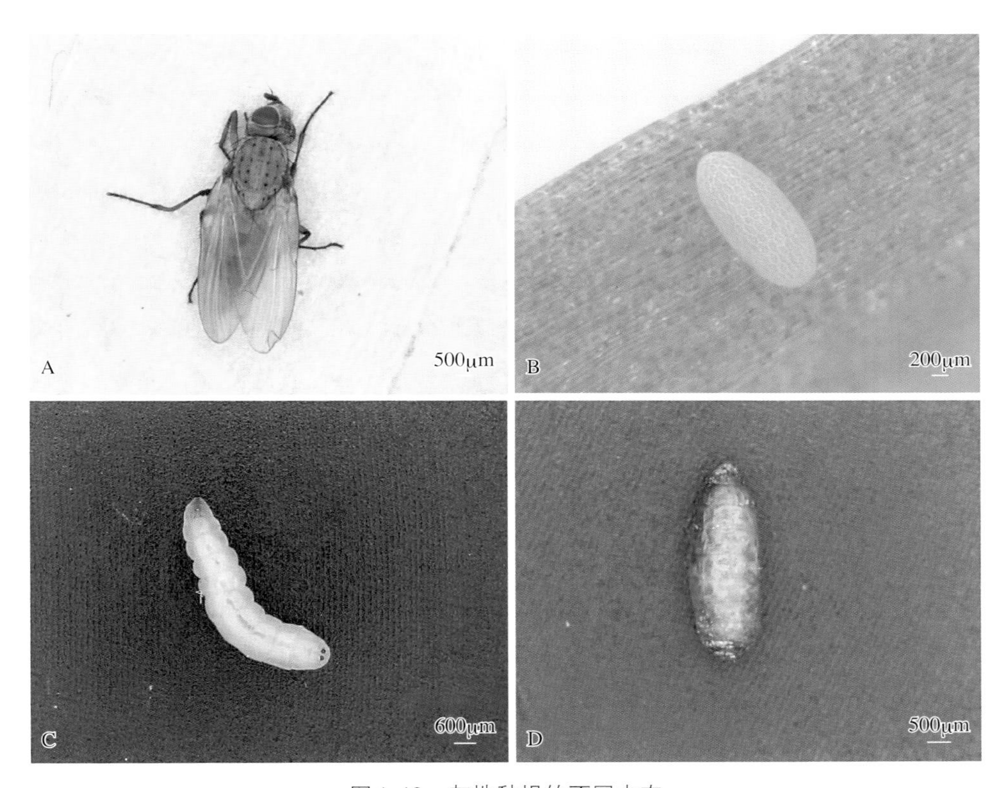

图4-43 灰地种蝇的不同虫态

A.成虫 B.卵 C.老熟幼虫 D.蛹

（张海剑等，2018）

卵 长约1.6mm，长椭圆形，白色稍透明，表面具网纹（图4-43）。

幼虫 蛆状，老熟幼虫体长7 ~ 8mm，乳白色稍带淡黄色，头部退化，仅有1对黑色的口沟，头端尖，向后渐粗（图4-43）。体型前细后粗，腹末呈截面，具肉质突起7对，突起不分叉，第1对与第2对等高，第5对与第6对等长，第7对极小。

蛹 围蛹，体长4 ~ 5mm，纺锤形，黄褐色，末端的7对突起可辨（图4-43）。

生活习性

年发生2 ~ 5代，北方地区以蛹在土中越冬，南方长江流域冬季可见各虫态。在山西大同地区1年发生3代，以蛹在土中越冬。翌年4—5月成虫羽化，5—6月为第1代幼虫危害期，6—8月为第2代幼虫危害期，9—10月为第3代幼虫危害期。卵期2 ~ 5d，幼虫期10 ~ 39d，蛹历期7 ~ 8d，成虫寿命为雌虫10 ~ 79d、雄虫10 ~ 39d。成虫善飞，喜欢在晴朗干燥的白天活动，早晚和阴雨天隐蔽在土块缝隙中。成虫对腐败的有机物趋性强。裸露在地面的未腐熟农家肥可诱集成虫产卵。成虫还喜食花蜜和有发酵霉味的物质。雌成虫在潮湿的土缝、农家肥、近地面的叶片或者茎腐病腐烂的茎枝上产卵（图4-41，图4-42）。

防治方法

（1）**农业防治** 实行轮作倒茬，施用充分腐熟的农家肥料；及时清理腐烂薯块，防止种蝇招引成虫产卵。

（2）**物理防治** 将糖、醋、水按1：1：2.5的比例混合，再加入少量敌百虫或辛硫磷配制成毒液，盛入小容器摆放到田间诱杀成虫。

（3）**化学防治** 可选用50%辛硫磷乳油800倍液，或48%毒死蜱乳油1 500倍液，或10%吡虫啉可湿性粉剂2 000倍液，或2.5%溴氰菊酯乳油3 000倍液，或25%噻虫嗪水分散粒剂2 500倍液，或5%高效氯氰菊酯乳油1 500倍液等灌根防治。

4.7 蟋　　蟀

分布与危害

蟋蟀（Gryllidae），别名油葫芦、蛐蛐，属直翅目、蟋蟀总科、蟋蟀科，全世界已知22亚科55族595属，约4 649种，我国已记载的蟋蟀共计13亚科67属258种（马丽滨，2011），其中危害农作物的主要种类有北京油葫芦、南方油葫芦和花生大蟋等。北京油葫芦在全国各地均有分布，尤以华北地区发生严重，是造成危害的主要蟋蟀种类。花生大蟋属于我国南方旱地作物主要害虫之一。蟋蟀属多食性害虫，寄主范围较广泛，能危害玉米、花生、大豆、甘薯、麦类、高粱、芝麻、瓜类，以及蔬菜，棉花等作物幼苗（滑端超等，2002）。杨本尧报道，1985年河北省肥乡县蟋蟀导致13 667hm^2作物受害，占总耕地面积的33.8%。

危害症状

蟋蟀的成虫和幼虫均可危害（图4-44，图4-45），它们常常把嫩茎咬断，拖回洞中取食，有时也会把咬断的嫩茎放在洞外，造成严重的缺苗断垄，甚至毁种重播。初龄幼虫啃食叶肉表皮，2、3龄后多从叶缘取食，造成缺刻。蟋蟀在各地栽插甘薯季节经常大量发生，咬断幼苗造成小株或缺苗，结薯后蛀食

图4-44 停栖在甘薯叶片的蟋蟀

图4-45 甘薯田蟋蟀

薯块，形成虫孔伤疤，并传播病害。

形态特征

图4-46 北京油葫芦雌成虫

（1）**北京油葫芦** [*Teleogryllus emma*（Ohmachi & Matsuura）] 又称黄脸油葫芦、黑油葫芦、台湾油葫芦（图4-46），其形态特征如下。

成虫 体长22 ~ 25mm。体背黑褐色，有光泽。腹面为黄褐色。头顶黑色，上缘开始，整个颜面淡黄色。翅、附肢及尾须黄褐色。前胸背板黑褐色，隐约可见1对深褐色月牙形纹，中胸腹板后缘中央有小切口。前翅淡褐色，有光泽；后翅端部露出腹末很长，双尾状，稍短于尾须。后足胫节有6对刺。

卵 长2.5 ~ 4mm，略呈长筒形，两端微尖，乳白色，微黄，表面光滑。

若虫 共6龄，成长若虫体长21 ~ 22mm。体背面深褐色，前胸背板月牙形明显。雌若虫产卵管较长，露出尾端。

（2）**花生大蟋** [*Brachytrupes portentosus* Lichtenstein，异名*Tarbinskiellus portentosus*（Lichtenstein）] 俗称大土狗、大蟋蟀（图4-47，图4-48），其形态特征如下。

图4-47 花生大蟋若虫

图4-48 花生大蟋雄成虫

成虫　体长30 ~ 40mm，暗褐色或棕褐色，头部较前胸宽，复眼之间具Y形纵沟。前胸背板前方膨大，前缘后凹呈弧形，背板中央有1条细纵沟，两侧各有羊角形斑纹。后足腿节粗壮，胫节背方有粗刺2列，每列4个。雌虫前翅脉多纵行，呈网状交叉，无横纹脉，不能发声，腹末端产卵管短于尾须，长约2mm。雄虫前翅的肘脉形成粗糙的锉状，两翅磨擦时能发声。触角丝状，约与身体等长，足粗短，后足腿节粗大。

卵　长约4mm，两端钝圆，中部微弯，表面光滑，初为青灰色，后转为淡黄色。

若虫　共7龄，外形与成虫相似，但体色较浅。2龄后出现翅芽，体色随虫龄增加而转深。

生活习性

6月中旬至7月上旬的夏苗期正值蟋蟀大龄若虫发生盛期，9—10月的秋苗期正是蟋蟀成虫的产卵盛期，这两个时期是农田蟋蟀的主要危害期。成虫喜隐居于阴凉处，尤以潮湿、薄积草下为宜，白天潜伏，夜间活动取食，19—22时为活动高峰。雄虫善鸣好斗，有时自相残杀，有弱趋光性。

花生大蟋一年发生1代，以3 ~ 5 龄幼虫在土穴中越冬。单雌产卵500 粒以上，成虫和若虫白天大多在洞穴中栖息，傍晚出来活动，以闷热的夜晚最为活跃。花生大蟋性喜干燥，在潮湿的土壤和黏土中发生较轻。

黄脸油葫芦一年发生1代，一般以卵越冬。成虫喜欢藏身在积草下。北京油葫芦卵产于向阳处杂草较多的2cm土层中，单雌产卵75.4 粒，若虫期 63d左右，因营养条件和取食作物不同，若虫历期略有差异。成虫寿命145.3d。

防治方法

（1）**农业防治**　蟋蟀一般产卵于1 ~ 2cm土层中，冬、春季耕翻地可将卵深埋于10cm以下的土层，使若虫难以孵化出土，明显降低卵的有效孵化率；田间中耕除草，清洁田园，平整地面，破坏蟋蟀生存环境。

（2）**物理防治**　利用蟋蟀的趋光性，田间设黑光灯诱杀成虫；田间堆草诱捕，因蟋蟀若虫、成虫白天有明显的隐蔽习性，在田间设置一定数量直径约25cm、厚5 ~ 15cm的草堆，可大量诱集若虫、成虫，集中捕杀。

（3）**生物防治**　可发挥寄生螨、青蛙和鸟类等蟋蟀的自然天敌的作用。

（4）**化学防治**　可选用50%辛硫磷乳油或5% S-氰戊菊酯稀释乳油1 500 ~ 2 000倍液喷雾，从田块四周向中心推进；采用毒饵诱杀，每亩用50%辛硫磷乳油25 ~ 40mL，或90%晶体敌百虫50g，加水稀释，充分拌匀，喷拌炒香麦麸或豆饼3.5kg，傍晚均匀撒施。由于蟋蟀活动性强，防治时应注意连片统一防治，否则难以获取较持久的效果。

4.8 蠼　　螋

分布与危害

蠼螋，为革翅目、蠼螋科昆虫的通称，俗称夹板子、夹板虫、剪指甲虫、剪刀虫、耳夹子虫、火蝎子、狗蝎、桑狗等，属昆虫纲、有翅亚纲，以其前翅革质而得名，全世界包括化石在内已知2 028种。广泛分布于世界各地，多数种类位于热带和亚热带地区，种类数由温带向寒带递减。蠼螋常生活在树皮缝隙，枯朽腐木中或落叶堆下，喜欢潮湿阴暗的环境，为杂食性昆虫，其中有不少种类是害虫的天敌，捕食昆虫幼虫、蚜虫。有些种类是危害松茸、竹荪、玉米、洋桔梗、苹果、桑、桃、核桃、发财树等多种植物的害虫，据报道，2004—2005年在陕西省乾县、礼泉部分地区的苹果园果实受害率高达30%～40%；在云南省玉溪市造成大量洋桔梗植株死亡，严重田块植株被害率高达50%以上。该虫对甘薯的危害报道不多，近年来，编者在广东省、海南省和江西省甘薯产区观察到了蠼螋危害（图4-49，图4-50）。2020年3月，广东省陆丰市部分甘薯田薯块受害率达10%以上，造成了较大的损失。

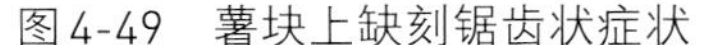

图4-49　薯块上缺刻锯齿状症状

图4-50　薯块锯齿和空洞症状

危害症状

据报道，蠼螋作为杂食性昆虫，主要食动、植物渣滓，如果没有足够的食物，就会危害作物。蠼螋在广东粤东粤西甘薯产区的沙地主要危害越冬甘薯，以成虫、若虫咬食薯块表皮，造成薯块表面沟壑纵横，有时在表皮造成较大的凹槽、缺刻、锯齿状，甚至类似蛴螬危害的孔洞（图4-49，图4-50）。有些蠼螋取食在薯块表面形成圆形小孔或者纤维状腐烂症状（图4-51）。症状的差异可能是由不同土壤条件或者不同种蠼螋引起的。另外，蠼螋咬食甘薯幼嫩的植株，危害猖獗时可造成植株萎蔫死亡。

图4-51　甘薯纤维腐烂症状

形态特征

蠼螋为不完全变态类的昆虫，只有卵、若虫、成虫3个虫期。Ames等（1996）认为，蠼螋是甘薯田间的益虫。Ekman等（2015）报道，纳蠼螋*Nala lividipes*（Dufour）危害澳大利亚甘薯，但蠼螋种的*Labidura truncata* Kirby是甘薯益虫。目前中国没有报道蠼螋对甘薯的危害，本书编者观察到在不同地区蠼螋危害甘薯症状明显不同，认为可能是不同种蠼螋引起，这需要进一步研究确定（图4-52，图4-53，图4-54）。马永贵（1959）报道，蠼螋危害棉花种子和花生，棉花开花后，蠼螋开始捕食红铃虫。编者认为蠼螋作为杂食性昆虫，环境条件优劣和食物丰盈与否，决定蠼螋是害虫还是益虫。在此介绍纳蠼螋和大蠼螋（*Labidura japonica* de Haan）的形态特征。

图4-52　病斑上的蠼螋

图4-53　广东汕尾危害甘薯的蠼螋

（1）**纳蠼螋** [*N. lividipes*(Dufour)]（陈一心等，2004）

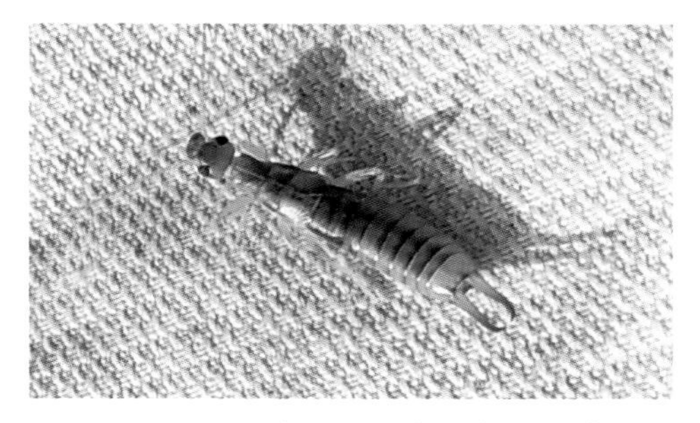
图4-54 广东湛江危害甘薯的蠼螋

成虫 体长6 ~ 10mm，体型狭小，污栗色或褐色，头部黑色，尾铗暗红褐色，足暗黄色，遍布黄色短绒毛。头部光滑，复眼小而突出，触角细长，20 ~ 31节。前胸背板长大于宽，两侧向后稍扩展，边缘常呈灰黄色，后缘圆弧形，背面前部圆隆，中沟明显。鞘翅和后翅发达，鞘翅两侧平行，具侧脊，后缘近横直，表面平。雄虫两侧平行，后缘中央弧凹形，背面散布小刻点，中央沟明显；雌虫末腹背板后部较窄。尾铗短，弧形，基部粗，向后渐变细，顶端尖，向内侧弯，内缘中部或中部之后有1小齿突。足短壮，褐黄色，腿节基部和端部常具深色环斑。雌虫尾铗简单，向后直伸，几乎不弯曲或后部稍弯。雄性外生殖器的阳茎基侧突长而尖。

（2）**大蠼螋** [*Labidura japonica*（de Haan）] 又称为日本蠼螋。

成虫 身体细长而扁平，体长10 ~ 32mm，身体棕色至黑色，有光泽，头部扁而宽，触角丝状，复眼发达圆形，无单眼，口器咀嚼式。胸部近于方形，前翅短小，革质缺翅脉，后翅较发达，在不飞翔时折叠于前翅下。足3对较短，腹部末端具1对强壮可以活动的尾钳，尾钳用于捕食、防御或在交尾时起抱握作用，也用于清洁身体和折叠后翅。雌虫腹节7个，尾钳平直无锯齿。雄虫腹节9个，尾钳弯曲。

卵 卵圆形，白色，表面光滑，长1.1 ~ 1.3mm，宽0.85 ~ 1.0mm。

若虫 若虫与成虫体形相似，只是若虫个体小，颜色较浅，翅膀和钳子不发达，触角节数少，若虫期经过5个龄期。每次蜕皮除了增大个体和增加触角节数外，他们的特征与其亲本相似。孵化初时为乳白色，之后渐变为深棕色。

生活习性

蠼螋喜欢在阴暗潮湿疏松的粪土堆、枯枝落叶下、杂草下等隐蔽处生活，在广东甘薯产区以及海边的沙土地较为常见。成虫畏光，喜高温高湿的环境，白天躲藏在田埂或田间杂草、土块、缝隙等隐蔽处，夜间活动危害甘薯薯块及幼苗，或者捕食田间害虫。成虫交配后，雌成虫多在秋季于潮湿的土壤中产卵，雌虫有护卵育幼的习性。雌虫在石下或土下作穴产卵，然后伏于卵上或守护其旁，低龄若虫与母体共同生活。若虫性喜群居，以成虫或者若虫在土壤中越冬。蠼螋在生活过程中很少离开土，而且大部分时间在土壤内。在施用有机肥、杂草丛生的沙地，蠼螋危害严重。蠼螋食性杂，动植物均能取食，并且有相互残杀吃食的现象。

防治方法

在了解蠼螋生活习性的基础上，可通过清洁田园等破坏其生存环境条件，以及通过喷洒药剂或者诱杀进行防控，尤其需要重视春季食物匮乏时，对该虫的防控。

（1）**农业防治**　彻底清除田基和田间杂草残枯枝杂草；用鸡粪、牲畜粪等有机肥作为基肥时，要充分腐熟。

（2）**化学防治**　喷洒辛硫磷、敌百虫、氯氰菊酯和高效氯氟氰菊酯等。将麸皮炒熟，按熟麸皮量的5%加入晶体敌百虫，拌匀堆闷10h，在傍晚将毒饵撒于有该虫发生的田块，毒杀成虫。

4.9 蚯　　蚓

分布与危害

蚯蚓属环节动物，俗称曲蟮、地龙等。危害甘薯多为环毛蚓属蚯蚓，因其较强的适应性和繁殖能力，地理分布很广。环毛蚓属蚯蚓穴居于潮湿肥沃土壤中，菜园、耕地、沟渠边等区域较为多见，以土壤中的虫卵、落叶、枯草、动植物碎片、腐烂的有机物质和垃圾为食，对改良土壤结构、提高肥力和清除废物非常有益。但其过量繁殖也会危害甘薯，造成甘薯死苗缺苗，薯块形成浅的圆形孔洞等（图4-55）。蚯蚓数量过多的情况下可造成一定的经济损失。

危害症状

造成栽插不久的薯苗瘦弱、萎蔫、枯死，严重时缺苗断垄。蚯蚓过多，易使幼苗根系发育不良、侧根少而细弱，导致结薯数量减少，从而造成减产。此外，蚯蚓常常在薯块上造成较浅圆形小孔（图4-55，图4-56），导致甘薯品质变差，商品薯率降低，经济损失严重。

图4-55　蚯蚓危害薯块症状

形态特征

图4-56 薯块上的蚯蚓幼虫
（陈胜勇提供）

危害甘薯的种类多为环毛蚓属蚯蚓，环毛蚓属属于环节动物门、寡毛纲、后孔寡毛目、巨蚓科。体长230 ~ 245mm，宽7 ~ 12mm，体分节且有刚毛。具体腔，前端为口，上覆有肉质的口前叶，体末端为肛门，呈直裂性，两侧稍稍隆起。头部由口前叶和围口节组成。雌雄同体，异体受精。性成熟时，在体前部出现一个环带（即生殖带），雄性生殖孔1 ~ 2对，雌性生殖孔1对或单个。受精囊孔1 ~ 5对不等，通常为3对。体色会因环境的不同而发生改变，一般为绿紫色、棕色、红色等，该特性起到了保护色的功能。

生活习性

白天多穴居土壤其表层，一般夜出活动取食。活动及繁殖适宜的土壤温度为15 ~ 25℃，适宜的土壤湿度为50%，温度较低（0 ~ 5℃）或高温干燥季节，蚯蚓潜伏在地下深处休眠。

防治方法

图4-57 薯田泡水，蚯蚓出穴

（1）**农业防治** 甘薯和水稻轮作，能够有效减少蚯蚓的危害，也是改良土壤的重要措施；种植甘薯前田块进行泡水，使蚯蚓表皮气孔受阻，缺氧死亡或者大量出穴（图4-57），此时人工捕捉喂食鸡鸭，或者出售作为鱼饵。

（2）**化学防治** 整地起垄前，每亩用25%高效氯氟氰菊酯乳油200mL，兑水15kg喷洒土壤表面；或者用5%辛硫磷颗粒剂1.0 ~ 1.5kg，或10%二嗪磷颗粒剂2 ~ 3kg，拌细土30kg均匀撒施；或50%辛硫磷乳油1 000倍液，或80%敌百虫可湿性粉剂1 200倍液，或48%毒死蜱乳油2 000倍液，浇淋甘薯茎基部。

4.10 蚂　　蚁

分布与危害

蚂蚁属于膜翅目、蚁科，分布于世界各地。蚂蚁种类丰富，有些种类捕食昆虫，有些取食植物种子，有些取食蚜虫及介壳虫分泌的蜜露，也有专食菌类。目前危害甘薯的蚂蚁种类少有报道，本书编者发现有两类蚂蚁危害甘薯，按照颜色分为红蚂蚁和黄蚂蚁。黄蚂蚁中东方行军蚁分布比较广泛，东方行军蚁［*Doxrypus orientalis*（Westwood）］属行军蚁属，来源于南美或非洲热带地区，国内主要分布在云南、贵州、湖南、江西、福建、广东等省份，在地面地下啃食甘薯茎基部和块根，对部分地区会造成较大的损失（施金德，1988;姚本玉等,2008）。红蚂蚁主要是红火蚁［*Solenopsis invicta*（Buren）］，俗称毒蚁、杀人蚁等，属切叶蚁亚科、火蚁属，原分布于南美洲巴西、巴拉圭和阿根廷等地，是我国重要的外来入侵生物，2004年5月台湾报道了红火蚁，2004年底，侵入广东省吴川市（曾玲等，2005），为杂食性土栖蚂蚁，既能捕食昆虫和小型动物，又取食作物的种子、果实、幼芽、嫩茎与根系，分布于广东、广西、海南、福建、台湾、湖南、江西、云南、四川和重庆等省区，威胁甘薯田间管理人员身体健康和自然生态结构。

危害症状

黄蚂蚁咬食甘薯茎基部和薯块表面，形成较细的孔洞，也会钻入薯块内形成许多“隧道”，薯块被啃成千疮百孔，造成薯块腐烂不能食用，丧失经济价值，还可危害薯苗根部，造成薯苗枯萎死亡（图4-58，图4-59）。红火蚁咬食薯苗影响生长，但更重要的是红火蚁具有很强的攻击性，经常发生甘薯田间管理人员被叮咬，过敏体质的人员甚至危及生命（图4-60，图4-61）。在肥水

图4-58　蚂蚁危害造成薯块腐烂

图4-59　危害甘薯的蚂蚁

一体化种植的甘薯大田，蚂蚁甚至咬破滴灌带，造成极大的损失。

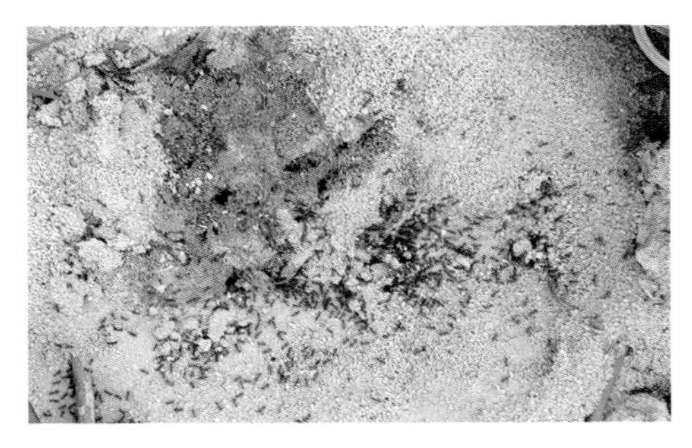
图4-60　甘薯田红火蚁蚁巢

图4-61　红火蚁

形态特征

对于危害甘薯的蚂蚁有哪些种类，有待进一步研究确认。目前已知东方行军蚁和红火蚁在广东省危害甘薯十分普遍，其个体发育须经卵、幼虫、蛹和成虫4个阶段，形态特征如下。

（1）**东方行军蚁**［*Doxrypus orientalis*（Westwood）］

成虫　包括工蚁、雄蚁和雌蚁3种类型。工蚁体长3 ~ 5mm，宽0.7 ~ 1mm，体色一般为褐黄色和栗褐色，腹部色和胸部相比较淡；无翅，复眼不发达，缺单眼，腹部末端无螯针。雌蚁分为有翅型和无翅型，无翅型体长5 ~ 11mm，体色多为棕黄色，全身被有短细绒毛，颈部呈卵圆形，两侧着生1对复眼，额上方呈倒三角形排列的单眼3个；触角膝状；腹部为长椭圆形，较为粗大，腹部末端有螯针1枚藏于生殖孔。有翅型雌蚁有2对膜质翅，静止时覆盖于胸腹部。雄蚁全身黄褐色，形态略比雌蚁细小，4 ~ 8mm；头部稍小，触角较细，腹部略呈圆锥形，生殖器外露；有膜质翅2对。

卵　呈圆筒形，长0.4 ~ 0.6mm，初产为乳白色，近孵化时变成半透明淡白色，表面光滑。

幼虫　初孵幼虫体长0.4 ~ 0.6mm，无足，呈蛆状，乳白色，前端稍细，多为弧形。

蛹　乳白色，体长2.5 ~ 3.0mm，分节明显，缺少翅芽。

（2）**红火蚁**［*Solenopsis invicta*（Buren）］（图4-61）　完整的巢群包括蚁巢和生活于其中的各等级和虫态的个体，如蚁后、有翅繁殖蚁（有翅雌蚁和有翅雄蚁）、工蚁，以及他们的非成虫形态（卵、幼虫和蛹）。

成虫　包括有翅的雄蚁、有翅的雌蚁、蚁后和工蚁。有翅型雌蚁体长8 ~ 10mm，头及胸部棕褐色，腹部黑褐色，着生翅2对，头部细小，触角呈膝状，胸部发达，前胸背板亦显著隆起。雌蚁婚飞交配后落地，将翅脱落结巢成为蚁后。蚁后腹部较有翅雌蚁膨大，无翅，其他方面相似，平均寿命7 ~ 8年。有翅雄蚁体长7 ~ 8mm，体黑色，着生翅2对，头部细小，触角呈丝状，胸部发达，前胸背板显著隆起。有翅雄蚁婚飞即死。工蚁为发育不完全无生殖能力的雌蚁，体橘棕色和棕褐色，体型多样，分为小型、中型和大型，外形基本相似，体长2 ~ 9mm。工蚁头部略呈方形，复眼细小，黑色。触角共10节，鞭节端部2节膨大呈棒状。胸腹连接处有2个腹柄节，第1节结呈扁锥状，第2节结呈圆锥状。前胸背板前端隆起，中、后胸背板的节间缝明显。腹部卵圆形，末端有螯刺伸出。

卵　卵圆形，直径为0.23 ~ 0.30mm，乳白色。

幼虫　乳白色，共4龄，长度0.27 ~ 1.20mm，有性生殖蚁的4龄幼虫体长可达4 ~ 5mm。1 ~ 2龄体表较光滑，3 ~ 4龄体表被有短毛，4龄上颚骨化较深，略呈褐色。

蛹　为裸蛹，乳白色，工蚁蛹体长0.70 ~ 0.80mm，有性生殖蚁蛹体长5 ~ 7mm，触角、足均外露。

生活习性

蚂蚁是社会性昆虫，过群居地栖生活。雄蚁和雌蚁属于繁殖个体，住在蚁巢内直到交配时机到来，才飞离蚁巢。交配时机通常在下过雨后的清晨或黄昏。雄蚁在交配过后即死亡，雌蚁则可飞行寻找一适合筑巢的处所，将翅脱落结巢成为蚁后，我国的红火蚁以多后型为主。工蚁没有翅，主要任务为搜寻食物，喂食、照顾幼虫及蚁后，防卫巢穴、抵抗入侵者，将蚁后搬离危险处等。

黄蚂蚁喜温暖湿润，常栖居于避风向阳、湿润而富有机质的土壤中，沙土或土壤板结的黏土少有蚂蚁栖居（施金德，1988）。食性杂，危害的植物种类多，一旦外界气温超过10℃，黄蚂蚁都可出来危害，一年四季都可以找到植物食用（李标等，2009）。

红火蚁筑巢趋向于靠近水源、阳光充足的开阔地带。一般在荒坡、草地、长满杂草的田埂和民房屋周围等环境，发生密度较大。触动蚁巢后，蚁巢中工蚁迅速外出、四处搜寻入侵者，并进行攻击。红火蚁传播扩散主要依靠苗木、花卉、草皮、肥料、土壤、废旧物品等长距离运输。在气温超过21℃时，觅食活动较频繁；白天气温超过32℃时，则倾向于早晚觅食（陆永跃等，2019）。

防治方法

可在防治其他地下害虫同时兼顾防治，但是近年来红火蚁在甘薯田发生越来越普遍，常常攻击叮咬田间管理人员，对于红火蚁监控和防控丝毫不能松懈。

（1）**加强检疫** 搞好检疫、控制入侵源头是有效压制该蚁扩散传播和减缓入侵速度的关键。对来自疫区容易携带红火蚁的各种寄主进行检疫，防止向非疫区扩散；对非疫区加强监测，一旦发生及时杀灭。

（2）**农业防治** 水旱轮作和深翻田地，破坏蚂蚁的栖息环境；蚂蚁食性较杂，要及时铲除田间杂草和枯枝败叶，及时集中清理烧毁。

（3）**生物防治** 保护鸟类、蜘蛛、青蛙、蜻蜓等蚂蚁的捕食者。

（4）**化学防治** 用50%辛硫磷乳剂800～1 000倍液或90%晶体敌百虫800倍液灌根或喷施防治黄蚂蚁（康建坂等，2007）；用1.8%阿维菌素乳油或4.5%高效氯氰菊酯乳油1 000～1 500倍液灌入蚁巢杀灭红火蚁；此外，可用0.1%茚虫威饵剂，或0.1%高效氯氰菊酯杀虫粉剂触杀和诱杀（陆永跃等，2019）。

4.11 二纹土潜

分布与危害

二纹土潜［*Gonocephalus bilineatum*（Walk）］，属鞘翅目、拟步行虫科，又称二纹拟地甲、铁线虫或竹根虫，是旱作地区的主要害虫之一。在国内主要分布于浙江、福建、广东、广西、四川、重庆、云南、海南以及中国长江以南等地，国外主要分布于俄罗斯、日本、韩国、印度尼西亚、马来西亚、菲律宾、斯里兰卡、越南、不丹、印度、澳大利亚和太平洋岛国等国家和地区（赵养昌，1963；Iwan et al., 2010）。该虫食性杂，可危害多种旱地作物，在福建省以大麦、小麦受害最重，花生、甘薯次之，麦苗根部受害后枯萎死亡（黄成裕等，1965）。据报道，在广东湛江市危害当年春季桉树，严重时每天可导致幼林死亡率达10%（康尚福等，1997）。近年来，广东甘薯产区该虫的危害加重，往往将该虫的幼虫误认为是金针虫。

危害症状

幼虫食性杂，危害多种作物，可取食幼苗嫩茎、嫩根，造成缺苗断垄。幼虫钻入根茎、薯块内危害造成虫孔，使甘薯失去商品价值。

形态特征

成虫 体长11～13mm，身体黑色，无光泽，长椭圆形，表面密被颗粒。头前端凹，眼前端的角明显，头呈斧形。前胸扁，有2个平行洼，两侧从一角至另一角呈弓形，后缘二凹形，鞘翅刻点行模糊，触角、足黑色，爪灰色(图4-62，图4-63，图4-64)。

卵　长1.2mm，椭圆形，乳白色，后变为土黄色。

幼虫　老熟幼虫体长13mm，圆筒形，暗黄色，体表坚硬，有光泽。各节后缘有淡褐色横带，末节淡黄色，呈圆锥形。

蛹　体长9mm，乳黄色，腹末端具2刺，向后平伸（魏鸿钧等，1989）。

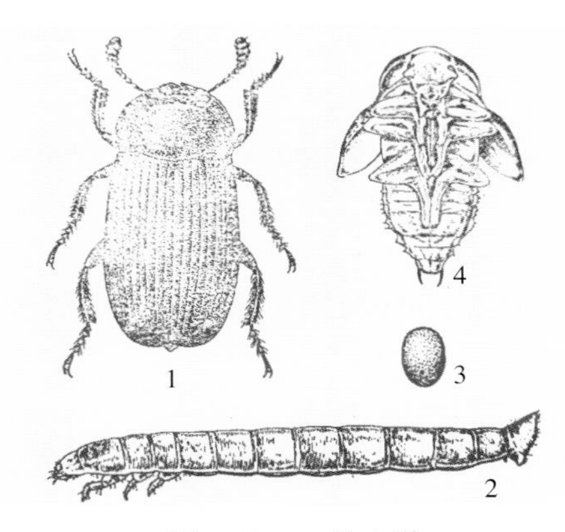

图4-62　二纹土潜
1.成虫　2.幼虫　3.卵　4.蛹
（魏鸿钧等，1989）

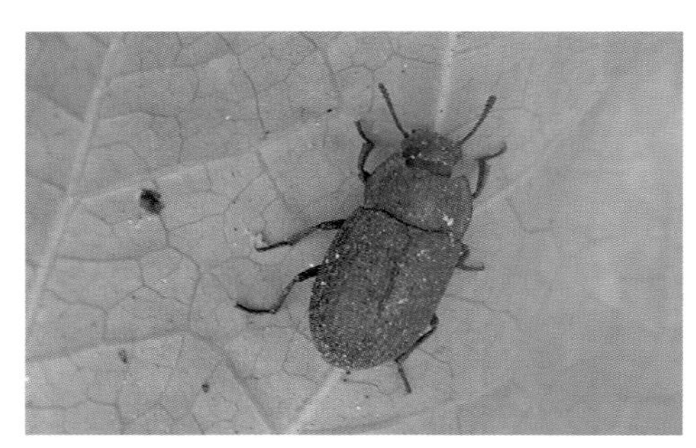

图4-63　停栖在叶片的二纹土潜

图4-64　二纹土潜成虫

生活习性

福建晋江地区该虫一年发生1代，从卵至成虫历期264 ~ 267d，其中卵期4d，幼虫期246 ~ 250d，蛹期15 ~ 18d。雌成虫寿命平均55d。幼虫和成虫均可在土中越冬，以幼虫为主。卵多散产于3.3cm深的土层内，初孵幼虫在10cm内土层深处活动取食。

广东雷州地区两年发生1代，成虫大约在5月上旬左右羽化，羽化后在土中静伏几天才夜间出土，取食嫩树皮或其他植物补充营养，日出后行动迟缓，并躲到地被物或松土中静伏。交尾产卵活动均在夜间进行。选择土壤疏松，植物多的地表产卵，卵孵化后幼虫在土中生活，幼虫行动敏捷。翌年冬，老熟幼虫筑土室化蛹。成虫遇惊有假死性（康尚福等，1997）。

广西地区一年发生1代，以幼虫在土内越冬。田间几乎整年可见成虫，以

6—11月密度最大。气温适宜时多在土表活动，夏季高温和冬季低温时，多群聚在田间枯草堆、落叶中或土块下；高温干旱时，有趋向土壤湿润处的习性。一般沙土和砂壤土的旱地，前作为甘薯、玉米或花生的地块，受害较重。

防治方法

（1）**农业防治** 早春及时清除杂草，减少越冬成虫早期食料来源，并定时中耕除草，减少成虫寄主，以控制成虫发生；在播种前和收获后对土壤进行深度翻耕，以机械杀伤土中越冬虫体或卵，使越冬虫口数量减少。

（2）**化学防治** 50%毒死蜱乳油作为毒饵诱杀，将米糠放在锅中炒至发黄溢出香气为止，每100kg米糠中加4kg内含0.5kg毒死蜱的水溶液搅拌均匀作为毒饵，施药10d，虫口可减少90%以上。毒死蜱药液浸鲜薯24h，挖穴埋置甘薯茬地，上盖一小草团，具有较好的诱杀效果。

4.12 日本蚤蝼

分布与危害

日本蚤蝼［*Xya japonica*（Haan），异名*Tridaclylus japonicus*（de Haan）］，属于直翅目、蚤蝼总科、蚤蝼科，又称跳蝼、跳蛄和蚤蝼，在日本、朝鲜、俄罗斯均有分布，我国全国范围均有分布，但集中分布于东南部地区（丁方美，2008；Cao et al.，2020）。日本蚤蝼的成虫和若虫会通过啃食叶片的叶肉部分，造成叶片缺刻，主要的寄主植物包括桑、茶、甘薯、香蕉、水稻、棉花、甘蔗、烟草、草莓、姜叶、蔬菜作物等（陈其瑚，1990；汪志强，2006）。20世纪90年代，我国浙江和福建地区有报道该虫危害甘薯（陈其瑚，1990；黄成裕等，1992），本书编者发现该虫在广东分布较为广泛，对甘薯危害较轻，不是甘薯主要害虫。

危害症状

生活在潮湿的草地、大田沟渠及菜园中，能挖土而潜伏地下，不易被发现，危害植物根系和幼苗。日本蚤蝼的成虫和若虫会啃食叶片的叶肉部分，造成叶片斑点，严重时叶片缺刻，导致光合作用受阻或降低，影响植株生长和发育，造成作物减产减收。

形态特征

蚤蝼属（*Xya*）包含59个种，其中在我国已报道9种，分别为日本蚤蝼*X.*

japonica（Haan，1844）、*X. nitobei*（Shiraki，1911）、*X. manchurei*（Shiraki，1936）、*X. apicicornis*（Chopard，1928）、溪蚤蝼*X. riparia*（Saussure，1877）、乐山蚤蝼*X. leshanensis*（Cao, Shi & Hu, 2017）、山东蚤蝼*X. shandongensis*（Zhang，Yin & Yin，2018）、四川蚤蝼*X. sichuanensis*（Cao，Shi & Yin，2018）和福建蚤蝼*X. fujianensis*（Cao，Chen & Yin，2020）（Cao et al.，2020），危害甘薯的种类目前只有日本蚤蝼，具体形态特征如下。

成虫 体长0.5 ~ 0.55cm，体型较小，通体灰黑色有光泽（图4-65）。头圆形，复眼发达且圆突，有单眼3个，触角短，有9 ~ 12节，近念珠状，口器是咀嚼式。前胸很大且背板盔状，中胸后胸腹板较宽，腹部粗长，有1对分2节的尾须和1对刺突。具翅，前翅常较后翅短，雄性的前翅端具1列齿，与后翅亚前缘脉相摩擦发音。前足短小，胫节宽扁，具齿，适于掘土，前中足跗节2节；后足股节膨大，形成跳跃足，后足跗节仅1节或无，但胫节端有发达的长片，可帮助跳跃和在水面游动。雌性产卵瓣退化（丁方美，2008）。

图4-65 甘薯叶片上的日本蚤蝼成虫

生活习性

通常栖息于阴暗潮湿处，常穴居生活。洞穴常分布在地表浅层的土壤湿润、土质较为疏松，尤其是沙质的地方，位置分布多样，形状不规则，长短不一，多为单一的线条状。打洞较为迅速。在打洞前，先用触角等感觉器官来选择打洞位置，然后用两前足分别单独挖掘土粒，两前足再抱握住土粒并移至口器处，用下唇须等舔舐后，将土粒放置在头部一侧地面上，以同样的动作将第2粒土粒斜着黏附在第1粒上，一直重复上述动作，直到堆砌成一个拱形的洞口，之后再继续修筑第2圈的拱形土粒墙。最后修筑成一条较长的、黏附紧密且较为牢固的隧道，隧道的2个洞口有时封住，有时敞开。若在打洞过程中遇到苔藓等食物，日本蚤蝼偶尔会边吃食边打洞，还会同时排便（曹成全等，2013）。

防治方法

对甘薯危害较轻，防治其他地下害虫时兼防该虫。

4.13 蛞　　蝓

分布与危害

蛞蝓［*Deroceras laeve*（Müller）或*Agriolimax agrestis*（Linnaeus）］，又称无壳蜒蚰螺、鼻涕虫、软蛭、水蜒蚰、无壳延螺、粘粘虫、野蜗牛、托盘虫、弦达虫等，属软体动物门、腹足纲、肺螺亚纲、柄眼目、蛞蝓科、野蛞蝓属（Wiktor，2000；Wiktor et al.，2009），在欧洲、北美洲、南美洲、大洋洲、亚洲和非洲等六大洲皆有分布（CABI），我国除西藏未见报道外，各省市区均有发生。食性很杂，寄主主要包括十字花科、茄科、藜科、豆科、葫芦科的蔬菜、棉、麻、烟草、薯类、中草药、食用菌和观赏植物等。目前野蛞蝓不是甘薯的主要害虫，但是近年来在育苗大棚和菜用甘薯上发现较多，可能会影响菜用甘薯的生产。

危害症状

以齿舌舐食叶片造成孔洞和缺刻，危害严重时可将寄主叶片全部食尽，爬过叶片时遗留下白色胶质，影响幼苗生长，以及茎尖菜用甘薯的食用价值和外观品质（图4-66，图4-67）；取食薯块形成大孔洞和凹槽（图4-68）。此外，野蛞蝓作为多种绦虫和线虫的中间寄主，对人类和禽畜安全极具威胁，体内所寄生的管圆线虫侵入人体后，可破坏人体中枢神经系统，引起脑膜脑炎。

图4-66　蛞蝓危害甘薯植株

图4-67　蛞蝓取食甘薯叶片

图4-68　蛞蝓危害薯块症状

形态特征

我国常见危害甘薯的蛞蝓主要有双线嗜黏液蛞蝓［*Phiolmycus bilineatus*（Bonson）］、野蛞蝓［*Agriolimax agrestis*（Linnaeus）］和黄蛞蝓［*Limax flavus*（Linnaeus）］等，在此主要介绍野蛞蝓形态特征（图4-69）。

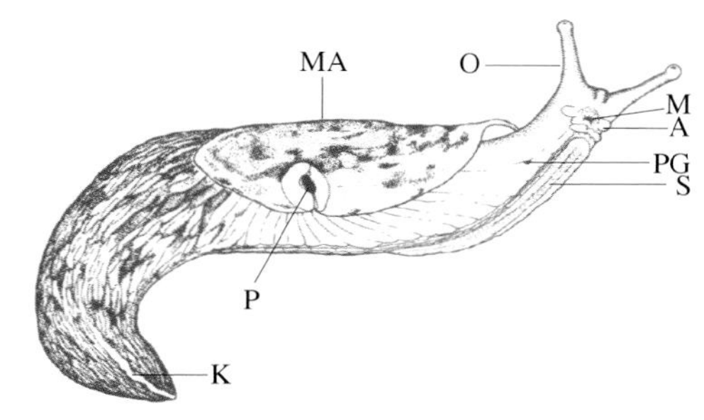

图4-69　蛞　蝓

A.前触角　M.口　K.尾脊　MA.外套膜　O.后触角　P.呼吸孔　PG.生殖孔　S.腹足

（引自Wiktor，2000）

成虫　雌雄同体，外表看起来像无壳的蜗牛，体表湿润有黏液，成虫伸直时体长30～60mm，体宽4～6mm。长梭形，柔软、光滑而无外壳，体表颜色多样化，以暗灰色为主。触角2对，暗黑色，下方1对短，约1mm，称前触角，有感觉作用；上方1对长约4mm，称后触角，端部具眼。口腔内有角质齿舌。体背前端具外套膜，为体长的1/3，边缘卷起，其内有退化的贝壳，上有明显的同心圆生长线。呼吸孔在体右侧前方，其上有细小的色线环绕，黏液无色。在右触角后方约2mm处为生殖孔。

卵　卵椭圆形，韧而富有弹性，直径2～2.5mm。白色透明可见卵核，近孵化时色变深。

幼虫　初孵幼虫体长2～2.5mm，淡褐色，体形同成体。

生活习性

野蛞蝓完成一个世代约250d，5—7月产卵，卵期16～17d，从孵化至成熟约55d。成虫产卵期可长达160d。雌雄同体，异体受精，亦可同体受精繁殖。卵产于湿度大有隐蔽的土缝中，平均产卵量为400余粒。以成虫体或幼体在作物根部湿土下越冬。5—7月在田间大量活动危害，入夏气温升高，活动减弱，秋季气候凉爽后，再次活动危害。蛞蝓怕光，多夜间和阴雨天活动。耐饥力强，在食物缺乏或不良条件下能不食不动。阴暗潮湿的环境易于大发生，当气温11.5～18.5℃、土壤含水量为20%～30%时，对其生长发育最为有利。

防治方法

（1）**农业防治**　清洁田园及周边环境；中耕松土，翻地晒土；保护地高温闷棚；轮作栽培；合理施肥，合理密植，控制湿度，保持田间通风透光；在田间撒施石灰粉、草木灰使虫体内水分外渗杀死成虫。

（2）**化学防治** 根据其生活习性，傍晚选用6%四聚乙醛颗粒剂毒饵，或6%甲萘威·四聚乙醛颗粒剂，或2%甲硫威毒饵，或8%四聚乙醛颗粒剂，或10%多聚乙醛颗粒剂均匀撒在行间及作物基部，遇大雨，需重复施药。或选用4.5%高效氯氰菊酯乳油800～1 000倍液，或50%杀螺胺乙醇铵盐可湿性粉剂40～50g/亩喷雾。

4.14 同型巴蜗牛

分布与危害

同型巴蜗牛［*Bradybaena similaris*（Ferussae）］属软体动物门、腹足纲、柄眼目、巴蜗牛科，又名扁蜗牛、蜒蚰螺、触角螺、旱螺、小螺蛳、山螺丝、蜗牛等。分布于非洲（科摩罗、马达加斯加、毛里求斯、莫桑比克、南非）、亚洲（中国、日本、新加坡、印度尼西亚、越南）、欧洲（荷兰）、北美（美国、波多黎各）、南美（巴西、阿根廷）和大洋洲（澳大利亚及太平洋岛国）等世界各地。在我国分布广泛，以南方及东南沿海潮湿地区发生较多，为多食性害虫，危害豆科、十字花科、茄科、棉、麻、禾谷类、桑、果树和薯类等多种作物。同型巴蜗牛性喜潮湿，湿度越高危害越重，近年来在蔬菜、柑橘、脐橙和大豆上造成了较大的损失。此外，危害甘薯的蜗牛有灰巴蜗牛*Bradybaena ravida*（Benson）、江西巴蜗牛*Bradybaena kiangsinensis*（Martens）、条华蜗牛*Cathaica fasciola*（Draparnaud）、扭蜗牛*Oophana heudei* Schmarcker & Boettger、赤琥珀螺*Succinea erythrophana*（Ancey）（图4-70）等。这些蜗牛在大田生产中不是甘薯主要害虫，但是在通风较差、湿度较高的甘薯苗圃、繁苗大棚以及菜用型甘薯田，经常见到蜗牛危害（图4-71）。

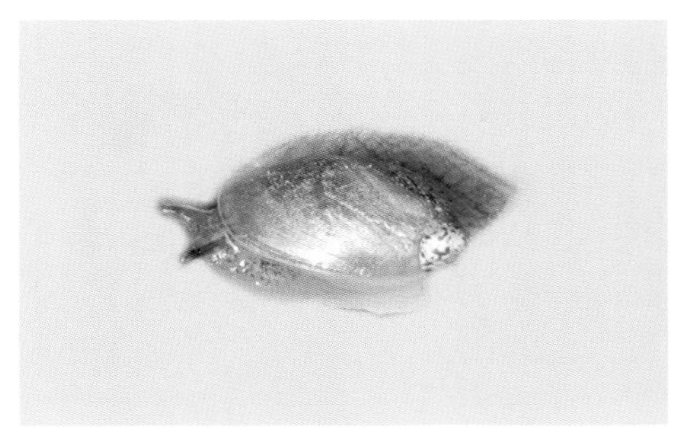

图4-70 赤琥珀螺成螺

图4-71 蜗牛危害症状

危害症状

以成螺和幼螺危害甘薯嫩叶、嫩茎，多从叶片背面取食叶片，造成孔洞或者缺刻，严重时叶片残留叶脉（图4-71）。其爬行遗留下来的白色黏液，影响薯苗生长，造成菜用甘薯减产，严重影响茎尖菜用甘薯的食用价值和外观品质。

形态特征

成螺 雌雄同型，螺壳壳质坚硬，扁球形，5 ～ 6个螺层，高约12mm，直径14.1mm（图4-72，图4-73）。成螺黄褐色或红褐色，上有褐色花纹，壳口马蹄形，脐部圆孔状。体柔软，头上有2对触角，前触角较短小，有嗅觉功能，后触角较长大，顶端有眼；腹部两侧有扁平的足，体多为灰白色，休息时身体缩在螺壳内（图4-72）。

图4-72 休息的同型巴蜗牛

图4-73 同型巴蜗牛成螺

卵 圆球形，直径约2mm，乳白色有光泽，近孵化时变成土黄色。

幼螺 体较小，壳薄，半透明，淡黄色，形似成贝，常群集成堆。初孵幼螺有1 ～ 2个螺层，5个月后螺层增至4 ～ 5层，9个月后增至5 ～ 6层。

生活习性

同型巴蜗牛每年发生1 ～ 2代。以成螺和幼螺在阴暗潮湿处越冬，但以成螺越冬为主。越冬蜗牛于翌年3月初开始取食，4—5月为成螺交配产卵盛期，每一成螺可产卵30 ～ 235粒。5—6月幼螺孵化后为第一个危害高峰期，到了夏季干旱季节或遇不良气候条件便隐蔽起来，常常分泌黏液形成蜡状将口封住，暂时不食不动。处暑以后，进入交配产卵盛期，10—11月是第二个危害高峰期。冬至以后转入越冬状态。

性喜潮湿，怕光，白天躲在阴暗潮湿的环境中，傍晚出土觅食，阴雨天可全天取食。在潮湿的夜间蜗牛的食欲活跃。同型巴蜗牛生存能力强，对冷、热、饥饿、干旱有很强的忍耐性。温度16 ~ 30℃、空气湿度60% ~ 90%，是同型巴蜗牛生存、活动和取食危害最适宜的温湿度条件。刚孵出的幼龄蜗牛会自主取食，当受到敌害时，其头和足会缩回壳内，并分泌黏液封住壳口，同时还可分泌修复肉体与外壳的物质。

防治方法

（1）**农业防治** 铲除田边、地头、沟边等处的杂草，撒些生石灰粉；秋季耕翻土壤，杀灭卵粒和幼螺。

（2）**物理防治** 用树叶、杂草、菜叶等诱集，集中捕杀；傍晚、早晨或阴天人工捕捉。

（3）**化学防治** 在蜗牛发生初期至始盛期，每亩用6%四聚乙醛颗粒剂500g，或70%杀螺胺可湿性粉剂30 ~ 35g，或6%四聚乙醛500g，拌细沙撒施在行间或茎基部。

4.15 福寿螺

分布与危害

福寿螺［*Pomacea canaliculata*（Lamarck），异名*Ampullarius gigas*（Spix）］，又称苹果螺、大瓶螺、金宝螺，属软体动物门、腹足纲、前鳃亚纲、腹足目、瓶螺科、瓶螺属。该螺起源于南美洲亚马孙河流域（巴西和阿根廷），在20世纪80年代被引入包括中国在内的许多亚洲国家，在中国主要分布于广东、广西、云南、福建、浙江、江苏等省区，随着福寿螺在中国入侵时间的推移，其生态适应性不断增强，加上全球气候变暖，其危害地区可能逐渐向中国北方地区迁移和扩展。2003年3月，中国环保总局将福寿螺列为首批入侵中国的16种危害最大的外来物种之一。20世纪80年代，在广东省已发现福寿螺危害阴湿生境的甘薯（蔡汉雄等，1990），但不是甘薯的主要害虫。

图4-74 甘薯茎枝上的福寿螺卵块

危害症状

福寿螺随灌溉水进入垄沟，在垄沟进行繁殖，在甘薯茎部产卵（图4-74）。食性杂，危害甘薯致使甘薯幼嫩叶片穿孔或缺刻，严重时叶片被啃食得千疮百孔。福寿螺是一种水生动物，对水的依赖性较强，对需水较多的菜用甘薯和灌溉入口处甘薯有一定的危害。由于福寿螺是广州管圆线虫（*Angiostrongylus cantonensis*）的重要中间宿主，对人类和禽畜安全极具威胁，体内所寄生的管圆线虫侵入人体后，引起人的嗜酸性粒细胞增多性脑膜炎与脑膜脑炎，引起头痛、头晕、发热、颈部僵硬、面神经瘫痪等症状，严重者会出现瘫痪、嗜睡、昏迷等，甚至死亡。

形态特征

成螺 雌雄异体，爬行体长3.5 ~ 6cm，贝壳近似圆盘形，一般具6螺层，雌螺壳口单薄，外唇直或略弯，厣边缘翻出螺足，即中间稍凹。雄螺壳增厚，厣边缘塌入螺足，即中间较凸，外唇向外反翘，雌雄比（2.2 ~ 3）:1（图4-75）。

卵 圆球形，直径2 ~ 2.5mm，初产时深红色、黏稠，孵化前色变淡。卵成堆叠产，每卵块3 ~ 5层，100 ~ 960粒不等（图4-76）。

幼螺 初孵幼螺体长2 ~ 2.5mm，软体部分呈深红色，初孵幼螺可在水中爬行，以后贝壳向右旋增加。螺口径在2.2cm以下为幼螺或高龄幼螺。

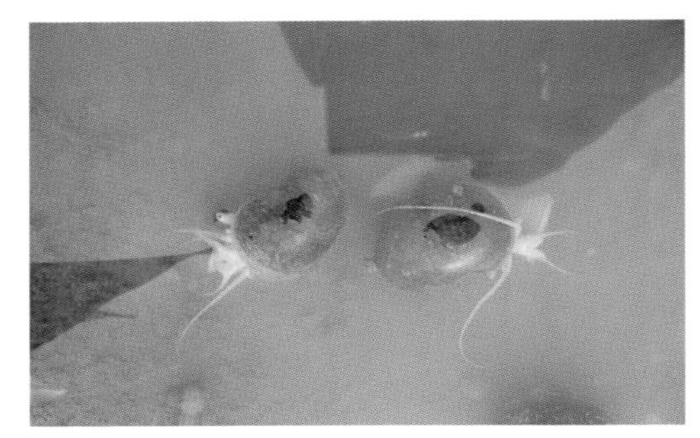

图4-75　福寿螺成螺

图4-76　福寿螺卵块

生活习性

福寿螺喜栖于土壤肥沃有水生植物生长的缓流河川及阴湿通气的沟渠、溪河、水田等生境。最适宜生长水温25 ~ 32℃，超过35℃生长速度下降，生存的最高临界水温45℃，最低临界水温5℃，有蛰伏和冬眠习性。长江以南广大地区以成螺或幼螺在河沟渠道中越冬为主，少数在低洼潮湿田的表土内越冬，一年可发生2 ~ 3代，世代重叠，繁殖力惊人，在广州地区一只雌螺经1年可繁殖幼螺32.5万只（杨叶欣等，2010）。

一般雌螺交配后1 ~ 5d即可产卵，产卵部位主要在离水面5 ~ 10cm或阴湿生境的杂草、甘薯植株和沟渠上，刚产出的卵黏而软，并呈鲜红色光泽，为葡萄状长圆形卵块，以后色泽逐渐变淡。幼螺有趋腐性，常在沟渠、田间牛粪和动植物残体等有机质附近群集觅食（蔡汉雄等，1990）。

在广东省每年12月中下旬，在平均气温15.2℃时，福寿螺仍可交配产卵，1—2月由于月平均气温低于15℃，雌螺停止产卵。3月上中旬恢复产卵，4—10月是福寿螺繁殖高峰期，其中5—6月和9—10月是幼螺生长高峰期（冯伟明，1994）。

防治方法

对甘薯田福寿螺的防治采用以人工和物理防治为主，辅以化学防治的措施方法。

（1）**物理防治** 灌溉水口设置拦集网，在水渠、重点田块、主要灌溉水进出口处设网拦截，防止福寿螺随水传播，对收集到的福寿螺进行销毁；福寿螺鲜红色的卵块容易识别，便于人工摘卵；福寿螺的成、幼螺一般在早晨和下午最活跃并最容易发现，此时是人工捕捉的最好时机。

（2）**化学防治** 每亩用5%四聚乙醛小颗粒剂250g，或50%螺敌可湿性粉剂65g，或65%五氯酚钠可溶粉剂250g，或85%杀螺快可湿性粉剂150～180g，配药均匀后拌土撒施（王志高等，2009）。

参考文献

蔡汉雄，陈日中，1990. 新的有害生物——大瓶螺[J]. 广东农业科学 (5): 36-38.

曹成全，杜超豪，毛祥敏，等，2013. 日本蚤蝼的洞穴特征及打洞行为（直翅目，蚤蝼总科，蚤蝼科）[C]. 第四届全国动物行为学研讨会论文集: 56-56.

曾玲，陆永跃，何晓芳，等，2005. 入侵中国大陆的红火蚁的鉴定及发生危害调查[J]. 昆虫知识 (2): 144-148, 230-231.

曾颖，1994. 蚯蚓对春季蔬菜秧苗的危害[J]. 长江蔬菜 (5): 14.

陈爱端，2011. 金针虫对几种环境因子适应性研究[D]. 北京: 中国农业科学院.

陈其瑚，1990. 浙江植物病虫志（第一篇）[M]. 上海: 上海科学技术出版社.

陈一心，马文珍，2004. 中国动物志 昆虫纲 第三十五卷 革翅目[M]. 北京: 科学出版社.

丁方美，2008. 短额负蝗、日本蚤蝼和中华寰螽线粒体基因组序列测定与分析[D]. 西安: 陕西师范大学.

丁锦华，1995. 植物保护辞典[M]. 南京: 江苏科学技术出版社.

范建芝，周红梅，段成鼎，等，2013. 甘薯地下害虫药剂防治效果研究[J]. 山东农业科学，45 (11): 107-108.

范滋德，1988. 中国经济昆虫志，第37册．双翅目：花蝇科．北京：科学出版社：178.
冯伟明，1994. 福寿螺的生物学特性及防治措施[J]. 广东农业科学 (6): 41-42.
高成，郭书普，1993. 农业病虫草害防治大全[M]. 北京：北京科学技术出版社．
高建阁，2013. 乌鲁木齐南郊地区蚯蚓危害蔬菜秧苗防治策略[J]. 新疆农业科技 (1): 16.
谷梅红，刘鹏辉，闫立静，2016. 悬铃木方翅网蝽的发生与防治试验[J]. 湖北林业科技，45 (4): 88-90.
桂炳中，2014. 园林害虫无公害防治手册[M]. 北京：中国农业科学技术出版社．
郭东红，2012. 蝼蛄的生活习性及防治措施[J]. 种业导刊(12): 30-30.
郭书普，2010. 新版蔬菜病虫害防治彩色图鉴[M]. 北京：中国农业大学出版社．
和桂青，杜喜翠，2013. 重庆四面山自然保护区斑野螟种类多样性及区系研究[J]. 西南大学学报(自然科学版)，35 (9): 43-48.
侯秀明，刘学东，孙岩，2020. 野蛞蝓对日光温室春白菜的危害及综合防控技术[J]. 农业工程技术，40 (34): 69-70.
胡锐，邢彩云，李元杰，等，2011. 金针虫在郑州市近年上升原因分析及其防控技术[J]. 河南农业科学，40 (2): 103-106.
胡亚亚，刘兰服，韩美坤，等，2019. 7种药剂对甘薯田蛴螬的防治效果[J]. 江苏师范大学学报(自然科学版)，37 (2): 31-34.
华南农学院，1981. 农业昆虫学(上册) [M]. 北京：农业出版社．
滑端超，郭新平，仇登楼，2002. 农田蟋蟀的发生与防治[J]. 中国农村科技 (6): 33-33.
黄成裕，齐石成，黄邦侃，等，1992. 福建省甘薯害虫名录[J]. 华东昆虫学报 (1): 22-34.
黄成裕，卓仁英，黄楷书，1965. 二纹土潜的初步观察[J]. 昆虫知识 (5): 260-263.
江苏省农业科学院，山东省农业科学院，1984. 中国甘薯栽培学[M]. 上海：上海科技出版社．
康建坂，郑开斌，李章汀，等，2007. 西瓜黄蚂蚁的防治技术[J]. 福建农业科技 (2): 65.
康尚福，庞统，邓玉森，等，1997. 二纹土潜对桉树幼林的危害与防治[J]. 桉树科技 (2): 30-32.
李宝树，齐心，刘跃华，2005. 寒地甘薯栽培讲座[J]. 吉林蔬菜 (6): 4-5.
李标，李飞，雷尊国，等，2009. 黄蚂蚁对脱毒马铃薯原种的危害及综合防治对策[J]. 农技服务，26 (12): 75-76.
李海波，吴兰平，谢学文，等，2014. 酒泉日光温室蚯蚓危害原因及综合防治[J]. 中国蔬菜 (4): 64-66.
李品汉，2017. 菜地同型巴蜗牛的危害与无公害防治技术[J]. 科学种养 (12): 37.
李小慧，胡隐昌，宋红梅，等，2009. 中国福寿螺的入侵现状及防治方法研究进展[J]. 中国农学通报，25 (14): 229-232.
李照会，2004. 园艺植物昆虫学[M]. 北京：中国农业出版社．
林居庆，林荣辉，2004. 闽南旱地作物蛴螬发生及防治的研究[J]. 华东昆虫学报 (2): 53-57.
柳唐镜，2005. 籽瓜田地下害虫大蟋蟀的发生及防治措施[J]. 中国西瓜甜瓜 (1): 38-39.
鲁秀秀，2018. 广东甘薯农药残留调查与地下害虫药剂防治技术研究[D]. 广州：华南农业大学．
陆永跃，曾玲，许益镌，等，2019. 外来物种红火蚁入侵生物学与防控研究进展[J]. 华南农业大学学报, 40 (5): 149-160.
罗益镇, 崔景岳, 1995. 土壤昆虫学[M]. 北京: 中国农业出版社.
吕凯, 2013. 农作物常见地下害虫的识别与防治[J]. 农业灾害研究 (10): 25-29.
马丽滨, 2011. 中国蟋蟀科系统学研究 (直翅目: 蟋蟀总科) [D]. 咸阳: 西北农林科技大学.
马丽滨, 何祝清, 张雅林, 2015. 中国油葫芦属 *Teleogryllus* Chopard 分类并记外来物种澳洲油葫芦 *Teleogryllus commodus* (Walker) (蟋蟀科, 蟋蟀亚科) [J]. 陕西师范大学学报 (自然科学版), 43 (3): 57-63.
芃楠, 2011. 领导重视措施给力有效控制飞蝗的发生危害[J]. 农业技术与装备 (14): 80.
戚慕杰, 2009. 东北地区龟甲亚科分类学研究 (鞘翅目: 铁甲科) [D]. 哈尔滨: 东北林业大学.
全国农业技术推广服务中心, 2008. 小麦病虫草害发生与监控[M]. 北京: 中国农业出版社.
师学文, 丁俊杰, 刘国成, 2008. 蔬菜地下害虫的发生与防治[J]. 种业导刊 (12): 25-26.
施金德, 1988. 贵州黄蚂蚁危害调查和药剂防治试验[J]. 贵州农业科学 (6): 29-32.
司升云, 张宏军, 冯夏, 等, 2017. 中国蔬菜害虫原色图谱[M]. 北京: 中国大百科全书出版社.
司升云, 周利琳, 骆海波, 等, 2020. 武汉红菜薹新害虫——灰地种蝇[J]. 长江蔬菜, 505 (11): 54-55.
宋明龙, 刘喻敏, 吴翠娥, 等, 2002. 蔬菜田同型巴蜗牛发生及防治研究[J]. 莱阳农学院学报, 19 (1): 60-61.
孙厚俊, 孙厚浩, 赵永强, 等, 2017. 不同药剂对甘薯地下害虫的防治效果[J]. 安徽农业科学, 45 (29): 157-158, 213.
覃伟权, 朱辉, 2011. 棕榈科植物病虫鼠害的鉴定及防治[M]. 北京: 中国农业出版社.
汪志强, 2006. 桑树害虫及专家管理系统研究[D]. 苏州: 苏州大学.
王冬梅, 杜清福, 商丽丽, 等, 2014. 烟台地区甘薯病虫害发生情况与防治对策[J]. 安徽农学通报 (8): 113-114.
王广恩, 金卫平, 李俊兰, 等, 2006. 金针虫在河北抗虫棉田的发生与防治[J]. 中国棉花, 33 (5): 29-29.
王久兴, 张慎好, 2003. 瓜果蔬菜病虫害诊断与防治原色图谱[M]. 北京: 金盾出版社.
王容燕, 陈书龙, 李秀花, 等, 2012. 5%硫线磷颗粒剂对甘薯茎线虫病和蛴螬的防治效果[J]. 河北农业科学, 16 (3): 44-47.
王容燕, 高波, 李秀花, 等, 2016. 河北省甘薯主产区蛴螬的发生危害调查[J]. 河北农业科学, 20 (4): 23-26.
王玉玲, 2011. 同型巴蜗牛的化学防治方法研究[J]. 北方园艺 (3): 169-171.
王志高, 谭济才, 刘军, 等, 2009. 福寿螺综合防治研究进展[J]. 中国农学通报, 25 (12): 201-205.
魏鸿钧, 张治良, 王萌长, 等, 1989. 中国地下害虫[M]. 上海: 上海科学技术出版社.
文国斌, 周青, 朱琴莲, 等, 2016. 金针虫发生原因及防治对策[J]. 云南农业 (3): 38-39.
肖利贞, 2016. 甘薯常见虫害防治技术[J]. 乡村科技 (19): 9.
谢逸萍, 孙厚俊, 邢继英, 2009. 中国各大薯区甘薯病虫害分布及危害程度研究[J]. 江西农业学报, 21 (8): 121-122.
徐文华, 周加春, 张萼, 等, 2002. 温湿度对同型巴蜗牛的影响效应[J]. 江苏农业学报, 18 (2): 99-102.
徐志华, 2006. 园林花卉病虫生态图谱[M]. 北京: 中国林业出版社.
许金山, 2016. 孟连县石斛同型巴蜗牛的危害及防治技术[J]. 现代农业科技 (24): 129-130.
闫会, 薛程, 李强, 等, 2014. 甘薯田蛴螬防治的现状与展望[J]. 江苏农业科学, 42 (12): 191-194.
闫会, 薛程, 张允刚, 等, 2015. 江苏徐州甘薯种植区金龟子种类调查及发生趋势初探[J]. 江苏农业科学, 43 (7): 128-129, 233.
杨本尧, 1987. 肥乡县蟋蟀的发生与防治对策[J]. 植物保护 (1): 49-51.
杨建全, 陈家骅, 张玉珍, 等, 1998. 小地老虎的发育历期、发育起点温度与有效积温[J]. 福建农业大学学报 (4): 3-5.
杨叶欣, 胡隐昌, 李小慧, 等, 2010. 福寿螺在中国的入侵历史、扩散规律和危害的调查分析[J]. 中国农学通报, 26 (5): 245-250.
姚本玉, 张远自, 刘小铁, 等, 2008. 东方行军蚁生物学特性及防治技术研究进展[J]. 现代农业科技 (4): 64-67, 69.
尹绍武, 颜亨梅, 王洪全, 等, 2000. 福寿螺的生物学研究[J]. 湖南师范大学自然科学学报, 23 (2): 76-82.
于永文, 刘长高, 韩玉斗, 2017. 我国蛞蝓防治研究进展[J]. 辽宁农业科学 (3): 62-66.
张国振, 施长昆, 秦利人, 等, 1986. 同型巴蜗牛生活习性与化学防治技术[J]. 植物保护, 12 (5): 18-20.
张海剑, 宋健, 马红霞, 等, 2018. 河北行唐地区玉米害虫灰地种蝇的鉴定及其对玉米种子和幼苗的危害[J]. 昆虫学报, 61 (9): 1114-1120.
张美翠, 尹姣, 李克斌, 等, 2014. 地下害虫蛴螬的发生与防治研究进展[J]. 中国植保导刊, 34 (10): 20-28.
张伟, 张明, 2008. 红薯地下害虫的综合防治技术[J]. 河南农业 (9): 22-22.
张振芳, 王海宁, 2016. 红薯地下害虫防治[J]. 西北园艺 (综合) (1): 42-43.
赵爽, 贾凤龙, 梁铬球, 等, 2009. 广东省蚂蚁种类与分布[J]. 环境昆虫学报, 31 (2): 156-161.
赵养昌, 1963. 中国经济昆虫志第四册 (鞘翅目 拟步行虫科) [M]. 北京: 科学出版社.
浙江农业大学, 1982. 农业昆虫学 (第二版、上册) [M]. 上海: 上海科学技术出版社.
郑智龙, 2016. 园林植物虫害防治图谱[M]. 北京: 中国农业科技出版社.
中国农作物病虫图谱编委会, 1992. 中国农作物病虫图谱水稻病虫[M]. 北京: 农业出版社.
锺启谦, 魏鸿钧, 1964. 防治地下害虫的方法和策略的讨论[J]. 应用昆虫学报 (6): 51-52, 64.
Ames T, Smit N E J M, Braun AR, 1996. Sweetpotato: Major pests, diseases, and nutritional disorders[M]. Peru, Lima: International Potato Center (CIP) .
Cao CQ, Rong H, Naveed H, 2020. Two new species of the genus *xya* latreille, 1809 (orthoptera, tridactyloidea, tridactylidae) from yunnan with a key to all *xya* species in china[J]. ZooKeys,

947 (1): 103-112.

Ebregt E, Struikl PC, Odongo B, et al., 2008. Piecemeal versus one-time harvesting of sweet potato in north-eastern Uganda with special reference to pest damage[J]. NJAS–Wageningen Journal of Life Sciences, 55 (1): 75-92.

Ekman J, Lovat J, 2015. Pests, diseases and disorders of sweetpotato: A field identification Guide[M]. Australia: Horticulture Innovation Australia Limited.

Follett PA, 2006. Irradiation as a methyl bromide alternative for postharvest control of *Omphisa anastomosalis* (Lepidoptera: Pyralidae) and *Euscepes postfasciatus* and *Cylas formicarius elegantulus* (Coleoptera: Curculionidae) in sweet potatoes[J]. Journal of Economic Entomology, 99 (6): 32-37.

Heath RR, Coffelt JA, Sennett PE, et al., 1986. Identification of sex pheromone produced by female sweetpotato weevil, *Cylasformicarius elegantulus* (Summers) [J]. Journal of Chemical Ecology, 12: 1489-1503.

Iwan D, Ferrer J, Raś M, 2010. Catalogue of the world gonocephalum solier, 1834 (Coleoptera, Tenebrionidae, Opatrini) . Part 1. List of the species and subspecies[J]. Annales Zoologici, 60 (2): 245-304.

Kim SS, Bae YS, Byun BK, 2014. A review of the genus *Nacoleia* (Lepidoptera, Crambidae) from Korea, with two newly recorded species[J]. The Korean Society of Applied Entomology, 53 (1): 81-84.

Kumano N, Haraguchi D, Kohama T, 2008. Effect of irradiation on mating ability in the male sweetpotato weevil (Coleoptera: Curculionidae) [J]. Journal of Economic Entomology, 101 (4): 1198-1203.

Kumano N, Haraguchi D, Kohama T, 2009. Sperm storage and viability within females of Euscepes postfasciatus: effect of irradiation on sperm abundance and viability within female[J]. Journal of Insect Physiology, 55 (9): 813-817.

Kumano N, Kohama T, Ohno S, 2007. Effect of irradiation on dispersal ability of male sweetpotato weevils (Coleoptera: Brentidae) in the field[J]. Journal of Economic Entomology, 100 (3): 730-736.

Kumano N, Kuriwada T, Shiromoto K, et al., 2010. Assessment of effect of partial sterility on mating performance in sweetpotato weevil (Coleoptera: Curculionidae) [J]. Journal of Economic Entomology, 103 (6): 2034-2041.

Kuriwada T, Kumano N, Shiromoto K, et al., 2010. Effect of mass rearing on life history traits and inbreeding depression in the sweetpotato weevil (Coleoptera: Brentidae) [J]. Journal of Economic Entomology, 103 (4): 1144-1148.

Kuriwada T, Kumano N, Shiromoto K, et al., 2010. The effect of mass-rearing on death-feigning behaviour in the sweet potato weevil (Coleoptera: Brentidae) [J]. Journal of Applied Entomology, 134 (8): 652-658.

Lenis JI, Calle F, Jaramillo G, et al., 2006. Leaf retention and cassava productvity[J]. Field Crops Research, 95 (2-3): 126-134.

Loebenstein G, Thottappilly G, 2009. The sweetpotato[M]. Germany: Springer Science Business Media.

Ma LB, Zhang YL, 2011. Redescriptions of two incompletely described species of mole cricket genus *Gryllotalpa* (Grylloidea; Gryllotalpidae; Gryllotalpinae) from China with description of two new species and a key to the known Chinese species[J]. Zootaxa(2733): 41-48.

Pulakkatu-Thodi I, Motomura S, Miyasaka S, 2016. Evaluation of insecticides for the management of rough sweetpotato weevil, *Blosyrus asellus* (Coleoptera: Curculionidae) in Hawai'i Island[J]. College of Tropical Agriculture and Human Resources, IP-38: 1-5.

Santos MMD, Soares MA, Silva IMD, et al., 2018. First record of the sweet potato pest *Bedellia somnulentella* (Lepidoptera: Bedelliidae) in Brazil[J]. Florida Entomologist, 101 (2): 315-316.

Sether DM, Hu JS, 2007. Closterovirus infection and mealybug exposure are necessary for the development of mealybug wilt of pineapple disease[J]. Phytopathology, 92 (9): 928-935.

Sether DM, Ullman DE, Hu JS, 1998. Transmission of pineapple mealybug wilt-associated virus by two sSpecies of mealybug (*Dysmicoccus* spp.) [J]. Phytopathology, 88 (11): 1224-1230.

Shiromoto K, Kumano N, Kuriwada T, et al. , 2011. Is elytral color polymorphism in sweetpotato weevil (Coleoptera: Brentidae) a visible marker for sterile insect technique: Comparison of male mating behavior[J]. Journal of Economic Entomology, 104 (2): 420-424.

Shorey HH, Anderson LD, 1960. Biology and control of the morning-glory leaf miner, *Bedellia somnulentella*, on sweet potatoes[J]. Journal of Economic Entomology, 53 (6): 1119-1122.

Smith TP, Hammond AM, 2006. Comparative susceptibility of sweetpotato weevil (Coleoptera: Brentidae) to selected insecticides[J]. Journal of Economic Entomology, 99 (6): 2024-2029.

Tawfk MFS, Awadallah KT, Shalaby FF, 1976. The life history of *Bedellia somnulentella* Zell. (Lepidoptera: Lyonetidae) [J]. Bulletn of the Entomological Society of Egypt, 60: 25-33.

Wiktor A, 2000. Agriolimacidae (gastropoda: pulmonata): a systematic monograph[J]. Annales Zoologici, 49 (3): 347-540.

Wiktor A, De-Niu C, Ming W, 2009. Stylommatophoran slugs of china (Gastropoda: pulmonata) – prodromus[J]. Folia Malacologica, 8 (1): 3-35.

附录 1
害虫拉丁学名索引

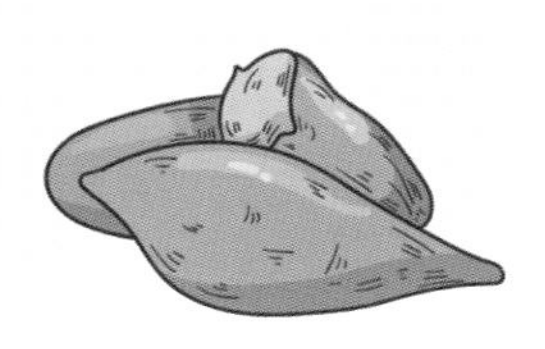

附录2
害虫中文学名索引